北京工业大学研究生创新教育系 IF

疲劳强度理论

尚德广　编著

科 学 出 版 社

北　京

内 容 简 介

本书结合力学、机械学、材料学等学科，从理论到试验阐述疲劳强度设计理论与方法，主要内容包括疲劳强度理论的力学基础、疲劳破坏的宏微观特征、材料的循环应力应变特性、疲劳载荷特性与处理方法、基于应力的疲劳分析理论、基于应变的疲劳分析理论、疲劳裂纹扩展寿命的估算、疲劳强度可靠性设计、多轴疲劳和基于频域的疲劳分析方法，是一本论述疲劳强度理论和反映机械疲劳强度学科内容的书籍。

本书可作为机械、航空、固体力学等专业研究生的教科书或参考书，也可供相关专业的高校教师、工程设计人员和科技工作者参考。

图书在版编目(CIP)数据

疲劳强度理论/尚德广编著.—北京：科学出版社，2017.8

(北京工业大学研究生创新教育系列著作)

ISBN 978-7-03-051629-9

Ⅰ.①疲… Ⅱ.①尚… Ⅲ.①疲劳强度－理论研究 Ⅳ.①O346.2

中国版本图书馆CIP数据核字(2017)第018899号

责任编辑：耿建业 陈构洪 刘翠娜 / 责任校对：桂伟利

责任印制：赵 博 / 封面设计：蓝正设计

科学出版社 出版

北京东黄城根北街16号

邮政编码：100717

http://www.sciencep.com

北京天宇星印刷厂印刷

科学出版社发行 各地新华书店经销

*

2017年 8 月第 一 版 开本：720×1000 1/16

2025年 5 月第七次印刷 印张：14

字数：280 000

定价：82.00 元

(如有印装质量问题，我社负责调换)

前　　言

实际应用中的机械结构多在循环载荷下工作，其主要失效形式之一为疲劳断裂。1982 年美国联邦政府调查结果表明，因机械设备疲劳寿命设计不当造成的事故损失占国民经济总产值的 4.4%，由疲劳断裂引起的事故占机械结构失效破坏总数的 95%。由此可见，开展复杂结构寿命预测设计理论及方法的研究已成为国内外机械工程设计中的重要研究课题。这对于提高产品设计水平，降低生产成本，延长使用寿命，取得可观的经济效益等方面都具有重要的意义，也是我国机械产品在世界机电市场上提高竞争力必不可少的设计手段之一。

尽管疲劳断裂的研究有一百多年的历史，但疲劳破坏仍未得到全面的控制。除了众多影响因素之外，传统的静力学强度理论在复杂多轴交变载荷下应用的局限性也是其主要原因之一。因此，疲劳强度理论及其设计方法仍需要进一步研究和发展。

疲劳强度设计理论是建立在试验基础上的一门学科，会涉及固体力学、材料强度学、机械设计三个学科的知识。因此，作者从力学、材料、设计三个学科的基础理论方面论述了机械疲劳强度分析和寿命预测方法，并从宏微观方面解释疲劳裂纹的萌生与扩展。

《疲劳强度理论》一书共包括 11 章内容。第 1 章绪论部分首先介绍了疲劳研究的历史及发展现状；第 2 章介绍了疲劳强度理论的力学基础，它是正确理解和解决疲劳问题的基础；第 3 章着重介绍了金属疲劳的宏微观特征；第 4 章介绍了材料的循环应力应变特性；第 5 章介绍了疲劳载荷特性与处理方法；第 6 章介绍了基于应力的疲劳分析理论；第 7 章介绍了基于应变的疲劳分析理论；第 8 章介绍了疲劳裂纹扩展寿命的估算；第 9 章介绍了疲劳强度可靠性设计；第 10 章介绍了多轴疲劳；第 11 章介绍了基于频域的疲劳分析方法。本书是在作者长期从事本科生和研究生机械疲劳强度教学中的教案和讲义的基础上，经过精选提炼而成。由于篇幅所限，无法覆盖各方面的疲劳知识。

作者在多年疲劳强度研究和教学过程中，曾得到了北京航空航天大学高镇同院士，东北大学徐灏教授、王德俊教授，北京飞机强度研究所闫楚良院士，中国科学院金属研究所王中光研究员，清华大学俞新陆教授，南京航空航天大学姚卫星教授、孙良新教授、王鑫伟教授，北京科技大学唐俊武教授，美国斯坦福大学 Drew Nelson 教授及美国阿拉巴马大学 Barkey 教授等的指导与帮助，特表示衷心的感谢。

感谢北京工业大学研究生课程建设项目的资助。感谢国家自然科学基金重大国际合作项目(51010006)、重点项目(51535001)及面上项目(11572008，11272019)的资助。

感谢我的博士和硕士研究生们。他们在本书打印、插图、校对和整理资料过程中付出了辛勤的劳动。

由于作者水平有限和时间仓促，书中不妥之处在所难免，敬请广大读者批评指正。

作　者

2016 年 12 月

目　　录

第1章 绪　论

1.1 疲劳强度研究的意义

疲劳是指材料、零件或构件在循环加载下，经过一段时间发生突然脆性断裂的现象。

飞机、船舶、机车、汽车、动力机械、工程机械、冶金机械等主要零部件，大多数是在循环变化的载荷下工作，其主要失效形式之一为疲劳断裂。据统计，在机械零件失效中大约有 80%以上属于疲劳破坏，而且疲劳破坏前没有明显的变形，所以疲劳破坏经常造成重大事故。早在 1982 年美国联邦政府调查结果就表明，因机械设备疲劳寿命设计不当造成的事故损失占国民经济总产值的 4.4%，由疲劳断裂引起的事故占机械结构失效破坏总数的 95%。在目前竞争日益激烈的世界机电设备市场上，用户对机械设备的使用寿命提出了明确的要求，因此多年来发达国家一直在研究机械疲劳有限寿命设计。例如，1998 年美国克莱斯勒汽车公司花费 100 万美元在产品开发部门引进现代疲劳寿命设计技术，其结果节约开发新车型成本费 150 多万美元，缩短产品定性周期 3 年多。由此可见，在强调重量轻、能耗低、寿命长的高新产品的要求下，结构疲劳强度的研究无疑具有重要的研究价值。

对承受循环载荷的零件或构件，需要由疲劳强度理论和疲劳试验数据确定其合理的结构和尺寸。疲劳强度设计方法也是现代机械设计方法的一个重要组成部分。疲劳强度由零件的局部应力状态和该处材料的疲劳性能来确定，因此疲劳强度设计是针对零件最弱部位来进行的。通过改进零件的形状，尽量避免过大的应力集中以降低峰值应力，或在最薄弱区域的表面采用强化工艺，使其疲劳强度显著提高。

早期的机械设计，没有认识到材料的疲劳现象，设计过程中只考虑静强度，而不考虑循环动应力对零件寿命的影响，由此设计出来的机械产品经常在运行一段时间后，即经过一定次数的应力循环后而产生了疲劳，导致突然发生脆性断裂。如第一架喷气式民用客机“彗星号”，1952 年 5 月开始运营并经过 300 小时的飞行试验。1954 年 1 月，在经过检查仅 4 天后该飞机坠入地中海。在对大量的飞机残骸进行回收检测，研究后得出结论：此次事故是机身连接倒角处出现微小裂纹导致密封增压舱的疲劳失效引起的。之后又有两架“彗星号”飞机发生灾难性事故，此后人们开始着重关注飞机疲劳设计。因此应用疲劳强度设计能保证机械在给定的寿命内安全可靠地运行，以防止疲劳破坏，避免灾难性事故的发生。

1.2 疲劳强度研究的发展简史

最早进行疲劳试验的是德国的 Albert。1829 年他首先对铁质的矿山升降机焊接链条支撑在直径为 12 英寸的圆盘上，一端受载，利用圆盘的来回摆动进行了反复的加载试验研究[1]。结果发现，在一定的反复加载次数下，焊接链条发生了破坏现象。

1839 年，法国人 Poncelet 首先使用了“疲劳”的概念来描述反复加载过程中材料或零件发生破坏的现象[2]。

德国人 Wöhler 于 1850 年设计了第一台疲劳试验机，在 1850～1870 年，Wöhler 在实验室针对机车车轴的失效破坏进行了很多反复加载下的疲劳试验，并首次对疲劳进行了系统的研究，因此 Wöhler 被认为是系统疲劳试验研究之父。他通过 *S-N* 曲线表明，疲劳寿命随着应力幅的增大而降低，在低于一个应力幅极限值时，试件不会发生疲劳断裂。同时指出对于疲劳而言，应力幅的影响比最大应力更为重要。他在 1871 年发表的论文中，系统地论述了疲劳寿命与循环应力之间的关系，提出了 *S-N* 曲线和疲劳极限的概念，从而奠定了金属疲劳研究的基础。

1870~1899 年，许多学者验证并扩展了 Wöhler 的研究。Gerber 等研究了平均应力的影响，Goodman 提出了一个简化的公式来考虑平均应力，从而形成了描述平均应力与应力幅值之间变化关系的疲劳极限线图，即 Gerber、Goodman 等提出的常规疲劳设计用的疲劳极限线图[3,4]。

1881 年 Bauschinger 发现了循环软化现象[5]，并在 1986 年发现，当施加一个反向的载荷后会引起非弹性变形，导致材料的拉伸或压缩屈服强度减小，首次发现了一个反向加载的非弹性应变会改变金属的应力应变行为。1952 年被命名为 Bauschinger 效应，为后来研究循环应力应变关系奠定了基础。

1903 年，Ewing 和 Humfrey 在 Wöhler 和 Bauschinger 工作的基础上发表了《金属在反复交变应力作用下的断裂》的经典论文[6]。

1910 年，Basquin 发现有限寿命区域的应力-寿命（*S-N*）曲线在双对数坐标下呈线性关系[7]。他提出的公式与其他人的改进方法，在目前仍用于表征有限寿命疲劳行为。

1923 年，英国人 Gough 在研究疲劳破坏机理时发现：金属材料在循环应力作用下，由于应变硬化的影响，所产生的反复塑性变形会随循环数的增加而变小。

在应力幅低于疲劳极限的情况下，塑性变形将不会发生。在应力幅高于疲劳极限时，应变硬化达到一个极限值，将导致裂纹的形成。他于1924年出版了第一本疲劳专著[8]，为以后的疲劳研究做出了很大的贡献。

1924~1945年Palmgren和Miner针对变幅加载提出线性累积损伤理论。1954年Coffin和Manson先后提出了应变寿命方程[9,10]，1961年以后逐步发展为局部应力应变法。1977年美国SAE出版了*Fatigue under Complex Loading*[11]，介绍了局部应力应变法原理及其在实际工程中的应用，使局部应力应变法得到了广泛的应用。

1935年Gough等研究了交变弯曲与扭转加载(多轴疲劳)作用下的复合疲劳，以后陆续开展了多轴疲劳方面的研究[12]。

在疲劳裂纹扩展研究方面，断裂力学的兴起丰富了传统疲劳理论的内容，促进了疲劳理论的发展。

1920年Griffith提出裂纹扩展能量理论[13]。1957年Irwin用应力强度因子描述裂纹前端应力应变场的强弱[14]。1961年Paris等首先提出了疲劳裂纹扩展速率由裂纹尖端的应力强度因子范围所控制[15]。1967年Forman等考虑平均应力的影响，在Paris公式的基础上提出了包含应力比的疲劳裂纹扩展速率的公式。

实际应用表明，疲劳寿命具有较大的分散性，需要进行数理统计分析，考虑其存活率，即可靠度的问题。用概率统计方法处理疲劳试验数据是20世纪40年代开始的。1949年Weibull对疲劳强度进行统计分析[16]。1959年Pope提出疲劳试验数据符合对数正态分布[17]。20世纪60年代后期，概率疲劳分析和设计从电子产品发展到机械产品，并在航空领域需要的先导下，使概率统计理论在疲劳设计中得到了应用。1964～1970年Kececioglu等提出用应力-强度干涉模型进行可靠性计算[18]，使疲劳强度可靠性研究得到了发展。

如果单纯从所受应力状态来分析，则疲劳大体上可分为单轴疲劳和多轴疲劳。单轴疲劳是指材料或零件在单向循环载荷作用下所产生的失效现象，这时零件只承受单向正应力(应变)或单向切应力(应变)。如只承受单向拉-压循环应力、弯曲循环应力或扭转循环应力。

多轴疲劳是指多向应力或应变作用下的疲劳，也称为复合疲劳。多轴疲劳损伤发生在多轴循环加载条件下，加载过程中有两个或三个应力(应变)分量独立地随时间发生周期性变化。这些应力(应变)分量的变化可以是同相位的、按比例的，也可以是非同相、非比例的。

服役中的各种航空航天飞行器、压力容器、核电站、发电厂以及交通运输工具中的一些主要零部件通常是承受复杂的多轴比例与多轴非比例交互循环载荷的作用。早期处理复杂应力状态下的多轴疲劳问题时，将多轴问题利用静强度理论等效成单轴状态，然后利用单轴疲劳理论处理复杂的多轴疲劳问题，这样的处理方法在处理比例加载下的多轴疲劳问题时是有效的。但实际工程结构和设备的重要结构零部件，很多是在非比例多轴加载作用下服役。由于非比例加载下的疲劳行为远不同于单轴或比例多轴疲劳加载下的特性，尤其在非比例变幅加载下，不能像单轴加载情况那样进行简单的循环计数，因此单纯利用传统的单轴疲劳理论来预测其疲劳损伤将会产生很大的困难。

在多轴疲劳研究的初期，由于客观条件的限制，使得对多轴疲劳的损伤机理一无所知。在选择哪一个参量作为损伤参数这个问题上，只能依赖于推测。因此，早期的多轴疲劳破坏失效准则都是从当时已有的静强度理论出发，将其引入到多轴疲劳中。在损伤参数的选择上，采用等效应力或应变为参数将多轴应力应变的加载状态转化为等效的单轴应力(应变)状态，进而估算出零件的寿命。

最早的多轴疲劳估算方法主要基于三个准则：第一个是最大主应力(应变)准则，该准则认为即使在多轴应力状态下，材料的损伤也主要是由于最大主应力(主应变)造成的，而与其他因素无关。第二个是 von Mises 等效应力(应变)准则，该准则认为在多轴应力应变状态下，材料的损伤主要由 von Mises 等效应力和应变所控制。第三个是 Tresca 最大切应力(切应变)准则，这种理论把损伤过程简单归结为只由最大切应力(切应变)来控制。对于比例加载情况，这些准则是有效且简单实用的。但在非比例加载情况下，尤其是静水压力影响疲劳寿命时，上述准则都不能给出较好的预测结果。因此这些等效应力(应变)理论不能很好地应用于非比例加载下的多轴疲劳寿命估算。

Morrow 在 1965 年提出能量法[19]，认为塑性功的累积是材料产生不可逆转损伤进而导致疲劳破坏的主要原因。这种方法的核心思想是：在每一次循环中零件或构件由于吸收了外界所施加的能量，从而在其内部造成了不可逆转的损伤。损伤的程度与所吸收能量的多少成正比。损伤逐步累积，一旦达到临界值，零件便由于疲劳而发生失效。Garud 进一步发展了塑性功理论并将其推广到多轴疲劳中。

1973 年 Brown 和 Miller 在研究了大量多轴低周疲劳数据后得出结论：用一个参数描述多轴疲劳已不再有效，在描述疲劳过程时需要两个应变参数[20]。他们提出必须考虑在最大剪应变平面上的循环剪应变和法向正应变，因为循环剪应变有助于裂纹成核，而正应变有助于裂纹扩展，这就是所谓的临界平面法。后来进一步发展的临界面理论在参数的选择上不仅考虑了应力、应变的大小，还考虑了应力、应变的方向，因此损伤参数更具有意义，同时也使得临界面理论更接近于实际，为准确预测疲劳构件的寿命提供了基础。目前临界面法在多轴疲劳损伤与寿命预测研究中得到了广泛的应用。

由于疲劳问题十分复杂，尤其在高温、腐蚀、变幅、随机振动加载下的疲劳等问题，还需要做更多更系统和更深入的研究工作。

参考文献

[1] Albert W A J. Über Treibseile am Harz, Archive für Mineralogie. Geognosie, Bergbau und Hüttenkunde, 1838, 10: 215-234.

[2] Poncelet J V. Introduction á la Mècanique. Industrielle, Physique our Expèrimentale. Deuxième edition, Imprimerie de Gauthier-VILLARS, Paris, 1839: 317-318.

[3] Gerber H. Bestimmung der zulassigen Spannungen in Eisen-konstructionen. Zeitschrift des Bayerischen Architeckten und Ingenieur-Vereins, 1874, 6: 101-110.

[4] Goodman J. Mechanics Applied to Engineering. London: Longmans Green, 1899.

[5] Bauschinger J. Uber die veranderung der elasticitatagrenze und dea elasticitatamoduls verschiadener metalle. Zivilingenieur, 1881, 27:289-348.

[6] Ewing J A, Humfrey J C. The fracture of metals under rapid alterations of stress. Philosophical Transactions of the Royal Society, 1903, A200:241-250.

[7] Basquin O H. The experimental law of endurance tests. Proc. Astm., 1910, (2) : 625.

[8] Gough H J. The Fatigue of Metals. London: Scott, Greenwood and Son, 1924.

[9] Coffin L F. A study of the effects of cyclic thermal stresses on a ductile metal. Transactions of the American Society of Mechanical Engineers, 1954, 76: 931-950.

[10] Manson S S. Behavior of materials under conditions of thermal stress. National Advisory Commission on Aeronautics: Report 1170. Cleveland: Lewis Flight Propulsion Laboratory, 1954.

[11] Wetzel R M. Fatigue under Complex Loading: Analyses and Experiments. Warrendale: Society of Automotive Engineers, 1977.

[12] Gough H J, Pollard H V. The strength of metals under combined alternating stress. Proc. Inst. Mech. Engrs., 1935, 131: 3-18.

[13] Griffith A A. Phenomena of rupture and flow in solids. Phil. Trans. Roy. Soc.,1920, A221: 163-198.

[14] Irwin G R. Analysis of stresses and strains near the end of a crack traversing a plate. ASME, Journal of Applied Mechanics, 1957, 24:361-364.

[15] Paris P C, Gomez M P, Anderson W P. A rational analytic theory of fatigue. The Trend in Engineering,1961, 13: 9-14.

[16] Weibull W. A Statistical Representation of Fatigue Failures in Solids. Transitions of the Royal Institute of Technology, No. 27, Stockholm. 1949.

[17] Pope J A. Metal Fatigue. London: Chapman & Hall Ltd., 1959.

[18] Kececioglu D, Cormier D. Designing a specified reliability directly into a component// Proceedings of the Third Annual Aerospace Reliability and Maintainability Conference. New York: Society of Automotive Engineers, 1964: 546-565.

[19] Morrow J. Cyclic plastic strain energy and fatigue of metals. ASME STP378, 1965 : 45-84.

[20] Brown M W, Miller K J. A theory for fatigue failure under multiaxial stress and strain conditions. Proc. Inst . Mechanical Engineers, 1973, 187: 745-755.

第 2 章　疲劳强度理论的力学基础

在疲劳强度分析和研究过程中，会经常用到弹性力学和塑性力学中的一些概念和方程。这些固体力学中的基本知识也是疲劳强度理论形成的力学基础。本章简要介绍弹塑性力学中的一些基本概念和方程，使之作为后面各章讨论的基础，一些详细内容请参阅文献[1]~[5]。

2.1　应力状态分析

2.1.1　一点的应力状态

当弹性体受外力时，其内部将产生应力。为了描述弹性体内某一点 P 的应力，可在该点处的弹性体内取出一个微小的平行六面体，它的六个面均垂直于坐标轴，如图 2.1 所示。

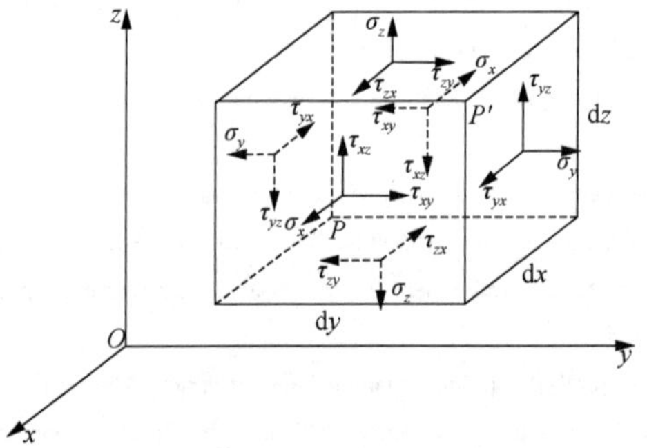

图 2.1　一点的应力状态描述

该微小六面体上的应力状态可由作用在三个正交平面上的六个分量来表示，即三个正应力 σ_x、σ_y、σ_z 和三个剪应力 τ_{xy}、τ_{yz}、τ_{zx}。应力符号代表的意义如下：正应力由 σ 带有单角下标表示，单角下标表示应力作用面的法向，且向外拉为正。剪应力由 τ 带有双角下标表示，第一个角下标表示剪应力作用面的法向，第二个角下标表示与哪个坐标轴平行。正的剪应力与一个正的正应力同方向，如 τ_{xy} 与 σ_y 在同一方向。根据剪应力互等定理，即 $\tau_{xy}=\tau_{yx}$，$\tau_{yz}=\tau_{zy}$，$\tau_{xz}=\tau_{zx}$，只需六个应力分量就可描述一点的应力状态。图 2.1 中每一个面上都作用一个正应力和两个剪应力。σ_x，τ_{xy}，τ_{xz}；σ_y，τ_{yz}，τ_{yx}；σ_z，τ_{zx}，τ_{zy} 称为应力分量。它们的合成称为全应力。

应力的正负号规则如下：如果应力(正应力或剪应力)作用面的外法线与坐标轴的正向平行一致，那么该面上的应力分量就以沿着坐标轴正方向者为正，反之为负。如果一个面的外法线是朝着坐标轴的负方向，则该面上的一切应力分量就沿着坐标轴的负方向者为正。图 2.1 中的 18 个应力分量均为正。

2.1.2　主应力与应力主方向

假设弹性体内任意一点 P 的六个应力分量 σ_x、σ_y、σ_z、τ_{xy}、τ_{yz}、τ_{zx} 为已知量，则可求得经过 P 点的任意斜面上的应力。如果经过 P 点的某一斜面上的剪应力等于零，则该斜面上的正应力称为 P 点的一个主应力，该斜面称为 P 点的一个应力主面，而斜面上的法线方向称为 P 点的一个应力主方向。 经过 P 点取一微小四面体 $PQRS$，如图 2.2 所示。当平面 QRS 趋近于 P 点时，平面 QRS 上的应力就趋近于过 P 点而平行于 QRS 的斜面上的应力。

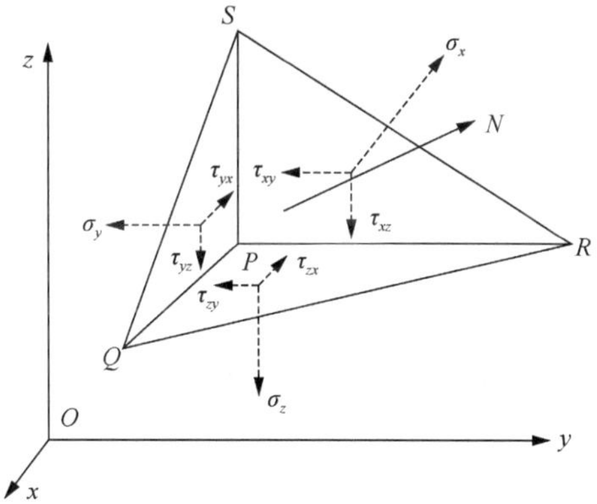

图 2.2　一点上的斜平面上的应力分量

设外面 QRS 的外法线为 N，而 N 的方向余弦为

$$\begin{cases}\cos(N,x)=l\\ \cos(N,y)=m\\ \cos(N,z)=n\end{cases} \tag{2.1}$$

令三角形 QRS 上的全应力在坐标轴上的投影为 p_{Nx}、p_{Ny}、p_{Nz}。由平衡条件，可得如下三个方程：

$$\begin{cases}p_{Nx}=l\sigma_x+m\tau_{yx}+n\tau_{zx}\\ p_{Ny}=l\tau_{xy}+m\sigma_y+n\tau_{zy}\\ p_{Nz}=l\tau_{xz}+m\tau_{yz}+n\sigma_z\end{cases} \tag{2.2}$$

斜平面上的总应力为

$$p_N = \sqrt{p_{Nx}^2 + p_{Ny}^2 + p_{Nz}^2} \tag{2.3}$$

把总应力分解成与法线重合及与法线垂直的两个分量，它们分别为该平面上的正应力分量与剪应力分量。按照合力在某一方向上的投影等于各分力在该方向上的投影和的定理，可得

$$\sigma_N = p_{Nx}l + p_{Ny}m + p_{Nz}n \tag{2.4}$$

$$\tau_N = \sqrt{p_N^2 - \sigma_N^2} \tag{2.5}$$

假定在 P 点有一应力主面存在，则该面上的剪应力等于零，那么该面上的全应力就等于该面上的正应力，即等于 σ。该面上的全应力在坐标轴上的投影为

$$\begin{cases} p_{Nx} = l\sigma \\ p_{Ny} = m\sigma \\ p_{Nz} = n\sigma \end{cases} \tag{2.6}$$

将式(2.6)代入式(2.2)，且根据剪应力互等定理，即 $\tau_{xy} = \tau_{yx}$， $\tau_{yz} = \tau_{zy}$， $\tau_{xz} = \tau_{zx}$，可得

$$\begin{cases} l(\sigma_x - \sigma) + m\tau_{yx} + n\tau_{zx} = 0 \\ l\tau_{xy} + m(\sigma_y - \sigma) + n\tau_{zy} = 0 \\ l\tau_{xz} + m\tau_{yz} + n(\sigma_z - \sigma) = 0 \end{cases} \tag{2.7}$$

写成矩阵形式为

$$\begin{bmatrix} \sigma_x - \sigma & \tau_{xy} & \tau_{xz} \\ \tau_{yx} & \sigma_y - \sigma & \tau_{yz} \\ \tau_{zx} & \tau_{zy} & \sigma_z - \sigma \end{bmatrix} \begin{bmatrix} l \\ m \\ n \end{bmatrix} = 0 \tag{2.8}$$

求解关于 σ 的特征方程(2.8)，可得到三个根 σ_1、σ_2、σ_3，即在 P 点的三个主应力，并按其大小规定为 $\sigma_1 > \sigma_2 > \sigma_3$。

2.1.3 平面问题中的主应力

同三维问题，在平面问题中，若已知 P 点处的应力分量 σ_x、σ_y、τ_{xy}，如图 2.3

所示，利用三角形的力平衡条件可得经过 P 点的任一斜面上的正应力 σ 和剪应力 τ：

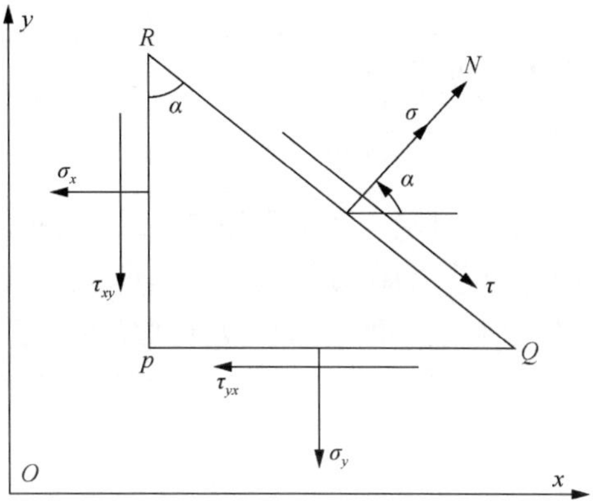

图 2.3　平面应力分量

$$\sigma = \frac{1}{2}(\sigma_x + \sigma_y) + \frac{1}{2}(\sigma_x - \sigma_y)\cos 2\alpha + \tau_{xy}\sin 2\alpha$$

$$\tau = \frac{1}{2}(\sigma_x - \sigma_y)\sin 2\alpha - \tau_{xy}\cos 2\alpha$$

将 α 消去，得

$$\left[\sigma - \frac{1}{2}(\sigma_x + \sigma_y)\right]^2 + \tau^2 - \left[\frac{1}{2}(\sigma_x - \sigma_y)\right]^2 - \tau_{xy}^2 = 0 \tag{2.9}$$

若经过 P 点的某一斜面上的剪应力等于零，则该斜面上的正应力称为 P 点的一个主应力，而该斜面称为 P 点的一个应力主面，该斜面的法线方向称为 P 点的一个应力主方向。

假设在 P 点有一个应力主面存在，那么该面上的剪应力等于零，该面上的主应力就等于该面上的正应力 σ。在式(2.9)中，令斜面上的剪应力为零，则可得出关于 σ 的二次方程：

$$\sigma^2 - (\sigma_x + \sigma_y)\sigma + (\sigma_x\sigma_y - \tau_{xy}^2) = 0 \tag{2.10}$$

解式(2.10)，得到斜面内 P 点的两个主应力：

$$\begin{matrix}\sigma_1\\ \sigma_2\end{matrix} = \frac{1}{2}(\sigma_x + \sigma_y) \pm \sqrt{\left(\frac{\sigma_x - \sigma_y}{2}\right)^2 + \tau_{xy}^2} \tag{2.11}$$

2.1.4 应力不变量

由图 2.2，根据几何关系可知：

$$l^2 + m^2 + n^2 = 1 \tag{2.12}$$

根据式(2.7)与式(2.12)可以确定四个未知量，即l、m、n和σ。由式(2.12)可知，l、m、n不能同时为零。因此式(2.7)中包含三个未知量l、m、n的线性齐次方程组，若有非零解，则该方程组的系数行列式应等于零，即

$$\begin{vmatrix} \sigma_x - \sigma & \tau_{xy} & \tau_{xz} \\ \tau_{yx} & \sigma_y - \sigma & \tau_{yz} \\ \tau_{zx} & \tau_{zy} & \sigma_z - \sigma \end{vmatrix} = 0 \tag{2.13}$$

展开行列式，整理得

$$\sigma^3 - I_1\sigma^2 + I_2\sigma - I_3 = 0 \tag{2.14}$$

其中，

$$I_1 = \sigma_x + \sigma_y + \sigma_z \tag{2.15a}$$

$$\begin{aligned} I_2 &= \begin{vmatrix} \sigma_x & \tau_{xy} \\ \tau_{yx} & \sigma_y \end{vmatrix} + \begin{vmatrix} \sigma_y & \tau_{yz} \\ \tau_{zy} & \sigma_z \end{vmatrix} + \begin{vmatrix} \sigma_z & \tau_{zx} \\ \tau_{xz} & \sigma_x \end{vmatrix} \\ &= \sigma_x\sigma_y + \sigma_y\sigma_z + \sigma_z\sigma_x - \tau_{xy}^2 - \tau_{yz}^2 - \tau_{zx}^2 \end{aligned} \tag{2.15b}$$

$$\begin{aligned} I_3 &= \begin{vmatrix} \sigma_x & \tau_{xy} & \tau_{xz} \\ \tau_{yx} & \sigma_y & \tau_{yz} \\ \tau_{zx} & \tau_{zy} & \sigma_z \end{vmatrix} \\ &= \sigma_x\sigma_y\sigma_z + 2\tau_{xy}\tau_{yz}\tau_{zx} - \sigma_x\tau_{yz}^2 - \sigma_y\tau_{zx}^2 - \sigma_z\tau_{xy}^2 \end{aligned} \tag{2.15c}$$

I_1、I_2、I_3分别称为第一、第二、第三应力不变量。当坐标变换时，虽然每个应力分量都将随之改变，但这三个量保持不变，所以称为应力不变量。

在主平面坐标系中，应力不变量分别为

$$\begin{cases} I_1 = \sigma_1 + \sigma_2 + \sigma_3 \\ I_2 = \sigma_1\sigma_2 + \sigma_2\sigma_3 + \sigma_3\sigma_1 \\ I_3 = \sigma_1\sigma_2\sigma_3 \end{cases} \tag{2.16}$$

主应力与应力状态可通过莫尔圆表现出来，如图 2.4 所示。注意，主应力面上的剪应力总为零，但最大剪应力面上正应力可不为零。

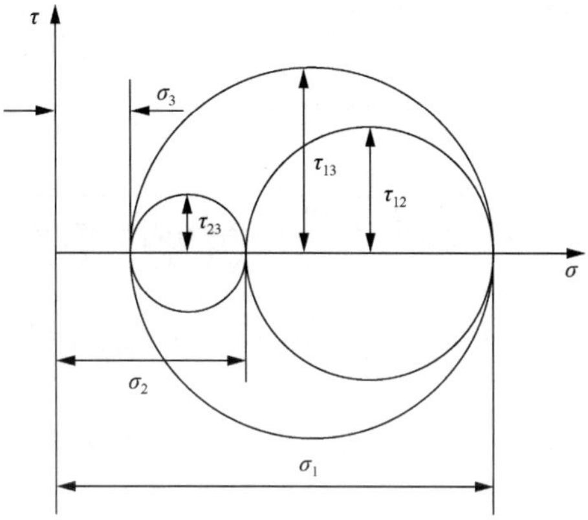

图 2.4　三维应力状态下的莫尔圆

2.1.5　等倾斜面上的正应力与剪应力

等倾斜面是和三个主应力轴成相同角度的面。在三维空间中围绕一点可以取八个等倾斜面，所组成的几何体称为等倾斜八面体，如图 2.5 所示。每一等倾斜面的外法线同三个主应力轴线夹角相等，即 $l = m = n$，由于 $l^2 + m^2 + n^2 = 1$，则

$$l = m = n = \frac{1}{\sqrt{3}} \tag{2.17}$$

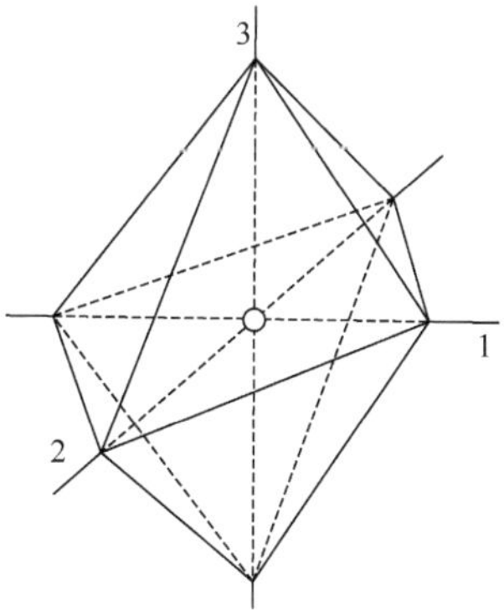

图 2.5　等倾斜八面体

根据式(2.2)，八面体上总应力的三个应力分量为

$$\begin{cases} p_{Nx} = l\sigma_1 \\ p_{Ny} = m\sigma_2 \\ p_{Nz} = n\sigma_3 \end{cases} \tag{2.18}$$

则总应力为

$$p_N = \sqrt{p_{Nx}^2 + p_{Ny}^2 + p_{Nz}^2} = \frac{1}{\sqrt{3}}\sqrt{\sigma_1^2 + \sigma_2^2 + \sigma_3^2} \tag{2.19}$$

由式(2.4)和式(2.5)可得等倾面上的正应力和剪应力分别为

$$\begin{aligned} \sigma_8 &= p_{Nx}l + p_{Ny}m + p_{Nz}n = \sigma_1 l^2 + \sigma_2 m^2 + \sigma_3 n^2 \\ &= \frac{1}{3}(\sigma_1 + \sigma_2 + \sigma_3) = \frac{I_1}{3} = \sigma_m \end{aligned} \tag{2.20}$$

$$\begin{aligned} \tau_8 &= \sqrt{p_N^2 - \sigma_N^2} \\ &= \sqrt{\frac{1}{3}(\sigma_1^2 + \sigma_2^2 + \sigma_3^2) - \frac{1}{9}(\sigma_1 + \sigma_2 + \sigma_3)^2} \\ &= \frac{1}{3}[(\sigma_1 - \sigma_2)^2 + (\sigma_2 - \sigma_3)^2 + (\sigma_3 - \sigma_1)^2]^{\frac{1}{2}} \end{aligned} \tag{2.21}$$

2.1.6　静水应力

静水应力可由一点的平均正应力来定义：

$$\sigma_{\mathrm{H}} = \frac{\sigma_x + \sigma_y + \sigma_z}{3} = \frac{I_1}{3} \tag{2.22}$$

从式(2.22)可以看出，静水应力 σ_{H} 等于八面体正应力。在多轴疲劳寿命预测中，静水应力可作为平均应力的度量用于疲劳损伤计算中。

2.1.7　应力张量的分解

张量这一物理量与坐标的选择无关，一般用张量符号作为一种简练的方式来表示多轴应力和应变之间的关系。

如果两个张量相加，$\boldsymbol{A}_{ij}=\boldsymbol{M}_{ij}+\boldsymbol{N}_{ij}$，那么这 9 个分量中的每个分量都相加，如 $\boldsymbol{A}_{11}=\boldsymbol{M}_{11}+\boldsymbol{N}_{11}$，$\boldsymbol{A}_{12}=\boldsymbol{M}_{12}+\boldsymbol{N}_{12}$，…，$\boldsymbol{A}_{33}=\boldsymbol{M}_{33}+\boldsymbol{N}_{33}$，其结果是一个和原始张量阶数一样的张量，被称为附加约定。

如果张量的对角线上的分量之和由依字母次序的两个 k 来表示，如 σ_{kk}，那么：

$$\sigma_{kk}=\sigma_{11}+\sigma_{22}+\sigma_{33}=\sigma_x+\sigma_y+\sigma_z=\sigma_{ii}=\sigma_{jj} \tag{2.23}$$

其结果不是张量而是一个值，被称为求和约定。需要注意的是：一对数字下标，如 σ_{11}，不表示和而是表示张量的一个单独的分量。

相同阶数的两个张量相乘是将第一个张量的每个分量与第二个张量的相关分量相乘后再求和，其结果是一个标量，被称为乘法约定。

$$\begin{aligned}\boldsymbol{\sigma}_{ij}\boldsymbol{\varepsilon}_{ij}&=\sigma_{11}\varepsilon_{11}+\sigma_{12}\varepsilon_{12}+\sigma_{13}\varepsilon_{13}\\&\quad+\sigma_{21}\varepsilon_{21}+\sigma_{22}\varepsilon_{22}+\sigma_{23}\varepsilon_{23}\\&\quad+\sigma_{31}\varepsilon_{31}+\sigma_{32}\varepsilon_{32}+\sigma_{33}\varepsilon_{33}\\&=\sigma_x\varepsilon_x+\sigma_y\varepsilon_y+\sigma_z\varepsilon_z+\tau_{xy}\gamma_{xy}+\tau_{yz}\gamma_{yz}+\tau_{xz}\gamma_{xz}\end{aligned} \tag{2.24}$$

一些文献中常用双点积来表示上面的运算，所表示的形式为 $\boldsymbol{\sigma}_{ij}:\boldsymbol{\varepsilon}_{ij}$。

不同阶数的张量在一起相乘形成新的张量，如广义胡克定律可表示为

$$\boldsymbol{\sigma}_{ij}=\boldsymbol{C}_{ijkl}\boldsymbol{\varepsilon}_{kl} \tag{2.25}$$

其中，$\boldsymbol{C}_{ijkl}$ 为四阶张量，它有 $3^4=81$ 个分量。在这里，$\boldsymbol{C}_{ijkl}$ 是对称的，即 $\boldsymbol{C}_{ijkl}=\boldsymbol{C}_{jikl}$，$\boldsymbol{C}_{ijkl}=\boldsymbol{C}_{jilk}$。

式(2.25)的展开形式为

$$\begin{aligned}\sigma_{11}&=C_{1111}\varepsilon_{11}+C_{1112}\varepsilon_{12}+C_{1113}\varepsilon_{13}+C_{1121}\varepsilon_{21}\\&\quad+C_{1122}\varepsilon_{22}+C_{1123}\varepsilon_{23}+C_{1131}\varepsilon_{31}+C_{1132}\varepsilon_{32}+C_{1133}\varepsilon_{33}\\\sigma_{12}&=C_{1211}\varepsilon_{11}+C_{1212}\varepsilon_{12}+C_{1213}\varepsilon_{13}+C_{1221}\varepsilon_{21}\\&\quad+C_{1222}\varepsilon_{22}+C_{1223}\varepsilon_{23}+C_{1231}\varepsilon_{31}+C_{1232}\varepsilon_{32}+C_{1233}\varepsilon_{33}\\&\cdots\\\sigma_{33}&=C_{3311}\varepsilon_{11}+C_{3312}\varepsilon_{12}+C_{3313}\varepsilon_{13}+C_{3321}\varepsilon_{21}\\&\quad+C_{3322}\varepsilon_{22}+C_{3323}\varepsilon_{23}+C_{3331}\varepsilon_{31}+C_{3332}\varepsilon_{32}+C_{3333}\varepsilon_{33}\end{aligned}$$

在许多文献中，张量由黑体符号来表示，并且省略下标。所以 $\boldsymbol{\sigma}$ 和 $\boldsymbol{\sigma}_{ij}$ 对张量来说是相同的意思。

由前述内容可知，六个应力分量就可描述一点的应力状态。在给定的受力情况下，各应力分量的大小与坐标轴的方向有关，而它们作为一个整体用来表示一点应力状态的这一物理量则与坐标的选择无关，这一物理量称为应力张量。应力张量是二阶张量，用符号 $\boldsymbol{\sigma}_{ij}$ 表示，有 9 个分量。这 9 个分量的排列可用双下标 ij

来表示，这里 i，j=1，2，3。如应力可写成如下形式：

$$\boldsymbol{\sigma}_{ij}=\begin{bmatrix}\sigma_x & \tau_{xy} & \tau_{xz}\\ \tau_{yx} & \sigma_y & \tau_{yz}\\ \tau_{zx} & \tau_{zy} & \sigma_z\end{bmatrix}=\begin{bmatrix}\sigma_{11} & \sigma_{12} & \sigma_{13}\\ \sigma_{21} & \sigma_{22} & \sigma_{23}\\ \sigma_{31} & \sigma_{32} & \sigma_{33}\end{bmatrix} \tag{2.26}$$

根据剪切互等定理($\tau_{xy}=\tau_{yx}$，$\tau_{yz}=\tau_{zy}$，$\tau_{xz}=\tau_{zx}$)可知，应力张量为二阶对称张量。

则应力张量可以分解成如下形式：

$$\boldsymbol{\sigma}_{ij}=\begin{bmatrix}\sigma_0 & 0 & 0\\ 0 & \sigma_0 & 0\\ 0 & 0 & \sigma_0\end{bmatrix}+\begin{bmatrix}\sigma_x-\sigma_0 & \tau_{xy} & \tau_{xz}\\ \tau_{xy} & \sigma_y-\sigma_0 & \tau_{yz}\\ \tau_{xz} & \tau_{yz} & \sigma_z-\sigma_0\end{bmatrix} \tag{2.27}$$

从上式可以看出，一点的应力状态张量 $\boldsymbol{\sigma}_{ij}$，如图 2.6(a)所示，可以分解成两部分：第一部分是各向等值的压(或拉)应力，如图 2.6(b)所示，可用 $\sigma_0\boldsymbol{\delta}_{ij}$ 表示，称为球形应力张量；第二部分应力张量记为 $\boldsymbol{S}_{ij}$，称为应力偏量。$\boldsymbol{\delta}_{ij}$ 为克罗内克(Kronecker)符号，其特性为

$$\boldsymbol{\delta}_{ij}=\begin{cases}1, & \text{当} i=j\\ 0, & \text{当} i\neq j\end{cases}$$

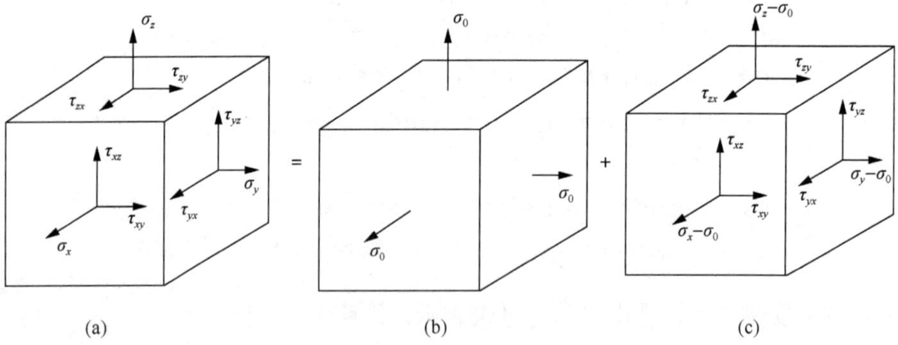

图 2.6　应力张量的分解

则球形应力张量为

$$\sigma_0\boldsymbol{\delta}_{ij} = \begin{bmatrix} \sigma_0 & 0 & 0 \\ 0 & \sigma_0 & 0 \\ 0 & 0 & \sigma_0 \end{bmatrix} \tag{2.28}$$

应力偏量 $\boldsymbol{S}_{ij}$ 为

$$\boldsymbol{S}_{ij} = \begin{bmatrix} \sigma_x - \sigma_0 & \tau_{xy} & \tau_{xz} \\ \tau_{xy} & \sigma_y - \sigma_0 & \tau_{yz} \\ \tau_{xz} & \tau_{yz} & \sigma_z - \sigma_0 \end{bmatrix} \tag{2.29}$$

原应力状态减去静水压力状态即可得到应力偏量状态。球形应力张量表示各向均匀受力状态，也称静水压力状态。球形应力张量引起物体体积的改变，而应力偏量则引起物体形状的变化。

应力张量表示式为

$$\boldsymbol{\sigma}_{ij} = \sigma_0\boldsymbol{\delta}_{ij} + \boldsymbol{S}_{ij} \tag{2.30}$$

其中，$\sigma_0 = \frac{1}{3}(\sigma_{11} + \sigma_{22} + \sigma_{33})$。

2.1.8　等效应力

将复杂的应力状态等效成一个单轴的应力称为等效应力：

$$\sigma_{\text{eq}} = \frac{1}{\sqrt{2}}[(\sigma_x - \sigma_y)^2 + (\sigma_y - \sigma_z)^2 + (\sigma_z - \sigma_x)^2 + 6(\tau_{xy}^2 + \tau_{yz}^2 + \tau_{zx}^2)]^{\frac{1}{2}} \tag{2.31}$$

2.2　应变状态分析

2.2.1　应变及几何方程

物体在外力作用下会产生变形，将导致物体内部各点的位置发生变化，即产生了位移。在直角坐标系中，设物体内任意一点 P 在 x、y、z 方向的位移分别为 u、v、w。为了研究物体在任意一点处的变形情况，可在变形物体内任意一点 P 的附近截取一个微小的平行六面体单元，如图 2.7 所示。设六面体单元三个棱边的长度分别为 $\mathrm{d}x$、$\mathrm{d}y$、$\mathrm{d}z$。当物体在该点处有变形时，单元体的各棱边的长度及各面之间所夹直角将发生改变。

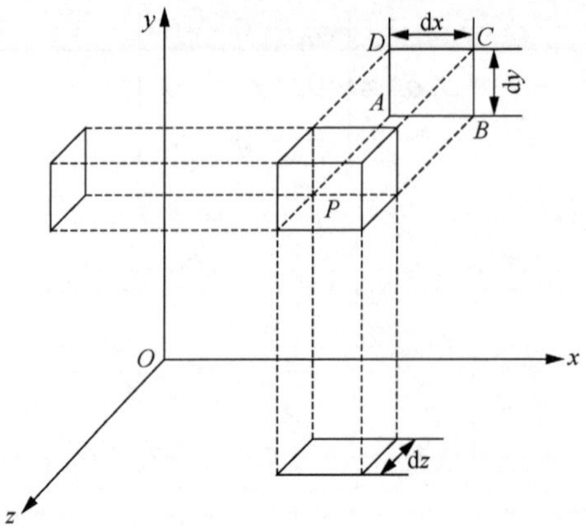

图 2.7　变形体的投影

将平行六面体的各面投影到直角坐标系的各个坐标平面上，如图 2.7 所示。通过研究这些平面投影的变形并根据这些投影的变形规律来判断整个平行六面体的变形。由于变形很微小，则可认为两个平行面在坐标面上的投影只相差可忽略不计的高阶微量，因而可以把两个平行面的投影合为一个投影面来研究。

首先对平行六面体单元在 xOy 平面上的投影 $ABCD$ 进行研究，如图 2.8 所示，变形后到达 $A'B'C'D'$ 的位置。若以 u 和 v 表示 A 点在这个平面内的 x 和 y 方向的位移分量，则 B 点的在 x 和 y 方向的位移分量为

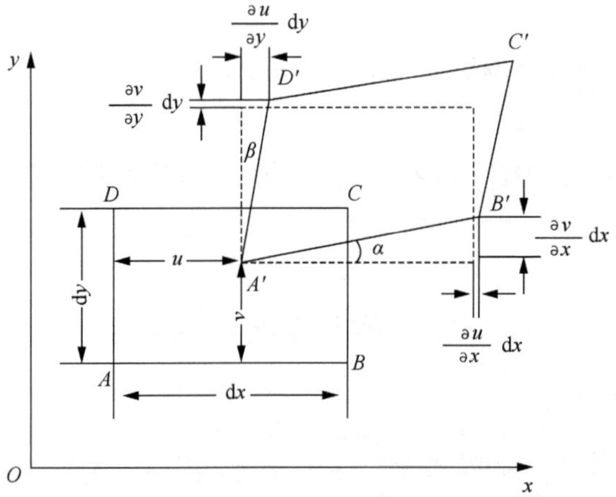

图 2.8　位移与应变之间的关系

$$u_1 = u + \frac{\partial u}{\partial x}\mathrm{d}x$$

$$v_1 = v + \frac{\partial v}{\partial x}\mathrm{d}x$$

则 AB 在 x 轴上的投影的伸长量为 $\frac{\partial u}{\partial x}\mathrm{d}x$，那么在 x 方向的正应变为

$$\varepsilon_x = \frac{\frac{\partial u}{\partial x}\mathrm{d}x}{\mathrm{d}x} = \frac{\partial u}{\partial x}$$

同理可得：$\varepsilon_y = \frac{\partial v}{\partial y}$，$\varepsilon_z = \frac{\partial w}{\partial z}$。

再来分析一下六面体的各直角由于剪应变而发生的角度变形。由图 2.8 可见，在 xOy 平面内，单元体中原为直角的 DAB，变形后 $A'B'$ 相对变形前 AB 转动了一个角度 α，$A'D'$ 相对变形前 AD 转动了一个角度 β。根据剪应变的定义，角度 α 与角度 β 之和就是剪应变，用 γ_{xy} 表示，即

$$\gamma_{xy} = \alpha + \beta \tag{2.32}$$

由图 2.8 可知：

$$\alpha \approx \tan\alpha = \frac{\frac{\partial v}{\partial x}\mathrm{d}x}{\mathrm{d}x + \frac{\partial u}{\partial x}\mathrm{d}x}$$

$\frac{\partial u}{\partial x}$ 与 1 相比是个微量可略去，则得

$$\alpha = \frac{\partial v}{\partial x}$$

同理可得

$$\beta = \frac{\partial u}{\partial y}$$

则由式(2.32)可得到在 xOy 平面内的剪应变为

$$\gamma_{xy} = \frac{\partial v}{\partial x} + \frac{\partial u}{\partial y} \tag{2.33}$$

用相同方法可得到 xOz 和 yOz 平面内的剪应变，即

$$\gamma_{xz}=\frac{\partial u}{\partial z}+\frac{\partial w}{\partial x} \tag{2.34}$$

$$\gamma_{zy}=\frac{\partial v}{\partial z}+\frac{\partial w}{\partial y} \tag{2.35}$$

以上分析归纳起来便可得到由位移表示应变的几何关系：

$$\begin{cases}\varepsilon_x=\dfrac{\partial u}{\partial x}\\ \varepsilon_y=\dfrac{\partial v}{\partial y}\\ \varepsilon_z=\dfrac{\partial w}{\partial z}\\ \gamma_{xy}=\dfrac{\partial u}{\partial y}+\dfrac{\partial v}{\partial x}\\ \gamma_{xz}=\dfrac{\partial u}{\partial z}+\dfrac{\partial w}{\partial x}\\ \gamma_{zy}=\dfrac{\partial v}{\partial z}+\dfrac{\partial w}{\partial y}\end{cases} \tag{2.36}$$

应变的符号规定如下：对于正应变，伸长为正，缩短为负；对于剪应变，角度变小为正，变大为负。

2.2.2 主应变

与应力状态相似，一点处的应变状态可以用以下阵列来表示：

$$\boldsymbol{\varepsilon}_{ij}=\begin{bmatrix}\varepsilon_{xx} & \varepsilon_{xy} & \varepsilon_{xz}\\ \varepsilon_{yx} & \varepsilon_{yy} & \varepsilon_{yz}\\ \varepsilon_{zx} & \varepsilon_{zy} & \varepsilon_{zz}\end{bmatrix}=\begin{bmatrix}\varepsilon_{xx} & 1/2\gamma_{xy} & 1/2\gamma_{xz}\\ 1/2\gamma_{yx} & \varepsilon_{yy} & 1/2\gamma_{yz}\\ 1/2\gamma_{zx} & 1/2\gamma_{zy} & \varepsilon_{zz}\end{bmatrix} \tag{2.37}$$

与剪应力互等定理相同，剪应变之间也存在互等关系：

$$\gamma_{xy}=\gamma_{yx},\gamma_{yz}=\gamma_{zy},\gamma_{zx}=\gamma_{xz} \tag{2.38}$$

与研究一点的应力状态时确定主应力平面的原理相似，在研究主应变问题时，也可以找到 3 个相互垂直没有剪应变的平面，这样的平面称为主应变平面。平面法线方向(主方向)的正应变称为主应变，即一点处的应变状态中也有三个主应变，即 ε_1、ε_2、ε_3，它们为下面方程的根。

$$\varepsilon^3 - I_1'\varepsilon^2 - I_2'\varepsilon - I_3' = 0 \tag{2.39}$$

方程(2.39)中的I_1'、I_2'、I_3'分别称为第一应变不变量、第二应变不变量和第三应变不变量，其表达式分别为

$$I_1' = \varepsilon_x + \varepsilon_y + \varepsilon_z = \varepsilon_1 + \varepsilon_2 + \varepsilon_3 \tag{2.40a}$$

$$\begin{aligned} I_2' &= \varepsilon_x\varepsilon_y + \varepsilon_y\varepsilon_z + \varepsilon_y\varepsilon_x - \frac{1}{4}({\gamma_{xy}}^2 + {\gamma_{yz}}^2 + {\gamma_{zx}}^2) \\ &= \varepsilon_1\varepsilon_2 + \varepsilon_2\varepsilon_3 + \varepsilon_3\varepsilon_1 \end{aligned} \tag{2.40b}$$

$$\begin{aligned} I_3' &= \varepsilon_x\varepsilon_y\varepsilon_z - \frac{1}{4}(\varepsilon_x{\gamma_{yz}}^2 + \varepsilon_y{\gamma_{zx}}^2 + \varepsilon_z{\gamma_{xy}}^2 - \gamma_{xy}\gamma_{yz}\gamma_{zx}) \\ &= \varepsilon_1\varepsilon_2\varepsilon_3 \end{aligned} \tag{2.40c}$$

2.2.3　应变张量的分解

与一点的应力状态相似，应变张量$\boldsymbol{\varepsilon}_{ij}$也分解为与体积变化有关的球形应变张量和与形变变化有关的应变偏张量$\boldsymbol{e}_{ij}$两部分：

$$\boldsymbol{\varepsilon}_{ij} = \boldsymbol{e}_{ij} + \varepsilon_{\mathrm{m}}\boldsymbol{\delta}_{ij} \tag{2.41}$$

球形应变张量为

$$\varepsilon_{\mathrm{m}}\boldsymbol{\delta}_{ij} = \begin{bmatrix} \varepsilon_{\mathrm{m}} & 0 & 0 \\ 0 & \varepsilon_{\mathrm{m}} & 0 \\ 0 & 0 & \varepsilon_{\mathrm{m}} \end{bmatrix} \tag{2.42}$$

其中，$\varepsilon_{\mathrm{m}} = \frac{1}{3}(\varepsilon_1 + \varepsilon_2 + \varepsilon_3)$ 称为平均应变。

应变偏量为

$$\boldsymbol{e}_{ij} = \begin{bmatrix} \varepsilon_x - \varepsilon_{\mathrm{m}} & \frac{1}{2}\gamma_{xy} & \frac{1}{2}\gamma_{xz} \\ \frac{1}{2}\gamma_{yx} & \varepsilon_y - \varepsilon_{\mathrm{m}} & \frac{1}{2}\gamma_{yz} \\ \frac{1}{2}\gamma_{zx} & \frac{1}{2}\gamma_{zy} & \varepsilon_z - \varepsilon_{\mathrm{m}} \end{bmatrix} \tag{2.43}$$

2.2.4　等效应变

与应力分析中的公式相类似，应变中的主剪应变为

$$\begin{cases}\gamma_1 = \pm(\varepsilon_2 - \varepsilon_3) \\ \gamma_2 = \pm(\varepsilon_3 - \varepsilon_1) \\ \gamma_3 = \pm(\varepsilon_1 - \varepsilon_2)\end{cases} \tag{2.44}$$

如果 $\varepsilon_1 > \varepsilon_2 > \varepsilon_3$，那么最大剪应变为

$$\gamma_{\max} = \varepsilon_1 - \varepsilon_3 \tag{2.45}$$

即最大剪应变等于最大主应变与最小主应变之差。

八面体剪应变是在与三个应变主轴方向具有相同倾角平面上的剪应变，其表达式为

$$\begin{aligned}\gamma_8 &= \frac{2}{3}[(\varepsilon_x - \varepsilon_y)^2 + (\varepsilon_y - \varepsilon_z)^2 + (\varepsilon_z - \varepsilon_x)^2 + \frac{3}{2}(\gamma_{xy}^2 + \gamma_{yz}^2 + \gamma_{zx}^2)]^{\frac{1}{2}} \\ &= \frac{2}{3}(\gamma_1^2 + \gamma_2^2 + \gamma_3^2)^{\frac{1}{2}} \\ &= \frac{2}{3}[(\varepsilon_1 - \varepsilon_2)^2 + (\varepsilon_2 - \varepsilon_3)^2 + (\varepsilon_3 - \varepsilon_1)^2]^{\frac{1}{2}}\end{aligned} \tag{2.46}$$

与等效应力相对应的等效应变为

$$\begin{aligned}\varepsilon_{\text{eq}} &= \frac{\sqrt{2}}{3}[(\varepsilon_x - \varepsilon_y)^2 + (\varepsilon_y - \varepsilon_z)^2 + (\varepsilon_z - \varepsilon_x)^2 + \frac{3}{2}(\gamma_{xy}^2 + \gamma_{yz}^2 + \gamma_{zx}^2)]^{\frac{1}{2}} \\ &= \frac{\sqrt{2}}{3}[(\varepsilon_1 - \varepsilon_2)^2 + (\varepsilon_2 - \varepsilon_3)^2 + (\varepsilon_3 - \varepsilon_1)^2]^{\frac{1}{2}} \\ &= \frac{\sqrt{2}}{2}\gamma_8\end{aligned} \tag{2.47}$$

2.3 弹性应力应变关系

试件在拉伸过程中截面将减小，相反，在压缩过程中，试件的截面将增大。在线弹性阶段，由实验可知在轴向 x 方向拉伸时，y 和 z 方向的应变 ε_y、ε_z 与 x 方向的应变 ε_x 有关，也就是说，由于应力 σ_x 的作用，不仅在 x 方向引起应变 $\frac{\sigma_x}{E}$，同时在 y 和 z 方向引起了应变 $-\nu\frac{\sigma_x}{E}$。正应力分量与正应变分量之间的关系为

$$\begin{cases}\varepsilon_x = \dfrac{1}{E}[\sigma_x - \nu(\sigma_y + \sigma_z)] \\ \varepsilon_y = \dfrac{1}{E}[\sigma_y - \nu(\sigma_z + \sigma_x)] \\ \varepsilon_z = \dfrac{1}{E}[\sigma_z - \nu(\sigma_x + \sigma_y)]\end{cases} \tag{2.48}$$

在线弹性纯剪切应力状态下，剪应力分量与剪正应变分量之间的关系为

$$\gamma_{xy} = \frac{\tau_{xy}}{G}, \gamma_{yz} = \frac{\tau_{yz}}{G}, \gamma_{zx} = \frac{\tau_{zx}}{G} \tag{2.49}$$

其中, $G = \dfrac{E}{2(1+\nu)}$ 称为剪切弹性模量。

即在三维应力应变状态下，弹性应力应变存在如下关系：

$$\begin{cases}\varepsilon_x = \dfrac{1}{E}[\sigma_x - \nu(\sigma_y + \sigma_z)] \\ \varepsilon_y = \dfrac{1}{E}[\sigma_y - \nu(\sigma_z + \sigma_x)] \\ \varepsilon_z = \dfrac{1}{E}[\sigma_z - \nu(\sigma_x + \sigma_y)] \\ \gamma_{xy} = \dfrac{\tau_{xy}}{G}, \gamma_{yz} = \dfrac{\tau_{yz}}{G}, \gamma_{zx} = \dfrac{\tau_{zx}}{G}\end{cases} \tag{2.50}$$

这就是广义胡克定律。

2.4　弹塑性应力应变关系

2.4.1　各种常用的理想化材料模型的本构方程

在塑性力学中有两个基本实验，一个是单向拉伸实验，它给出材料的应力-应变曲线；另一个是静水压力实验，验证物体的体积变形。这两个实验的结果是建立塑性理论的基础。不同的材料，可以采用不同的变形体模型。在确定力学模型时，要注意所选取的力学模型应符合材料的实际情况，这样才能使计算结果反映结构或构件中的真实应力及应变状态。此外所选取的力学模型的数学表达式应简单，以便在求解时不出现数学上的困难。

1. 理想弹塑性模型

当材料进入塑性状态后，具有明显的屈服流动阶段，而强化程度较小。若不考虑材料的强化性质，则可得到如图 2.9 所示理想弹塑性模型，又称为弹性完全塑性模型。在图 2.9 中，线段 *OA* 表示材料处于弹性阶段，线段 *AB* 表示材料处于塑性阶段，这种计算模型完全略去了材料屈服后所产生的加工硬化现象。应力可用如下公式得出：

$$\sigma=\begin{cases}E\varepsilon & (\sigma<\sigma_{\mathrm{s}})\\ \sigma_{\mathrm{s}} & (\sigma\geqslant\sigma_{\mathrm{s}})\end{cases} \tag{2.51}$$

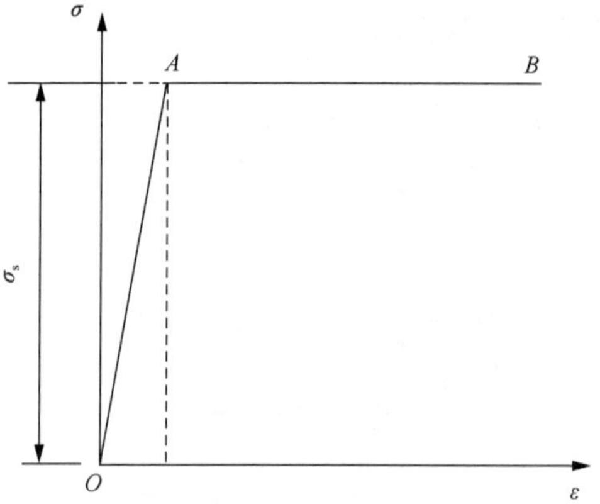

图 2.9　理想弹塑性材料

2. 理想线性强化弹塑性力学模型

如图 2.10 所示，当材料有显著强化率，而屈服流动不明显时，可不考虑材料的塑性流动。

$$\sigma=\begin{cases}E\varepsilon & (\varepsilon\leqslant\varepsilon_{\mathrm{s}})\\ \sigma_{\mathrm{s}}+E_1(\varepsilon-\varepsilon_{\mathrm{s}}) & (\varepsilon>\varepsilon_{\mathrm{s}})\end{cases} \tag{2.52}$$

其中，E 及 E_1 分别表示线段 *OA* 及 *AB* 的斜率。具有这种应力应变关系的材料称为线性强化弹塑性材料。由于 *OA* 和 *AB* 是两条直线，有时也称之为双线性强化模型。在许多实际工程问题中，弹性应变比塑性应变小得多，因而可以忽略弹性应变，于是上述两种力学模型又可简化为理想刚塑性力学模型。

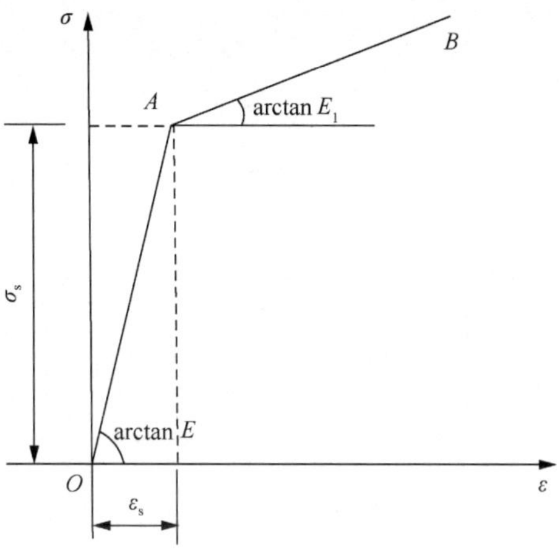

图 2.10　理想线性强化弹塑性材料

3. 理想刚塑性力学模型

如图 2.11 所示，应力应变关系的数学表达式为

$$\sigma = \sigma_s \quad (\varepsilon \geqslant 0) \tag{2.53}$$

上式表明在应力到达屈服极限之前，应变为零，这种模型又称为刚性完全塑性力学模型。

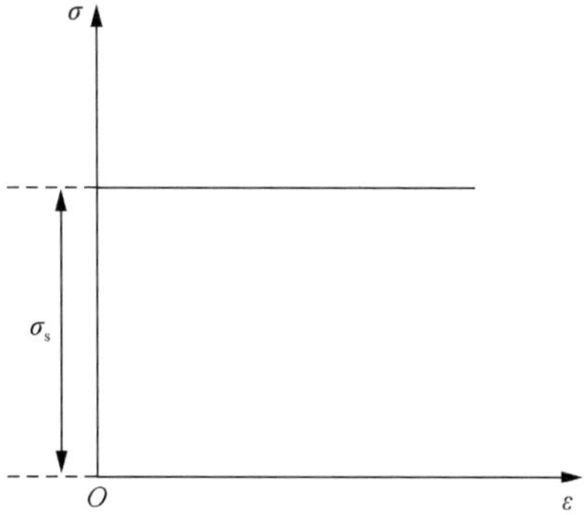

图 2.11　理想刚塑性力学材料

4. 理想线性强化刚塑性力学模型

如图 2.12 所示，其应力应变关系的数学表达式为

$$\sigma = \sigma_s + E_1\varepsilon \quad (\varepsilon \geqslant 0) \tag{2.54}$$

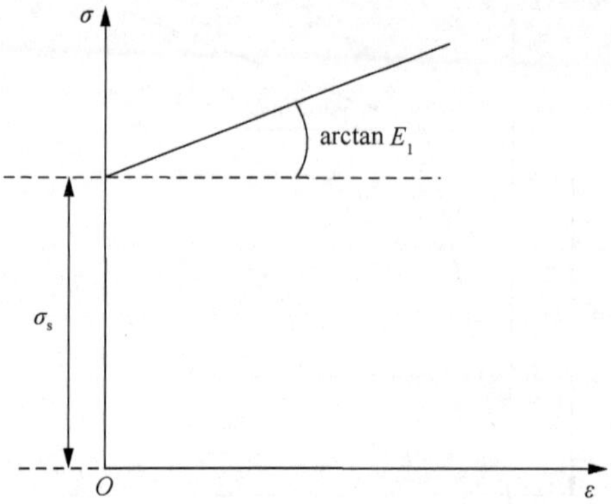

图 2.12　理想线性强化刚塑性力学材料

5. 幂强化力学模型

为了避免在 $\varepsilon=\varepsilon_s$ 处的变化，有时可以采用幂强化力学模型：

$$\sigma = A\varepsilon^n \tag{2.55}$$

其中，n 为幂强化系数，介于 0 与 1 之间。式(2.55)所代表的曲线如图 2.13 所示。在 $\varepsilon=0$ 处与 σ 轴相切，而且有

$$\sigma=\begin{cases} A\varepsilon & (n=1) \\ A & (n=0) \end{cases} \tag{2.56}$$

式(2.56)的第一式代表理想弹性模型，若将式中的 A 用弹性模量 E 代替，则为胡克定律式；第二式若将 A 用 σ_s 代替，则为理想塑性(或称理想刚塑性)力学模型。通过求解式(2.56)则可得 $\varepsilon=1$，即两条直线在 $\varepsilon=1$ 处相交。由于幂强化模型也只有两个参数 A 和 n，因而也不可能准确地表示材料的所有性质，但由于它的解析式比较简单，而且 n 可以在较大范围内变化，所以也经常采用。

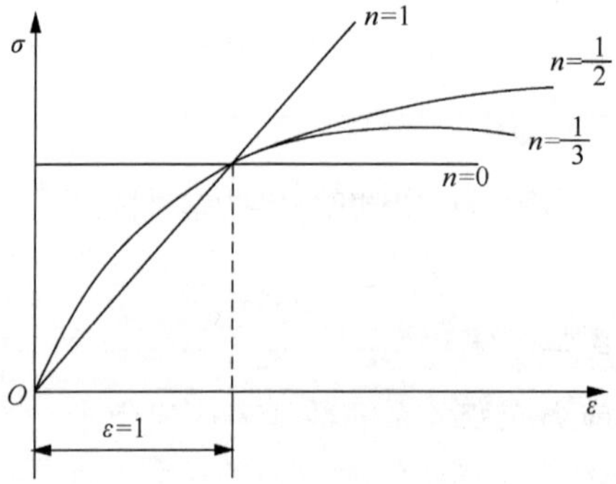

图 2.13　幂强化力学材料

2.4.2　屈服条件

从材料弹性变形和塑性变形的特点可以看出，塑性应力应变关系比弹性应力应变关系要复杂得多。在弹塑性分析过程中，首先要判断材料是处于弹性状态还是已经进入到塑性状态，进行这一判断所依据的准则称为屈服条件。屈服条件又称屈服准则，它将告诉我们材料受力到什么程度开始发生塑性变形。在单向受力状态下，由简单拉伸实验可知，当$\sigma = \sigma_s$时材料开始产生塑性变形，这就是在单向受力状态下的屈服条件。在复杂应力状态下，某一点的应力状态是由六个应力分量确定的，显然不能任选取某一个应力分量的数值作为判断材料是否进入塑性状态的标准。因此，要引进应力空间的概念，它是以应力分量为坐标的空间，在这个空间中，每一点都代表一个应力状态，应力或应变的变化在相应的空间中绘出一条曲线，称为应力路径。

根据不同的应力路径的实验所得到的结果，可以确定出从弹性阶段进入塑性阶段的各个界限(即屈服应力点)。在应力空间中将这些屈服应力点连接起来，就形成一个区分弹性和塑性的分界面，称为屈服面。描述这个屈服面的数学表达式称为屈服函数，它就是所要寻求的用解析形式所表示的屈服条件。

一般情况下，屈服条件与所考虑的应力状态有关，或者说，屈服条件是该点六个独立的应力分量的函数，即为

$$f(\boldsymbol{\sigma}_{ij}) = 0 \tag{2.57}$$

$f(\boldsymbol{\sigma}_{ij})$称为屈服函数。式(2.57)表示在一个六维应力空间内的超曲面。所谓六维应力空间是以六个应力分量所构成的抽象空间。因为由六个应力分量组成，所以称它为六维应力空间。空间内的任一点都代表一个确定的应力状态，屈服函数是这个空间内的一个曲面，因为它不同于普通的几何空间内的曲面，所以称为超曲面。该曲面上的任意一点(称为应力点)都表示一个屈服应力状态，所以又称屈服面。例如，在单向拉伸时，屈服应力σ_s应在屈服面上，如用六维应力空间来描述，则该点应为超曲面上的一个点，且该点坐标为(σ_s，0，0，0，0，0)。

经过大量实验证明，有两个屈服准则是比较符合金属材料特性，而且使用起来也比较方便，一个是 Tresca 屈服准则，另一个是 Mises 屈服准则。

1. Tresca 屈服准则

1864 年，法国工程师 Tresca 在做一系列金属挤压实验的基础上，发现在变形的金属表面有很细的痕纹，而这些痕纹的方向很接近于最大剪应力的方向，因此他认为金属的塑性变形是由于剪切应力引起金属中的晶格滑移而形成的。Tresca

提出：在物体中，当最大剪应力达到某一极限值时，材料便进入塑性状态，当主应力的大小次序已知 ，即 $\sigma_1 > \sigma_2 > \sigma_3$ 情况下，这个条件可写为如下形式：

$$\sigma_1 - \sigma_3 = 2k \tag{2.58}$$

如果不知道主应力的大小和次序，则在主应力空间应将 Tresca 条件写为

$$\begin{cases} |\sigma_1 - \sigma_2| \leqslant 2k \\ |\sigma_2 - \sigma_3| \leqslant 2k \\ |\sigma_3 - \sigma_1| \leqslant 2k \end{cases} \tag{2.59}$$

上式中，如果有一个式子为等式，则材料便已进入塑性状态。若将上式改写为一般性公式，则为

$$[(\sigma_1 - \sigma_2)^2 - 4k^2][(\sigma_2 - \sigma_3)^2 - 4k^2][(\sigma_3 - \sigma_1)^2 - 4k^2] = 0 \tag{2.60}$$

在主应力空间中，式(2.60)的几何轨迹相当于图 2.14(a)中所示正六角柱面。该柱面与 $\sigma_1\sigma_2$ 平面的截得的轨迹为

$$[(\sigma_1 - \sigma_2)^2 - 4k^2][\sigma_2^2 - 4k^2][\sigma_1^2 - 4k^2] = 0$$

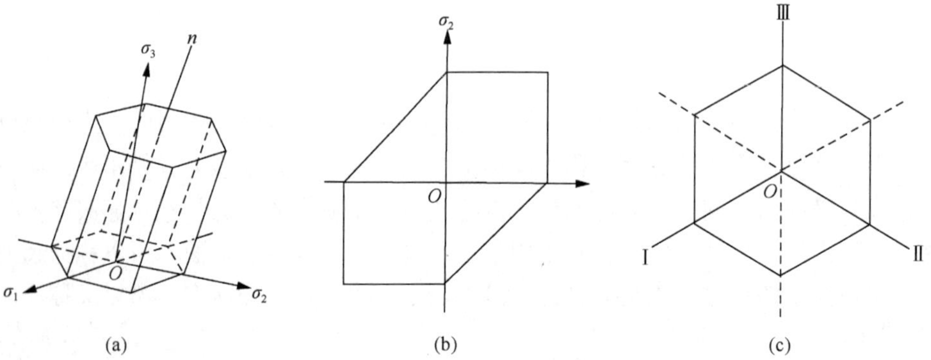

图 2.14　Tresca 屈服面与屈服线

这表示六条直线，如图 2.14(b)所示，也即

$$\begin{cases} |\sigma_1 - \sigma_2| \leqslant 2k \\ |\sigma_1| \leqslant 2k \\ |\sigma_2| \leqslant 2k \end{cases} \tag{2.61}$$

该柱体与 π 平面截得的轨迹则为一正六边形，如图 2.14(c)所示。

对于 k 值，只需通过简单受力状态的实验来测定。如采用单向拉伸实验，则 σ_s 为屈服极限，于是有 $\sigma_1=\sigma_s$，$\sigma_2=\sigma_3=0$，则由式(2.58)得出

$$k=\frac{\sigma_s}{2} \tag{2.62}$$

若采用纯剪切实验，则 τ_s 为剪切屈服极限，于是有 $\sigma_1=\tau_s$，$\sigma_2=0$，$\sigma_3=-\tau_s$，则由式(2.58)得出

$$k=\tau_s \tag{2.63}$$

比较式(2.62)与式(2.63)，若 Tresca 屈服条件正确，则必有

$$\sigma_s=2\tau_s \tag{2.64}$$

由于最大剪应力的假设与实验结果比较一致，因而一般是被接受的。但在使用 Tresca 条件时，主应力的大小和次序应该知道，因为这样才能求出最大剪应力。如果能知道主应力的次序，则使用 Tresca 条件是很方便的。因为从数学表达式来看，它是个线性的简单公式，求解是非常方便的。但 Tresca 的最大剪应力屈服条件忽略了中间主应力 σ_2 对材料屈服的贡献，这是它的不足之处。

2. Mises 屈服条件

考虑八面体面，其与主轴之间的余弦由 $\alpha_{11}=\alpha_{12}=\alpha_{13}=\dfrac{1}{\sqrt{3}}$ 给出。它表明八面体面上的正应力是静水应力。在 $\sigma_H=0$ 处的八面体平面称作 π 平面或偏平面。任何平行于 π 平面的平面都代表恒定的静水应力状态。因此，可以将任何应力张量分解成位于 π 平面上的偏应力，和垂直于这一平面上的静水应力。前面已经指出，Tresca 条件在预知主应力大小次序的问题中，应用起来很方便，但在一般情况下却相当麻烦。1913 年德国力学家 von Mises 指出：在等倾面上，Tresca 条件六边形的六个顶点是由实验得到的，但是连接六个顶点的直线段却包含了假设(认为中间主应力不影响屈服)，这种假设是否合适，需经实验证明。Mises 认为：用一个圆来连接这六个顶点似乎更合理，并且可避免因曲线不光滑而造成的数学上的困难。Mises 屈服条件在主应力空间中的轨迹是外接于 Tresca 六角柱体的圆柱面，如图 2.15(a)所示，该圆柱面垂直于正八面体斜面或 π 平面。因此它在 π 平面上截得的轨迹则为一半径等于 $\sqrt{\dfrac{2}{3}}\sigma_s$ 的圆，如图 2.15(c)所示；它在 $\sigma_1\sigma_2$ 平面截得的轨迹为外接于六角形的椭圆，如图 2.15(b)所示。如果用数学方法来描述，Mises 条件可写成

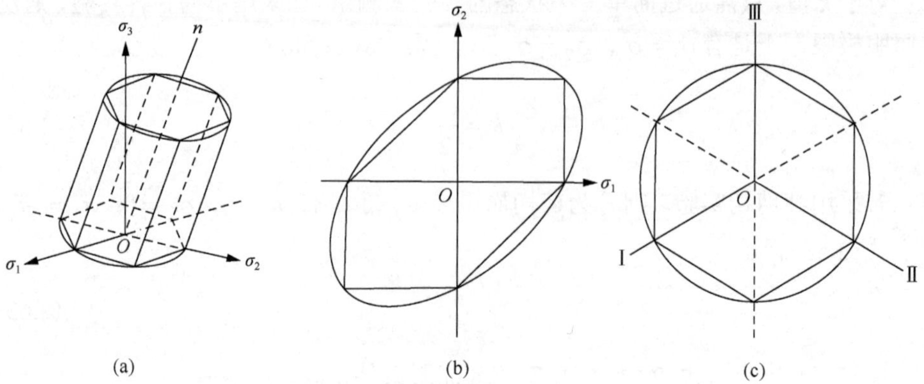

图 2.15　von Mises 屈服面与屈服线

$$(\sigma_1-\sigma_2)^2+(\sigma_2-\sigma_3)^2+(\sigma_3-\sigma_1)^2=6k^2 \tag{2.65}$$

上式中的 k 为常量，其值可通过简单应力状态的实验来确定。若采用单向拉伸实验，σ_{s} 为屈服极限，则 $\sigma_1=\sigma_{\mathrm{s}}$，$\sigma_2=\sigma_3=0$，由式(2.65)得

$$k=\frac{\sigma_{\mathrm{s}}}{\sqrt{3}} \tag{2.66}$$

若采用纯剪切实验，同理得 $\tau_{\mathrm{s}}=k$，于是知

$$\sigma_{\mathrm{s}}=\sqrt{3}\tau_{\mathrm{s}} \tag{2.67}$$

如果用张量符号来表示偏应力，则

$$\boldsymbol{S}_{ij}=\boldsymbol{\sigma}_{ij}-\frac{1}{3}\sigma_{kk}\boldsymbol{\delta}_{ij} \tag{2.68}$$

当 $i=j$ 时，$\boldsymbol{\delta}_{ij}=1$；当 $i\neq j$ 时，$\boldsymbol{\delta}_{ij}=0$。

静水应力为

$$\sigma_H=\frac{\sigma_{kk}}{3} \tag{2.69}$$

静水应力对金属塑性变形基本没有影响，因此可以借用研究 π 平面的偏应力来评估多轴塑性变形。

2.4.3 塑性本构关系

1. 增量理论(流动理论)

材料塑性应力应变关系的重要特点，一是应力应变关系不是线性比例关系，二是应变不能由应力唯一确定。因此，在塑性变形阶段，应变不仅和应力状态有关，而且还和变形历史有关。如果不知道变形的历史，就不能只根据即时应力状态唯一地确定塑性应变状态。而且只知道最终的应变状态，也不能唯一地确定应力状态。考虑应变历史来研究应力和应变增量之间的关系，以这种关系为基础的理论称为增量理论(或流动理论)。

弹塑性物体内任一点处应力状态进入塑性状态以后，相应的总应变 $\boldsymbol{\varepsilon}_{ij}$ 可以分解成为弹性应变 $\boldsymbol{\varepsilon}_{ij}^{\mathrm{e}}$ 和塑性应变 $\boldsymbol{\varepsilon}_{ij}^{\mathrm{p}}$ ：

$$\boldsymbol{\varepsilon}_{ij} = \boldsymbol{\varepsilon}_{ij}^{\mathrm{e}} + \boldsymbol{\varepsilon}_{ij}^{\mathrm{p}} \tag{2.70}$$

当外载荷有微小增量时，总应变也要有微小增量 $\mathrm{d}\boldsymbol{\varepsilon}_{ij}$ 。同理可得

$$\mathrm{d}\boldsymbol{\varepsilon}_{ij}^{\mathrm{p}} = \mathrm{d}\boldsymbol{\varepsilon}_{ij} - \mathrm{d}\boldsymbol{\varepsilon}_{ij}^{\mathrm{e}} \tag{2.71}$$

该理论认为球应力作用下物体只产生弹性的体变(即体积改变)，而偏应力作用下物体只产生畸变(即形状的改变)，但畸变包括有弹性畸变和塑性畸变两部分。这就是说塑性变形仅由应力偏量所引起，且在塑性状态，若认为材料不可压缩，则体积变形为零，即

$$\mathrm{d}\boldsymbol{\varepsilon}_{ii}^{\mathrm{p}} = \mathrm{d}\varepsilon_x^{\mathrm{p}} + \mathrm{d}\varepsilon_y^{\mathrm{p}} + \mathrm{d}\varepsilon_z^{\mathrm{p}} = 0$$

而

$$\mathrm{d}\boldsymbol{\varepsilon}_{\mathrm{m}} = \frac{1}{3}(\mathrm{d}\varepsilon_x + \mathrm{d}\varepsilon_y + \mathrm{d}\varepsilon_z) = \frac{1}{3}\mathrm{d}\boldsymbol{\varepsilon}_{ij}^{\mathrm{e}} = \mathrm{d}\boldsymbol{\varepsilon}_{\mathrm{m}}^{\mathrm{e}}$$

那么，应变偏量的增量为

$$\mathrm{d}\boldsymbol{e}_{ij} = \mathrm{d}\boldsymbol{\varepsilon}_{ij} - \boldsymbol{\delta}_{ij}\mathrm{d}\varepsilon_{\mathrm{m}}$$

根据广义胡克定律可推导出

$$\frac{\mathrm{d}\boldsymbol{S}_{ij}}{\mathrm{d}\boldsymbol{e}_{ij}^{\mathrm{e}}} = 2G \tag{2.72}$$

$$\frac{\mathrm{d}\sigma_{\mathrm{m}}}{\mathrm{d}\varepsilon_{\mathrm{m}}} = 3K \tag{2.73}$$

式(2.72)和式(2.73)分别表明：在弹性阶段，应力偏量增量与应变偏量增量以及平均正应力增量与平均正应变增量成比例，比例常数分别为 $2G$ 和 $3K$。

由此，塑性应变增量为

$$\mathrm{d}\boldsymbol{\varepsilon}_{ij}^{\mathrm{p}} = \mathrm{d}\boldsymbol{e}_{ij} - \mathrm{d}\boldsymbol{e}_{ij}^{\mathrm{e}} = \mathrm{d}\boldsymbol{e}_{ij} - \frac{1}{2G}\mathrm{d}\boldsymbol{S}_{ij} \tag{2.74}$$

增量理论基于以下假设：在塑性变形过程中的任一微小时间增量内，塑性应变增量与应力偏量成比例：

$$\frac{\mathrm{d}\varepsilon_{xx}^{\mathrm{p}}}{S_{xx}} = \frac{\mathrm{d}\varepsilon_{yy}^{\mathrm{p}}}{S_{yy}} = \frac{\mathrm{d}\varepsilon_{zz}^{\mathrm{p}}}{S_{zz}} = \frac{\mathrm{d}\gamma_{xy}^{\mathrm{p}}}{2S_{xy}} = \frac{\mathrm{d}\gamma_{yz}^{\mathrm{p}}}{2S_{yz}} = \frac{\mathrm{d}\gamma_{zx}^{\mathrm{p}}}{2S_{zx}} = \mathrm{d}\lambda$$

即

$$\mathrm{d}\boldsymbol{\varepsilon}_{ij}^{\mathrm{p}} = \boldsymbol{S}_{ij}\mathrm{d}\lambda \tag{2.75}$$

其中，$\mathrm{d}\lambda$ 为正比例常数，且可根据加载历史的不同而变化。将式(2.75)代入式(2.74)后，得总应变增量与应力偏量之间的关系为

$$\mathrm{d}\boldsymbol{e}_{ij} = \frac{1}{2G}\mathrm{d}\boldsymbol{S}_{ij} + \boldsymbol{S}_{ij}\mathrm{d}\lambda \tag{2.76}$$

展开式(2.76)得

$$\begin{cases} \mathrm{d}e_x = \dfrac{1}{2G}\mathrm{d}S_x + S_x\mathrm{d}\lambda, & \mathrm{d}\gamma_{xy} = \dfrac{1}{G}\mathrm{d}\tau_{xy} + 2\tau_{xy}\mathrm{d}\lambda \\ \mathrm{d}e_y = \dfrac{1}{2G}\mathrm{d}S_y + S_y\mathrm{d}\lambda, & \mathrm{d}\gamma_{yz} = \dfrac{1}{G}\mathrm{d}\tau_{yz} + 2\tau_{yz}\mathrm{d}\lambda \\ \mathrm{d}e_z = \dfrac{1}{2G}\mathrm{d}S_z + S_z\mathrm{d}\lambda, & \mathrm{d}\gamma_{zx} = \dfrac{1}{G}\mathrm{d}\tau_{zx} + 2\tau_{zx}\mathrm{d}\lambda \end{cases} \tag{2.77}$$

式(2.76)或式(2.77)称为 Prandtl-Reuss 方程。该方程表明：塑性应变增量依赖于该时的应力偏量，而不是达到该状态所需的应力增量。整个变形过程可以由各瞬时变形的累积求出。因此，增量理论可以描述加载过程对变形的影响，能反映复杂加载的情况。在以上推导中引入的参数 $\mathrm{d}\lambda$ 可以通过屈服条件来确定。若采用 Mises 屈服条件，经推导得

$$\mathrm{d}\lambda = \frac{\mathrm{d}\gamma_8^{\mathrm{p}}}{2\tau_8} = \frac{1}{2}\sqrt{\frac{3}{2}}\frac{\mathrm{d}\gamma_8^{\mathrm{p}}}{\sqrt{J_2}} \tag{2.78}$$

其中，γ_8^{p} 为八面体剪应变的塑性部分。

那么，有效应力 σ_{eq} 和有效塑性应变增量 $\mathrm{d}\varepsilon_{\mathrm{eq}}^{\mathrm{p}}$ 分别为

$$\sigma_{\mathrm{eq}}=\frac{3}{\sqrt{2}}\tau_8=\sqrt{3J_2},\ \mathrm{d}\varepsilon_{\mathrm{eq}}^{\mathrm{p}}=\frac{1}{\sqrt{2}}\mathrm{d}\gamma_8^{\mathrm{p}} \tag{2.79}$$

将式(2.79)代入式(2.78)得

$$\mathrm{d}\lambda=\frac{3}{2}\frac{\mathrm{d}\varepsilon_{\mathrm{eq}}^{\mathrm{p}}}{\sigma_{\mathrm{eq}}} \tag{2.80}$$

于是由式(2.75)得

$$\mathrm{d}\boldsymbol{\varepsilon}_{ij}^{\mathrm{p}}=\frac{3}{2}\frac{\mathrm{d}\varepsilon_{\mathrm{eq}}^{\mathrm{p}}}{\sigma_{\mathrm{eq}}}\boldsymbol{S}_{ij} \tag{2.81}$$

展开式(2.81)得

$$\begin{cases}\mathrm{d}\varepsilon_x^{\mathrm{p}}=\dfrac{\mathrm{d}\varepsilon_{\mathrm{eq}}^{\mathrm{p}}}{\sigma_{\mathrm{eq}}}\left[\sigma_x-\dfrac{1}{2}(\sigma_y+\sigma_z)\right], & \mathrm{d}\varepsilon_{xy}^{\mathrm{p}}=\dfrac{3}{2}\dfrac{\mathrm{d}\varepsilon_{\mathrm{eq}}^{\mathrm{p}}}{\sigma_{\mathrm{eq}}}\tau_{xy}\\ \mathrm{d}\varepsilon_y^{\mathrm{p}}=\dfrac{\mathrm{d}\varepsilon_{\mathrm{eq}}^{\mathrm{p}}}{\sigma_{\mathrm{eq}}}\left[\sigma_y-\dfrac{1}{2}(\sigma_z+\sigma_x)\right], & \mathrm{d}\varepsilon_{yz}^{\mathrm{p}}=\dfrac{3}{2}\dfrac{\mathrm{d}\varepsilon_{\mathrm{eq}}^{\mathrm{p}}}{\sigma_{\mathrm{eq}}}\tau_{yz}\\ \mathrm{d}\varepsilon_z^{\mathrm{p}}=\dfrac{\mathrm{d}\varepsilon_{\mathrm{eq}}^{\mathrm{p}}}{\sigma_{\mathrm{eq}}}\left[\sigma_z-\dfrac{1}{2}(\sigma_x+\sigma_y)\right], & \mathrm{d}\varepsilon_{zx}^{\mathrm{p}}=\dfrac{3}{2}\dfrac{\mathrm{d}\varepsilon_{\mathrm{eq}}^{\mathrm{p}}}{\sigma_{\mathrm{eq}}}\tau_{zx}\end{cases} \tag{2.82}$$

式(2.81)或式(2.82)为 Prandtl-Reuss 方程的另一种表达式。如在上式中将塑性应变增量换成总应变增量，即忽略弹性应变部分，则得 Levy-von Mises 方程：

$$\mathrm{d}\boldsymbol{\varepsilon}_{ij}=\frac{3}{2}\frac{\mathrm{d}\varepsilon_{\mathrm{eq}}^{\mathrm{p}}}{\sigma_{\mathrm{eq}}}\boldsymbol{S}_{ij} \tag{2.83}$$

由式(2.82)和式(2.83)可以看出，增量理论的本构方程与广义胡克定律在形式上十分相似，除含应变增量外，所不同的是系数部分。如将胡克定律中的泊松比 $\nu=0.5, 1/E$ 用 $\dfrac{\mathrm{d}\varepsilon_{\mathrm{eq}}^{\mathrm{p}}}{\sigma_{\mathrm{eq}}}$ 来代替，便可得到流动理论的本构方程。这反映了塑性变形过程的不可压缩性和塑性变形的非线性，以及对加载路径的依赖性等。在此方程中，若应变增量为已知，则可唯一地求出应力偏量。

式(2.82)和式(2.83)为σ_{eq}的函数，也就是说，上述方程要用到Mises屈服条件。所以这两式是与 Mises 屈服条件相关联的本构方程。此外，Prandtl-Reuss 理论和 Levy-Mises 理论也都可以应用于强化材料。

2. 全量理论(形变理论)

在塑性力学中，有一种特殊的变形情况，即各应变分量自始至终都按同一比例增加或减少，这种情况称为比例变形。在此情况下，应变强度增量可以积分求得应变强度，从而建立了全量理论的应力应变关系，因为这个理论考虑的是应变分量而不是应变分量的增量。全量理论是以比例变形为基础的理论，有时亦称为形变理论。这一理论首先是由亨基(Hencky) 提出的，后来又由苏联的伊留申(Lliushin)将它整理得以完善，并给出了使用条件，因此这一理论亦称为亨基-伊留申理论。伊留申给出的形变理论应满足的几个条件是：

(1)外载荷(包括体力)按比例增加，变形体处于主动变形的过程(即应力强度不断增加，在变形过程中不出现中间卸载的情况)；

(2)材料的体积是不可压缩的，计算时取泊松比$\nu=0.5$；

(3)材料的应力-应变曲线具有幂强化形式；

(4)满足小弹塑性变形的各项条件，塑性变形与弹性变形属同一量级。

在满足以上几个条件后，形变理论将给出正确的结果。外载荷按比例增加是满足简单加载的必要条件，如果载荷不按比例增加，则不仅保证不了物体内部的简单加载状态，而且在物体的表面也满足不了简单加载的条件。采用体积不可压缩性假设，并取泊松比$\nu=0.5$，不仅简化了具体计算，而且基本上与实验结果相符，使形变理论的物理关系主要表示为应力偏量与应变偏量之间的关系，并使之满足了幂强化形的规律。采用幂强化模型可以避免区分弹性区和塑性区，而实际上这一模型对不同材料的限制并不大，因为各种材料都可以通过选取公式中的常数A的指数n来拟合拉伸曲线。采用小变形条件是因为平衡方程和几何方程都是在小变形条件下推导出来的，而物理关系也是小变形条件下的关系式。

伊留申不仅对亨基形变理论的适用条件做了明确规定，还证明了简单加载定理。他提出在小弹塑性变形的情况下，总应变与应力偏量成比例，即

$$\frac{e_x}{S_x}=\frac{e_y}{S_y}=\frac{e_z}{S_z}=\frac{\gamma_{xy}}{2\tau_{xy}}=\frac{\gamma_{yz}}{2\tau_{yz}}=\frac{\gamma_{zx}}{2\tau_{zx}}=\lambda \tag{2.84}$$

若采用主应力表示，有

$$\frac{e_1}{S_1}=\frac{e_2}{S_2}=\frac{e_3}{S_3}=\lambda \tag{2.85}$$

等效应变 ε_{eq} 的表达式为

$$
\begin{aligned}
\varepsilon_{eq} &= \frac{\sqrt{2}}{3}[(e_1 - e_2)^2 + (e_2 - e_3)^2 + (e_3 - e_1)^2] \\
&= \frac{\sqrt{2}}{3}\lambda[(S_1 - S_2)^2 + (S_2 - S_3)^2 + (S_3 - S_1)^2]^{\frac{1}{2}} \\
&= \frac{\sqrt{2}}{2}\lambda\sqrt{2}\sigma_{eq}
\end{aligned}
\tag{2.86}
$$

由此得

$$
\lambda = \frac{3}{2}\frac{\varepsilon_{eq}}{\sigma_{eq}} \tag{2.87}
$$

因此，亨基-伊留申理论的应力应变关系可写成

$$
\boldsymbol{e}_{ij} = \frac{3}{2}\frac{\varepsilon_{eq}}{\sigma_{eq}}\boldsymbol{S}_{ij} \tag{2.88}
$$

将式(2.88)展开：

$$
\begin{cases}
e_x = \dfrac{3}{2}\dfrac{\varepsilon_{eq}}{\sigma_{eq}}S_x, & \gamma_{xy} = \dfrac{3}{2}\dfrac{\varepsilon_{eq}}{\sigma_{eq}}\tau_{xy} \\
e_y = \dfrac{3}{2}\dfrac{\varepsilon_{eq}}{\sigma_{eq}}S_y, & \gamma_{yz} = \dfrac{3}{2}\dfrac{\varepsilon_{eq}}{\sigma_{eq}}\tau_{yz} \\
e_z = \dfrac{3}{2}\dfrac{\varepsilon_{eq}}{\sigma_{eq}}S_z, & \gamma_{zx} = \dfrac{3}{2}\dfrac{\varepsilon_{eq}}{\sigma_{eq}}\tau_{zx}
\end{cases}
\tag{2.89}
$$

根据胡克定律，弹性应变为

$$
\begin{cases}
e_x^e = \dfrac{1}{2G}S_x, & \gamma_{xy}^e = \dfrac{1}{G}\tau_{xy} \\
e_y^e = \dfrac{1}{2G}S_y, & \gamma_{yz}^e = \dfrac{1}{G}\tau_{yz} \\
e_z^e = \dfrac{1}{2G}S_z, & \gamma_{zx}^e = \dfrac{1}{G}\tau_{zx}
\end{cases}
\tag{2.90}
$$

由于塑性应变为总应变与弹性应变之差，故由式(2.89)和式(2.90)得

$$\begin{cases} e_x^{\mathrm{p}} = \left(\dfrac{3}{2}\dfrac{\varepsilon_{\mathrm{eq}}}{\sigma_{\mathrm{eq}}} - \dfrac{1}{2G}\right) S_x, & \gamma_{xy}^{\mathrm{p}} = \left(\dfrac{3}{2}\dfrac{\varepsilon_{\mathrm{eq}}}{\sigma_{\mathrm{eq}}} - \dfrac{1}{G}\right) \tau_{xy} \\ e_y^{\mathrm{p}} = \left(\dfrac{3}{2}\dfrac{\varepsilon_{\mathrm{eq}}}{\sigma_{\mathrm{eq}}} - \dfrac{1}{2G}\right) S_y, & \gamma_{yz}^{\mathrm{p}} = \left(\dfrac{3}{2}\dfrac{\varepsilon_{\mathrm{eq}}}{\sigma_{\mathrm{eq}}} - \dfrac{1}{G}\right) \tau_{yz} \\ e_z^{\mathrm{p}} = \left(\dfrac{3}{2}\dfrac{\varepsilon_{\mathrm{eq}}}{\sigma_{\mathrm{eq}}} - \dfrac{1}{2G}\right) S_z, & \gamma_{zx}^{\mathrm{p}} = \left(\dfrac{3}{2}\dfrac{\varepsilon_{\mathrm{eq}}}{\sigma_{\mathrm{eq}}} - \dfrac{1}{G}\right) \tau_{zx} \end{cases} \tag{2.91}$$

式(2.91)可缩写为

$$\boldsymbol{e}_{ij}^{\mathrm{p}} = \boldsymbol{e}_{ij} - \boldsymbol{e}_{ij}^{\mathrm{e}} = \left(\frac{3}{2}\frac{\varepsilon_{\mathrm{eq}}}{\sigma_{\mathrm{eq}}} - \frac{1}{2G}\right) \boldsymbol{S}_{ij} \tag{2.92}$$

参 考 文 献

[1] 徐秉业, 刘信声. 弹塑性力学及其应用. 北京: 清华大学出版社, 1995.

[2] 李同林. 应用弹塑性力学. 武汉: 中国地质大学出版社, 2002.

[3] 王德俊, 何雪宏. 现代机械强度理论及应用. 北京: 科学出版社, 2003.

[4] 尚德广, 王德俊. 多轴疲劳强度. 北京: 科学出版社, 2007.

[5] Socie D F, Marquis G B. Multiaxial Fatigue. Warrendale: SAE, 2000.

第 3 章　金属疲劳的宏微观特征

3.1　疲劳破坏的宏观特征

在宏观特征方面，金属疲劳破坏与静强度破坏的区别主要表现在：对于静强度破坏，其破坏的危险截面中会出现过大的残余变形。而疲劳破坏会存在三个阶段，即裂纹形成阶段、裂纹扩展阶段和最后瞬时断裂阶段。疲劳破坏的特点主要表现在：

(1) 疲劳断裂应力远小于抗拉强度，甚至低于材料的屈服极限；

(2) 疲劳破坏部位无明显的塑性变形；

(3) 疲劳破坏是循环应力多次反复作用下产生的；

(4) 疲劳破坏会受各种因素的影响，如尺寸、形状、应力集中、表面状态、所处环境等；

(5) 宏观疲劳断口有明显的特点，即有疲劳源、疲劳裂纹扩展区、瞬断区的明显特征。

疲劳断口是指金属材料或零件在疲劳断裂过程中形成的一种匹配的表面，也称断口或断裂面[1]。图 3.1 给出了一个受弯轴的疲劳断口，裂纹萌生发生在表面层(如图 3.1 顶端所示)。裂纹形成过程可以用带状条纹来表示，其被称之为疲劳辉纹，也被称为河流花样。疲劳辉纹占据了断裂面的大部分区域，并且试样底部出现了脆性断裂区。

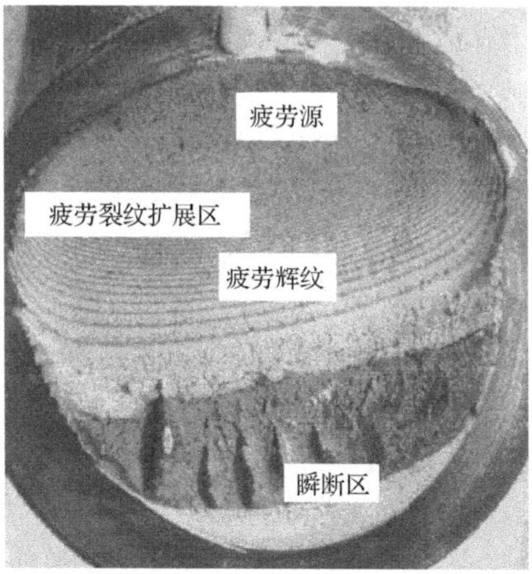

图 3.1　受弯曲循环载荷下的宏观疲劳断口[2]

疲劳裂纹通常萌生于试样表面层，表面层疲劳破坏是在晶体滑移面上，且由剪切裂纹开始的，也就是说宏观疲劳断口中的疲劳源(疲劳核心区)大部分发生在表面，但内部有缺陷时，有时也可发生在内部。在应力集中较为严重，应力水平高的情况下，会出现多个疲劳源。

宏观疲劳断口的疲劳裂纹扩展区中会常常显示出较为明显的相互平行的疲劳辉纹线(或称为贝纹线)，如图 3.1 所示。它们表示材料在加载和卸载过程中，对应疲劳裂纹扩展过程所留下的痕迹。

宏观疲劳断口中的瞬断区特征类似于静拉伸断口。当零件中的疲劳裂纹扩展到一定程度后，剩余的承载面积无法承受最大应力作用时，即发生静力破断现象。对于塑性材料，其瞬断区特征为纤维状。对于脆性材料，其瞬断区呈现粗结晶状。

1) 轴向载荷作用下的宏观疲劳断口特征

轴向载荷包括拉-拉循环应力和拉-压循环应力，其疲劳源通常在材料的表面形成。当材料的内部有缺陷时，疲劳源可能在缺陷处形成。此外，疲劳断口的形貌也与试件有无应力集中有关。在高应力拉压载荷下，对于光滑无缺口试件，从疲劳断口中可以看出，裂纹在疲劳源处向外扩展的速度基本一致，断口显示出裂纹扩展区小瞬断区大的特征，如图 3.2(a)所示。在低应力拉压载荷作用下，断口中的裂纹扩展区较大，瞬断区较小，如图 3.2(d)所示。对于有应力集中的环形缺口件，疲劳源的两侧裂纹扩展速度较快，如图 3.2(b)、(c)、(e)、(f)所示。高应力下瞬断区较大，而低应力下瞬断区较小。

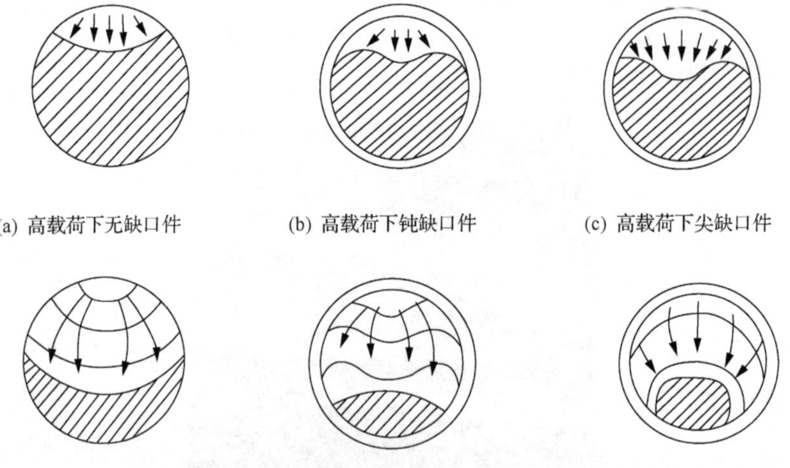

(a) 高载荷下无缺口件　(b) 高载荷下钝缺口件　(c) 高载荷下尖缺口件

(d) 低载荷下无缺口件　(e) 低载荷下钝缺口件　(f) 低载荷下尖缺口件

图 3.2　轴向载荷下的宏观疲劳断口特征

2)弯曲载荷作用下的宏观疲劳断口特征

单向弯曲载荷作用下的零部件，由于表面应力最大，中心应力最小，因而疲劳源会首先在表面形成，所形成的疲劳裂纹然后会沿着与最大正应力方向相垂直的方向扩展，最后瞬时断裂。图 3.3 为轴类部件承受单向弯曲和双向弯曲载荷下的疲劳断口特征。可以看出，在单向弯曲下，如图 3.3(a)所示，疲劳源在一侧(受拉侧)形成，瞬断区在疲劳源的另一侧，其面积的大小取决于弯曲载荷的大小。在双向弯曲下，由于轴类部件上下两侧交替承受拉应力作用，导致疲劳源在两侧形成，如图 3.3(b)所示，瞬断区出现在试件的中间。

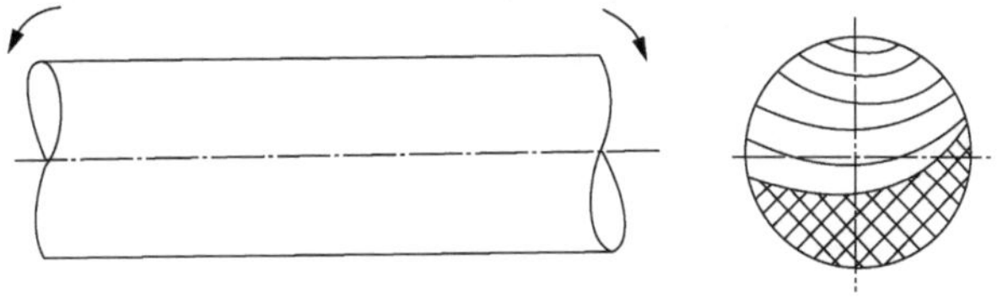

(a) 单向弯曲载荷下的断口特征

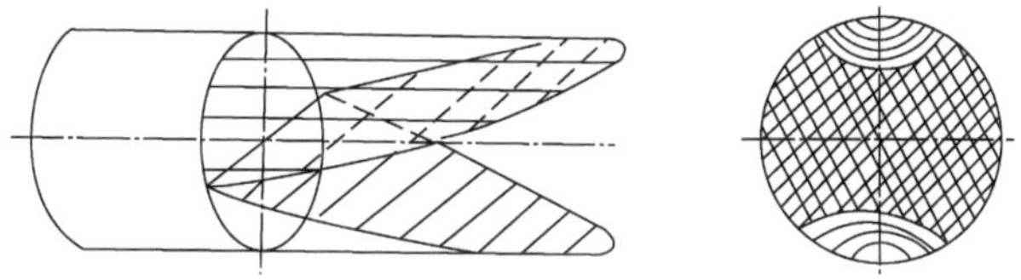

(b) 双向弯曲载荷下的断口特征

图 3.3　弯曲载荷作用下的宏观疲劳断口特征[1]

轴类部件在旋转弯曲载荷作用下，其宏观疲劳断口如图 3.4 所示。可以看到，由于在旋转弯曲应力作用下，表面应力最大，内部中心应力最小， 因此疲劳源也萌生于表面，且疲劳源两侧的裂纹扩展速度要快于中心，断口形貌反映出疲劳辉纹比较扁平。旋转弯曲载荷作用下的最终疲劳瞬断区会出现逆转现象，即瞬断区所在的中心线总是相对于轴的旋转方向逆偏旋转了一个角度。

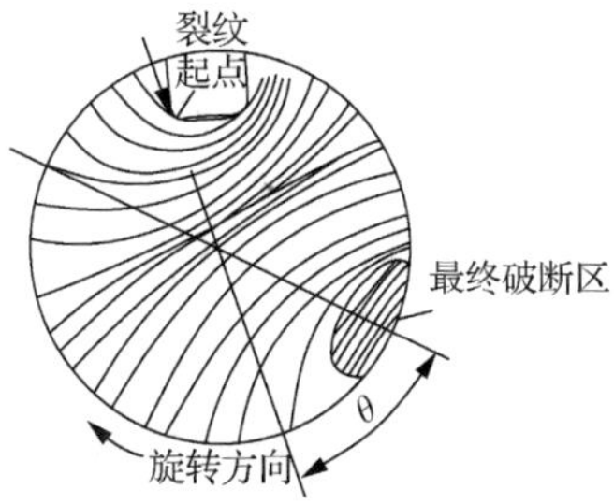

图 3.4　旋转弯曲载荷作用下疲劳瞬断口特征[1]

3) 扭转载荷作用下的宏观疲劳断口特征

扭转载荷作用下，轴类零件的疲劳断口可以分成两种类型，即正断型与切断型。对于脆性材料一般按正断型方式断裂，而对于塑性材料，通常按切断型方式断裂。此外还有兼有两种方式的复合型断裂，如图 3.5 所示。

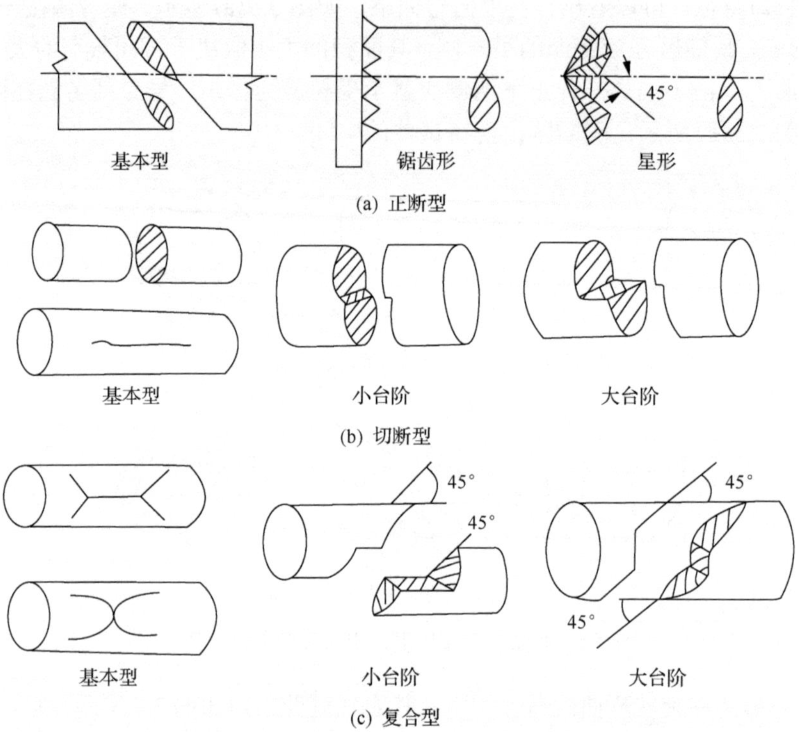

图 3.5　扭转载荷作用下的宏观疲劳断口特征[1]

3.2　疲劳裂纹形成的微观过程

在循环载荷作用下，金属材料在局部最高应力处(表面缺陷或内部缺陷处)会发生滑移，早期会出现滑移线，随着循环加载次数的增加，滑移线不断增加，并慢慢加粗形成滑移带。所形成的众多滑移带中，只有少数滑移带变得更加明显而形成裂纹，这样的滑移带称为驻留滑移带。在驻留滑移带上会发现挤入挤出现象(与静载下的滑移带有明显的区别)，随着循环加载的进行，挤入部分向纵深发展，导致形成疲劳微裂纹，如图 3.6 所示。形成微裂纹后，裂纹沿着滑移带方向扩展并穿过晶粒，逐渐形成宏观疲劳裂纹。

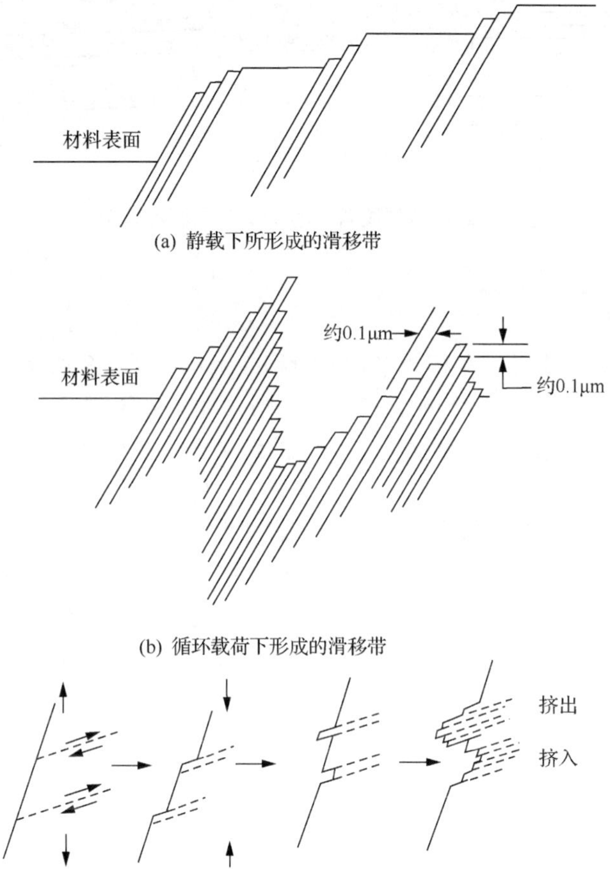

(a) 静载下所形成的滑移带

(b) 循环载荷下形成的滑移带

(c) 疲劳过程中的挤入挤出现象

图 3.6　外载作用下材料表面滑移带形成过程[3]

3.3　疲劳裂纹萌生机制

1. Wood 机制

图 3.7(a) 为 Wood 机制认为的单向形变时的滑移特点，可以看出该机制是一个较为直观的机制。在疲劳反复形变过程中，发生挤入挤出，其特点如图 3.7(b) 所示，即在试样的表面出现类似于缺口的特征，如 *A*、*B*、*C*、*D* 处。在疲劳过程中，其形变会集中在这些类似的“缺口”处，导致最后萌生疲劳裂纹。Wood 机制最大的弱点是不能说明同一个“缺口”在正向加载和反向加载时所产生的应力集中为什么都能使它发展成裂纹。但考虑到当反向加载时，一面的 *C*、*D* 等“缺口”起到的作用等效于另一面 *A*、*B* 等“缺口”的加深，从而上述弱点能够被克服。

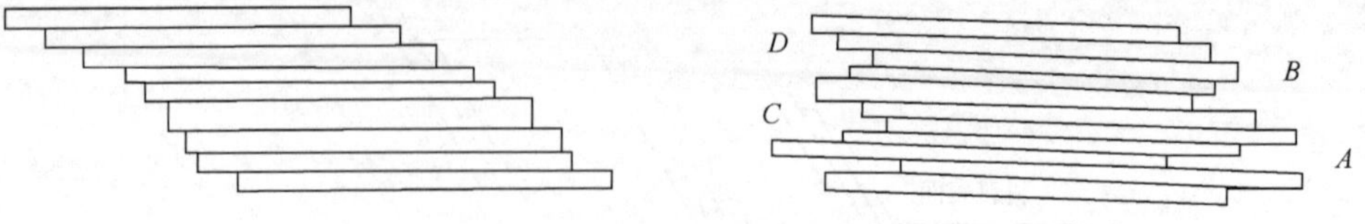

(a)　　(b)

图 3.7　疲劳裂纹萌生的 Wood 机制示意图[4]

2. Neumann 机制

Neumann 机制认为，在相互平行的滑移面上，如图 3.8 所示，粗滑移形成了微裂纹。裂纹从粗滑移台阶开始，在拉伸时滑移面 1 开始激活，如图 3.8(a)所示，大量同号位错排列在这个滑移面内。滑移的结果在表面处又造成了应力集中，促使在同一拉伸载荷下滑移面 2 激活，于是形成如图 3.8(b)所示位错组态，且同号位错逐渐在滑移面 2 上塞积。在随后的压缩过程中，滑移面 1 和 2 上塞积的位错反向运动构成图 3.8(c)的组态。假设图 3.8(c)中 *A* 处的面没有重新接合，只是宏观地贴合在一起，那么图 3.8(c)就可以代表在 *A* 处产生了微裂纹。上述过程在同一滑移系的不同滑移面内重复进行，如图 3.8(d)~(k)所示，微裂纹长度也随之增长。这个模型具有普遍意义，因为它并没有规定位错交互作用的具体类型，也不要求有滑移的存在。

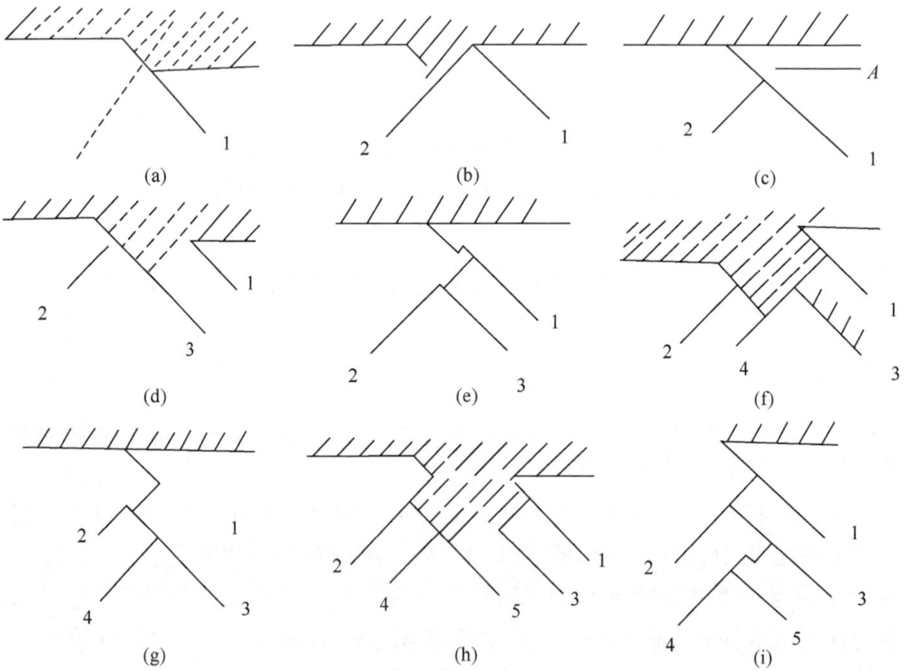

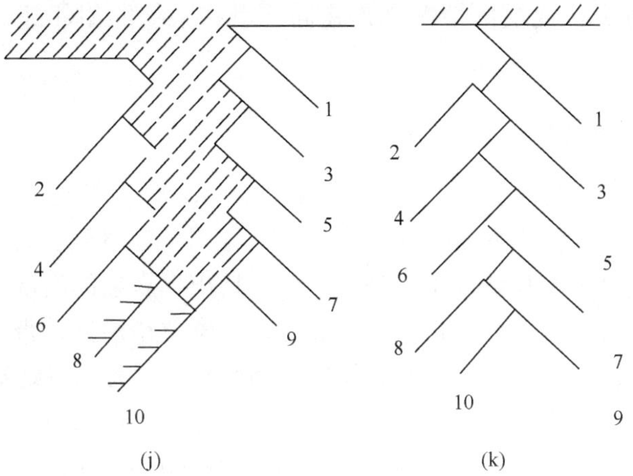

图 3.8　疲劳裂纹萌生的 Neumann 模型示意图[4]

3. Cottrell-Hull 机制

Cottrell-Hull 机制需要两个滑移平面和方向不同的滑移系统，其裂纹萌生过程如图 3.9 所示。在拉伸应力作用下，最为有利的 F-R 源 S_1 开始激活。如图 3.9(a)中一负位错滑出，在 P 处留下一个滑移台阶。在同一半循环中，随着拉应力的增加，另一个 F-R 源 S_2 开始激活。由于正位错滑出，可以在 Q 处留下一个滑移台阶，如图 3.9(b)所示。在压应力作用的半循环中，由于在新位置上 F-R 源 S_1 的激活，正位错滑出后留下一个反向滑移台阶 P'，如图 3.9(c)所示。在同一循环中随着压应力的增加，由于在新位置上 F-R 源 S_2 的激活，负位错滑出后又留下一个反向滑移台阶 Q'。最后便形成了图 3.9(d)的挤入 QQ'和挤出 PP'。按上述方式应力连续循环下去，挤出的高度和挤入的深度就不断增加，而其宽度不变。这一模型从几何上和能量上看都是可能的，但它要求挤入和挤出分别出现

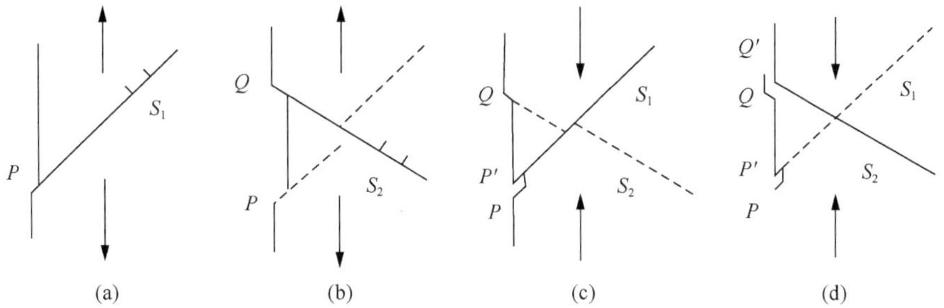

图 3.9　疲劳裂纹萌生的 Cottrell-Hull 模型示意图[4]

在两个滑移系统中，而实际情况则是在同一滑移系统的相邻部分同时产生挤入和挤出。

4. 位错偶极子塞积机制

Tanaka 和 Mura[5]用位错偶极子塞积模型说明了疲劳产生的“挤入” 和“挤出”现象，以及疲劳裂纹萌生的条件。图 3.10 说明了在材料表面取向有利的晶粒中，由于位错偶极子塞积造成了“挤入”和“挤出”现象的出现。图中 I 和 II 是两个相邻的滑移带，模型假定在正向加载时，一群位错沿滑移带 I 运动，并且在晶界处塞积。在反向加载时，符号相反的位错则沿着滑移带 II 运动，也在晶界处塞积。假定正向加载产生的位错塞积不受反方向加载的作用而保持其不可逆性，那么反方向加载的位错塞积也不会受正向加载的影响。按此机制，在循环载荷的作用下，I 和 II 上符号相反的位错会不断增多。由于 I 和 II 的位错彼此方向相反，所以形成了位错偶极子群塞积。

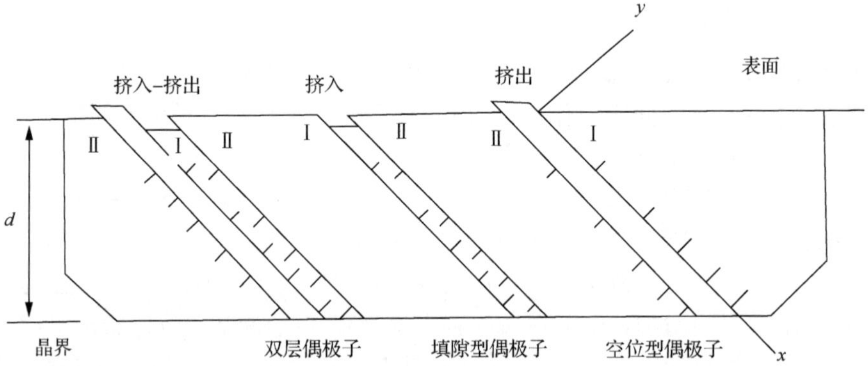

图 3.10　位错偶极子塞积机制示意图[4]

3.4　疲劳裂纹扩展的微观过程

疲劳裂纹在疲劳源处形成后，随着循环载荷次数的不断增加，疲劳裂纹会进一步扩展，其微观扩展过程可以分成两个阶段。

在第一阶段，疲劳裂纹在滑移带或在缺陷处萌生后，会沿着主滑移带的主滑移面向材料内部扩展，该滑移面的方位与正应力呈 45°角。因此，第一阶段疲劳裂纹扩展特征是裂纹总是沿着最大切应力方向的滑移面扩展，且扩展的深度很浅，大约在 2.5 个晶粒范围内。对于大多数材料而言，尽管第一阶段的裂纹扩展很浅，但却占据了整个疲劳寿命的大部分，且对疲劳寿命的贡献取决于应力幅的大小。

在第二阶段，疲劳裂纹经过几个晶粒的扩展后会改变方向，沿着与正应力方向垂直的方向扩展。因此在这一阶段中，正应力对疲劳裂纹的扩展会产生较大的影响。图 3.11 为裂纹在第二阶段扩展中的示意图。

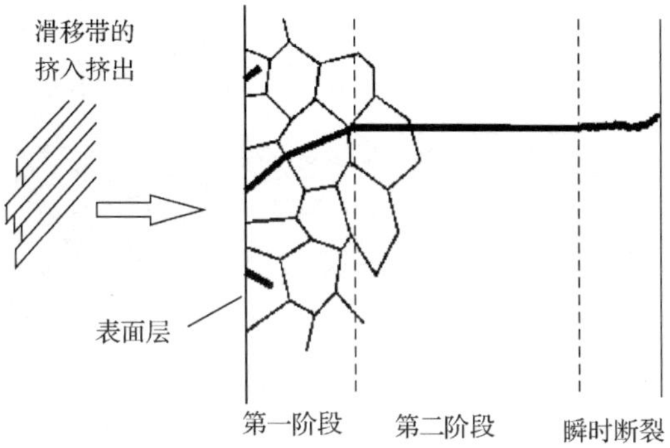

图 3.11　疲劳裂纹扩展的两个阶段

3.5　疲劳裂纹扩展机理

为了解释疲劳裂纹机理，研究者们提出了很多模型，其中最被认可的是“塑性钝化模型”，其原理如图 3.12 所示。该模型中利用五个步骤来解释疲劳裂纹扩展。

(a) 未加载形态，此时疲劳裂纹是闭合的。

(b) 拉伸加载，裂纹张开，形成两个小切口使滑移集中于与裂纹平面成 45°的滑移带上，两滑移带互相垂直。

(c) 拉伸应力达到最大，裂纹应力集中效应消失，滑移带变宽，前端钝化，呈半圆形，导致产生新表面使裂纹向前扩展。

(d) 卸载后半期，滑移带向反方向滑移。

(e) 裂纹前端相互挤压，在加载段形成的新表面被压向裂纹平面，一部分折叠形成新的切口。从而向前造成了一个新的疲劳纹，其间距为 C，如此反复。

疲劳裂纹扩展的第二阶段的微观特征主要表现在：疲劳纹是一系列相互平行的条纹，略带弯曲呈波浪形。每条纹代表一次载荷循环，在数量上疲劳纹与载荷循环次数相等。疲劳纹间距随应力强度因子幅的变化而变化。断口通常由许多大小不同高低不同的小断块组成，每块上的疲劳纹连续而平行，但相邻小断块上的疲劳纹不连续不平行。

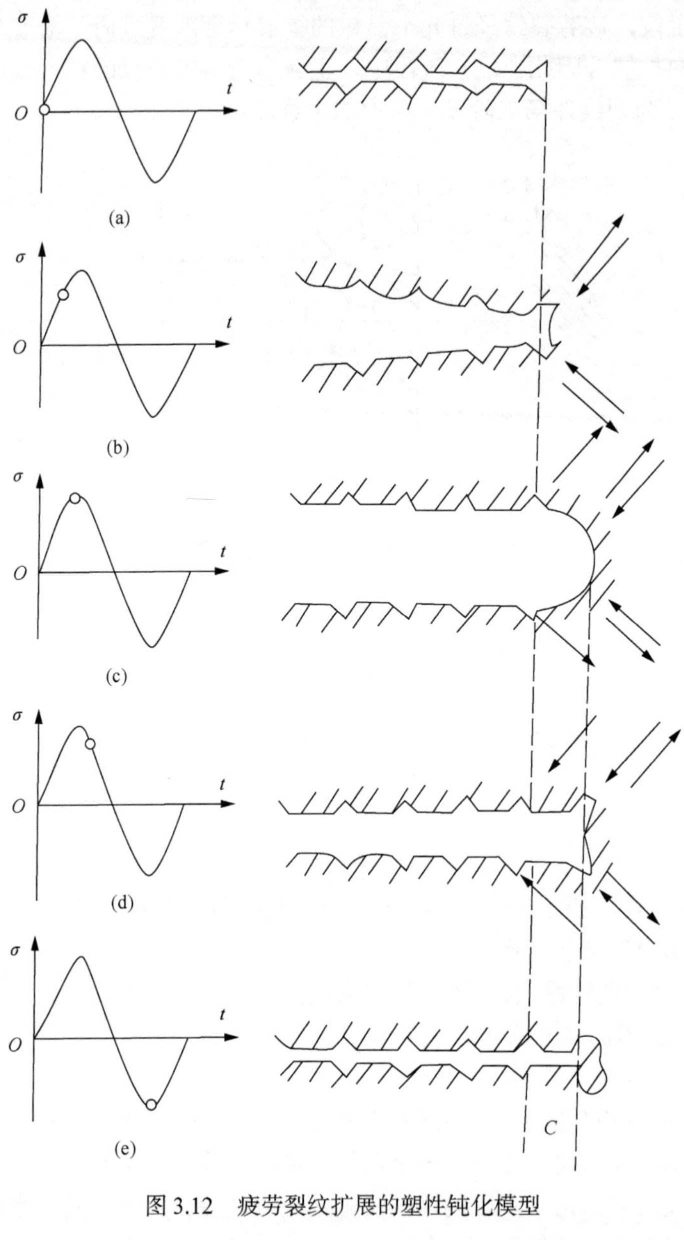

图 3.12　疲劳裂纹扩展的塑性钝化模型

现有疲劳理论提出了用不同的方法来分析以上各个阶段。裂纹萌生理论认为疲劳裂纹是由试样表面层的局部应力应变产生的；裂纹扩展理论认为裂纹的扩展与试样内部的应力有关，可以用断裂力学的方法来分析。早期的疲劳理论把疲劳总寿命看成单一实体来处理，并且认为疲劳寿命与试样内部的计算工程应力有关。现在许多理论都试图用疲劳短裂纹（小裂纹）扩展的研究来描述疲劳总寿命。

参 考 文 献

[1] 王德俊. 疲劳强度设计理论与方法. 沈阳：东北工学院出版社, 1992.

[2] Fatigue Theory Reference Manual Safe Fechnology Limited. 2002.

[3] Stephens R I, Fatemi A, Stephens R R. Metal Fatigue in Engineering. 2nd ed. New York: John Wiley & Sons, 2001.

[4] 才庆魁. 金属疲劳断裂理论. 沈阳：东北工学院出版社, 1989.

[5] Tanaka K,Mura T. A dislocation model for fatigue crack initiation. Journal of Apply Mechanics, 1981, 48(1):97-103.

第 4 章 材料的循环应力应变特性

4.1 单轴循环应力应变特性

4.1.1 工程应力应变与真应力应变

疲劳研究中常用到工程应力和工程应变及真应力和真应变的概念，其应力应变关系是由单轴拉伸实验来确定。这些概念分别定义如下。

工程应力：

$$S = \frac{F}{A_0} \tag{4.1}$$

工程应变：

$$e = \frac{\Delta L}{L_0} \tag{4.2}$$

其中，F 为轴向载荷；A_0 为试样加载前的截面积；L 为试样加载后的标距长度；L_0 为试样标距原始长度；$\Delta L = L - L_0$。

真应力：

$$\sigma = \frac{F}{A} \tag{4.3}$$

真应变：

$$\varepsilon = \int_{L_0}^{L} \frac{\mathrm{d}L}{L} = \ln \frac{L}{L_0} \tag{4.4}$$

其中，A 为试样瞬时截面积。

4.1.2 真应力(应变)与工程应力(应变)之间的关系

由体积不变原理：

$$A_0 L_0 = A L$$

得

$$\frac{L}{L_0} = \frac{A_0}{A}$$

则

$$e = \frac{A_0}{A} - 1, \frac{L}{L_0} = 1 + e$$

代入 $\varepsilon = \int_{L_0}^{L} \frac{\mathrm{d}L}{L} = \ln \frac{L}{L_0}$，得

$$\varepsilon = \ln \frac{L}{L_0} = \ln(1+e)$$

即

$$\varepsilon = \ln(1+e) \tag{4.5}$$

将式(4.3)除以式(4.1)得

$$\frac{\sigma}{S} = \frac{F/A}{F/A_0} = \frac{A_0}{A}$$

则

$$\sigma = S\frac{A_0}{A} = S(1+e) \tag{4.6}$$

即

$$\begin{cases} \sigma = S(1+e) \\ \varepsilon = \ln(1+e) \end{cases} \tag{4.7}$$

当应变大约小于 2%时，真应力应变σ、ε与工程应力应变 S、e 基本相等。因此，对于小应变情况，无需区分“工程”分量和“真实”分量。在大应变情况下，二者相差非常明显，必须区分开来考虑。图 4.1 表示典型的“工程”和“真实”应力-应变特性曲线。

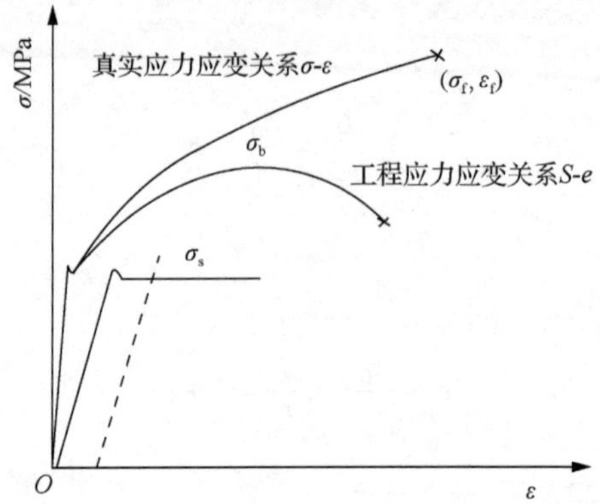

图 4.1　工程应力应变与真实应力应变之间的关系[1]

4.2　循环应力特征参数

如果加载为恒幅的循环正弦波载荷，其加载参数如图 4.2 所示。

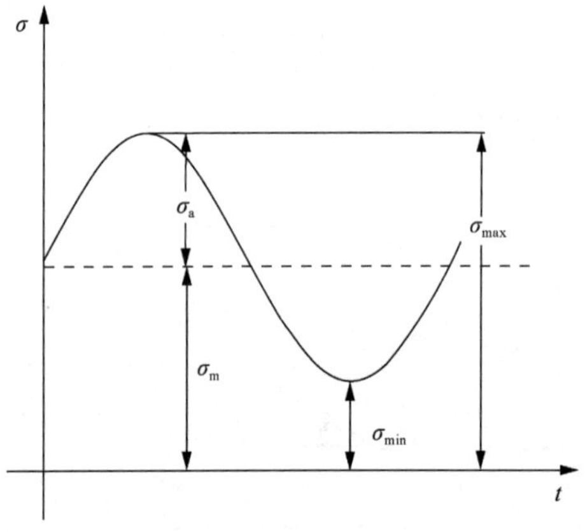

图 4.2　循环加载参数

最大应力、最小应力、应力幅和平均应力分别由$\sigma_{\max}$、$\sigma_{\min}$、σ_{a}和σ_{m}来表示。循环特性，即应力比 R，由$\dfrac{\sigma_{\min}}{\sigma_{\max}}$来表示。

当循环特性 $R=-1$ 时，称为对称循环，如图 4.3(a)所示，此时 $\sigma_{\max}=-\sigma_{\min}$。当循环特性 $R=0$ 时，称为脉动循环，如图 4.3(b)所示，此时$\sigma_{\mathrm{m}}=\sigma_{\mathrm{a}}=\dfrac{\sigma_{\max}}{2}$，$\sigma_{\min}=0$。当循环特性 $R=1$ 时，如图 4.3(c)所示，称为静应力。

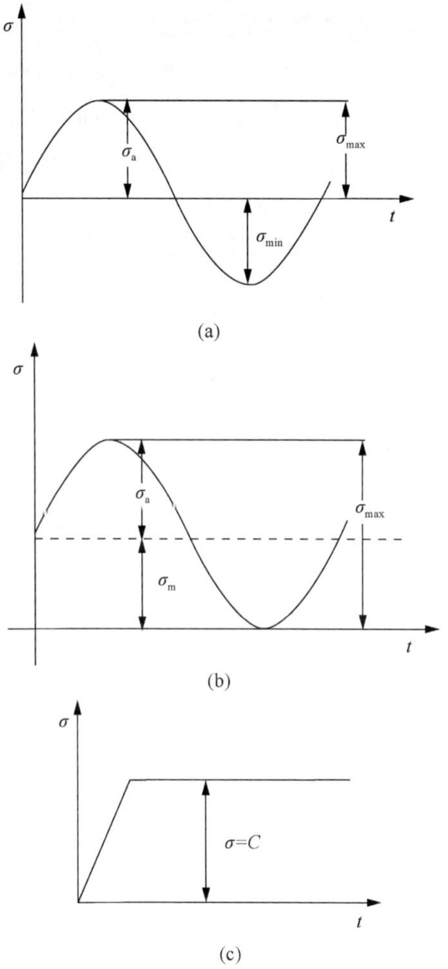

图 4.3　循环载荷类型

循环应变载荷的描述方法与此类似。

4.3　材料的循环应力-应变曲线

在单调加载过程中，记录真实应力-应变曲线，如图 4.4 所示。*B* 点为材料失效破坏点。如由原点 *O* 加载至 *A* 点后卸载，应变已回不到原点 *O*，而是回到 *C* 点。*OC* 的长度表示塑性应变分量的大小，*CD* 的长度表示弹性应变分量的大小，则总应变为

$$\varepsilon = \varepsilon_e + \varepsilon_p \tag{4.8}$$

其中，ε_e为弹性应变分量；ε_p为塑性应变分量。

如果拉伸载荷加到A点后再卸载为零，再以等值反向施加压缩载荷，则曲线从C点开始沿斜率为弹性模量的斜线下降，然后反向屈服直到E点，如图 4.5 所示。如果到E点后又重新施加拉伸载荷，则以弹性模量为斜率上升至屈服后返回到A点，形成了一封闭的回线。这个封闭的回线环被称之为迟滞回线或滞后环。如果在弹性范围内循环加载，即不存在塑性应变，那么迟滞回线将退化为一斜率为弹性模量的直线。

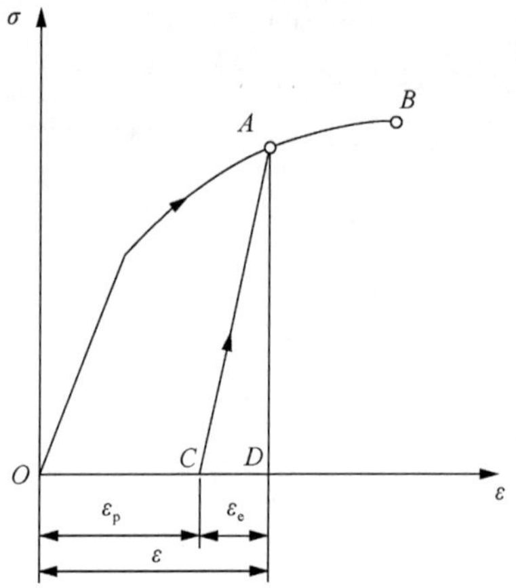

图 4.4　真实应力-应变曲线

图 4.5 中$\Delta\varepsilon_e$称为弹性应变范围，$\Delta\varepsilon_p$称为塑性应变范围，$\Delta\varepsilon$称为总应变范围，对应的$\Delta\sigma$称为应力范围。总应变范围为

$$\Delta\varepsilon = \Delta\varepsilon_e + \Delta\varepsilon_p \tag{4.9}$$

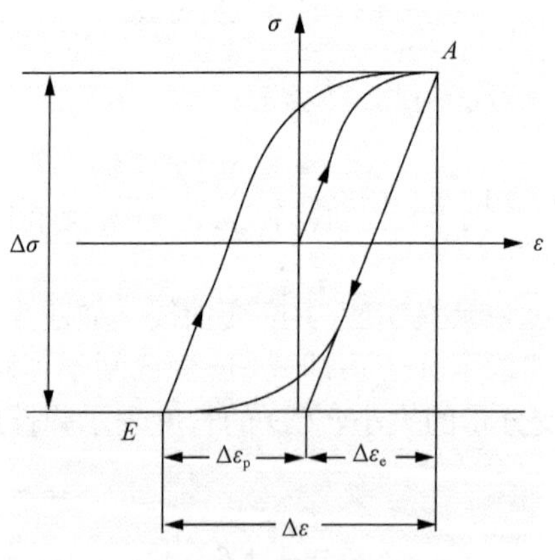

图 4.5　循环应力-应变迟滞回线

循环应力-应变曲线是反映材料循环响应的重要特征，该曲线一般可由多级试验法快速测定。这种试验方法是利用标准的光滑试件把应变幅控制在不同的水平上，在保持应变比不变的前提下，从小的应变幅开始，此后幅值以小的增量递增。在每个应变水平上，为得到一个稳定的迟滞回线要进行足够次数的循环(但不宜过多，以免产生严重的疲劳损伤)，并把迟滞回线记录下来。把每个应变水平上所得到的迟滞回线画在同一个坐标系的图上，如图 4.6(a)所示，然后用一光滑曲线把各稳定迟滞回线的顶点连接起来，该曲线即为循环应力-应变曲线，如图 4.6(b)所示。

循环应力-应变曲线能够反映材料在低周疲劳时的稳定应力和应变的响应特性，不同的材料具有不同的循环应力-应变曲线。

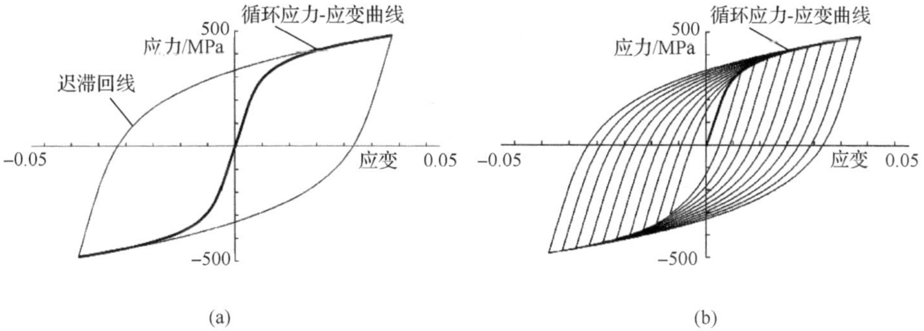

图 4.6　循环应力-应变曲线

在用光滑试件测试循环应力-应变曲线的试验中，试样在等应变下循环直到其材料特性稳定。当力达到产生特定应变值循环稳定的时候，在迟滞环顶部的应力能够从施加的载荷和受载下的试件直径计算得出。试件直径可以测量出来，也可以由轴向应变和泊松比计算得到。循环应力-应变曲线除了多级试验法测定外，也可以用一个试件进行增量步进试验，如图 4.7 所示，也能够获得相似的实验结果。这样的试验是对试件作用一系列的递增的或递减的应变幅，一旦材料达到循环稳定，则标出对应于每一个应变的应力，从而画出循环应力-应变曲线。

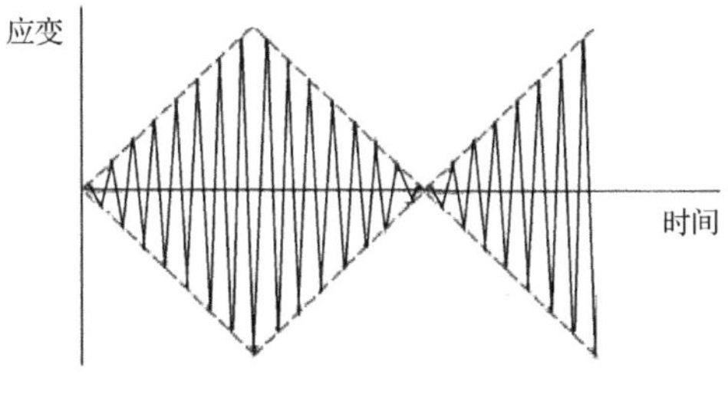

图 4.7　增量步进试验中所施加应变历程

4.4 材料的 Masing 特性

改变应变水平，可以得到不同应变水平下的迟滞回线。将坐标轴平移，使原点与各迟滞回线的最低点重合，若迟滞回线的最高点的连线与其上行段迹线相吻合，如图 4.8 所示，则该材料具有 Masing 特性，称为 Masing 材料。反之，若迟滞回线的最高点的连线与其上行段迹线有明显的差异，则该材料不具有 Masing 特性，称为非 Masing 材料。将材料的循环应力-应变曲线画于图 4.8 中，可以看出，迟滞回线的上行段迹线的纵坐标为循环应力-应变曲线纵坐标的两倍。大多数金属材料，其滞后环可以用放大一倍的循环 σ - ε 曲线来近似描述，即用倍增原理获得。

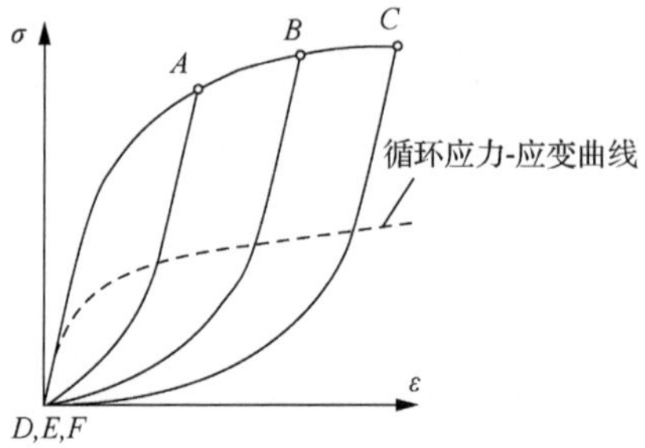

图 4.8　坐标平移后的迟滞回线

4.5 材料的记忆特性

图 4.9(a)是载荷-时间历程，图 4.9(b)为材料在该载荷-时间历程中的应力-应变响应曲线。由二图可见，加载时由 1 到 2，相应的应力-应变响应由 A 到 B。由 2 到 3 加反向载荷时，应力-应变曲线由 B 到 C；再由 3 到 2′加载时，应力-应变曲线由 C 到 B'，B'与 B 重合。此后继续加载，则应力-应变曲线并不沿 CB'曲线的延长线发展，而是急剧转弯沿原先 AB 曲线的延长线发展，似乎材料"记忆"了原先的路径，这就是材料的记忆特性。

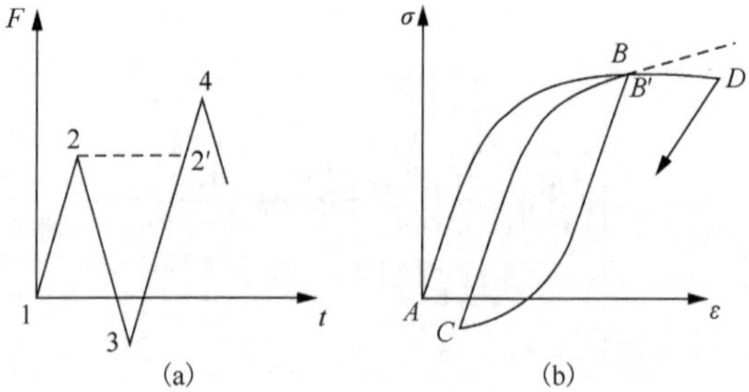

图 4.9　材料的记忆特性

4.6　循环硬化与软化

在施加较大幅值的循环载荷下，由于重复的塑性变形，使金属的塑性流动特性发生了改变，导致金属材料的变形抗力会发生提高、降低和不变的现象。

循环载荷作用下，由于重复产生塑性变形引起材料抵抗变形能力增加的现象称为循环硬化，反之抵抗变形能力减少的现象称为循环软化，抵抗变形能力保持不变的现象称为循环稳定。循环硬化现象表现为：当控制应变时，应变幅保持不变，随着循环次数的增加，应力幅度不断增大，经过一定循环次数后，应力变化趋于稳定，如图 4.10(a)所示；当控制应力时，应力幅保持不变，随着循环次数的增加，应变幅度不断减小，循环到一定次数后，应变幅度逐渐趋于稳定，如图 4.10(b)所示。循环软化现象表现为：当控制应变时，应变幅保持不变，随着循环次数的增加，应力幅度不断减小，经过一定循环次数后，应力变化趋于稳定，如图 4.10(a)所示；当控制应力时，随着循环次数的增加，应变幅度不断增大，达到一定的循环次数后，逐渐趋于稳定，如图 4.10(b)所示。

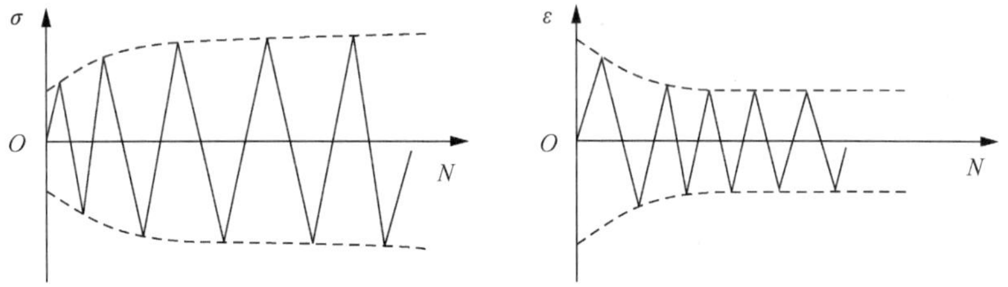

(a) 循环硬化

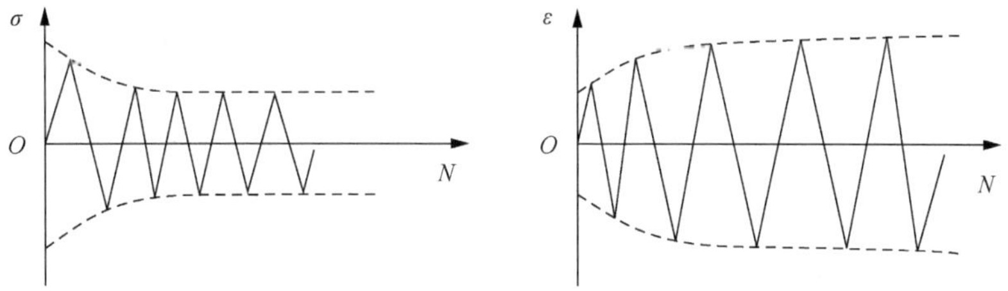

(b) 循环软化

图 4.10　循环硬化与软化特性

如果用迟滞回线的形式来反映材料的循环硬化与软化，那么当控制应变时，循环硬化现象为应变幅度不变时，随着循环次数的增加，应力幅 $\Delta\sigma$ 不断增加，经过一定循环次数后趋于稳定，如图 4.11(a)所示；循环软化现象为应变幅度不变时，应力幅 $\Delta\sigma$ 不断减小，经过一定循环次数后趋于稳定，如图 4.11(b)所示。当控制应力时，循环硬化现象为应力幅度不变时，随着循环次数的增加，应变幅 $\Delta\varepsilon$ 不断减小，经过一定循环次数后趋于稳定，如图 4.12(a)所示；循环软化现象为应力幅度不变时，随着循环次数的增加，应变幅 $\Delta\varepsilon$ 不断增大，经过一定循环次数后趋于稳定，如图 4.12(b)所示。

循环硬化和循环软化在循环开始时较强烈，在总寿命为 20%～25%以后基本达到循环稳定。一般情况下，退火材料发生循环硬化，冷加工材料发生循环软化。

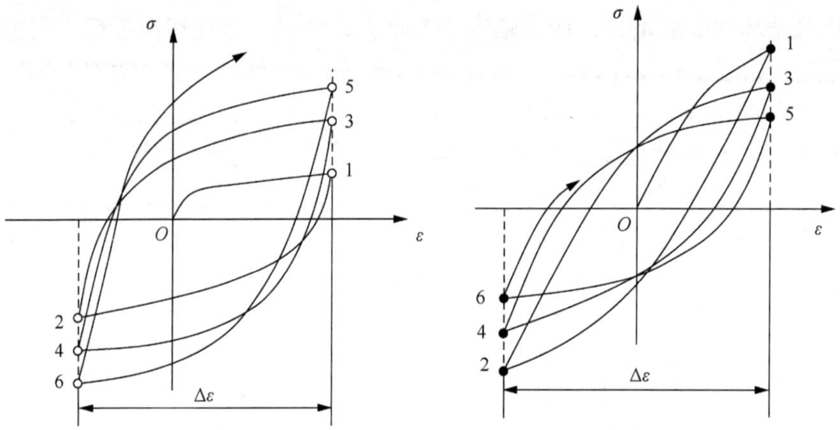

(a) 循环硬化　　　　(b) 循环软化

图 4.11　控制应变时的迟滞回线变化特性

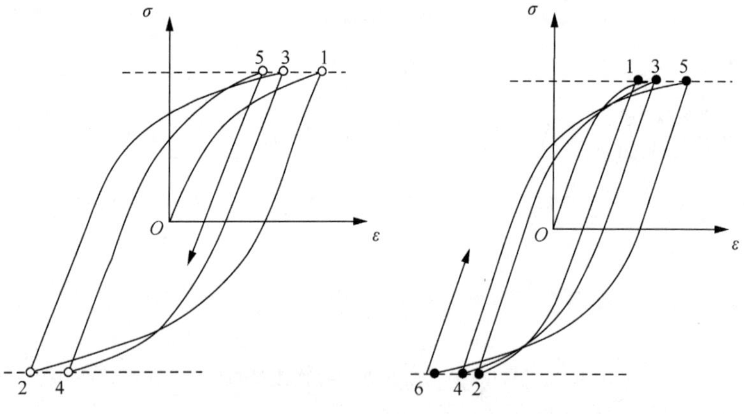

(a) 循环硬化　　　　(b) 循环软化

图 4.12　控制应力时的迟滞回线变化特性

图 4.13 给出了 3 种典型材料的单调拉伸应力-应变曲线和稳定循环应力-应变曲线的对比图。

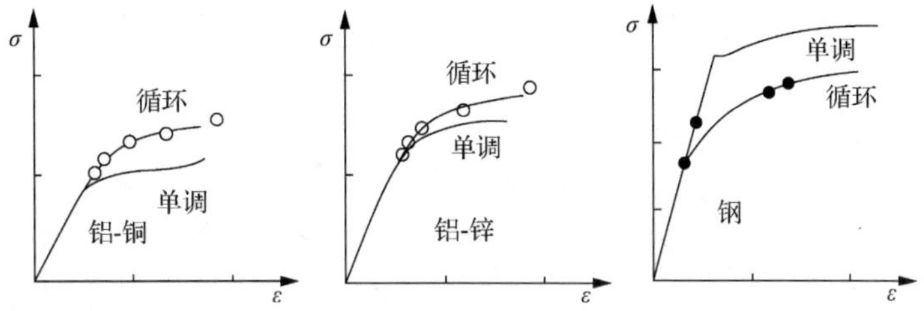

图 4.13　单调应力-应变曲线和循环应力-应变曲线

根据材料的抗拉强度 σ_b 和屈服应力 σ_s 可以预测材料是产生循环硬化还是循环软化，一般情况下：

如果 $\dfrac{\sigma_s}{\sigma_b} \leqslant 0.7$，则材料将产生循环硬化；

如果 $\dfrac{\sigma_s}{\sigma_b} \geqslant 0.8$，则材料将产生循环软化；

如果 $\dfrac{\sigma_s}{\sigma_b} = 0.7 - 0.8$，则不定。

4.7　载荷顺序的影响

缺口零件在拉伸载荷作用下，缺口根部应力集中处材料发生屈服。卸载后因处于弹性状态的材料要恢复原来的状态，而已塑性变形的材料阻止这种恢复行为，故两者相互挤压，使缺口根部产生残余压应力。如大载荷环后面紧接着出现小载荷环，则该小载荷环引起的应力将叠加在这个残余应力之上，因此该小载荷环造成的损伤受到前面大载荷环的影响，而且这种影响一般是很大的。大载荷环产生有利影响还是不利影响，决定于大载荷环的细节。图 4.14 所示的两种载荷-时间历程，除第一载荷环以外，二者都相同，只是第一个大载荷环的过载方向不同。图 4.14(a)所示的大载荷环以压缩载荷结束，应力集中处产生残余拉应力。图 4.14(b)所示的大载荷环以拉伸载荷结束，应力集中处产生残余压应力。由于两种载荷同一时间历程所产生的残余应力不同，迟滞回线的形状也就不同。所以载荷顺序对局部应力应变是有影响的，这点已被实验所证实。

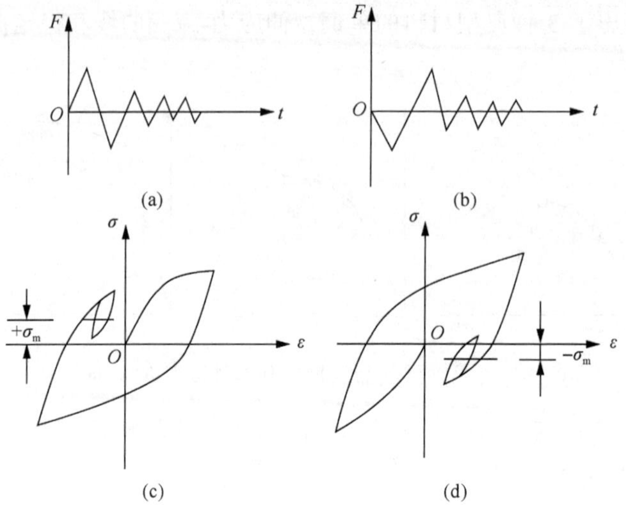

图 4.14　载荷顺序的影响

4.8　多轴循环应力-应变曲线[2]

4.8.1　多轴循环应力应变关系试验

为了准确测试多轴应力应变关系，使用具有平面应力状态的薄壁管试件，在拉扭多轴疲劳试验机上，用轴向应变与剪切应变同时控制的方式进行拉扭循环加载测试多轴循环应力-应变曲线。

对于拉扭试样所受的应力应变状态分别在应变空间（$\varepsilon,\gamma/\sqrt{3}$）和应力空间（$\sigma,\sqrt{3}\tau$）用应变矢量 $\boldsymbol{\varepsilon}$ 和应力矢量 $\boldsymbol{\sigma}$ 来表示：

$$\boldsymbol{\varepsilon}=\varepsilon\boldsymbol{n}_1+\gamma/\sqrt{3}\,\boldsymbol{n}_3 \tag{4.10}$$

$$\boldsymbol{\sigma}=\sigma\boldsymbol{n}_1+\sqrt{3}\tau\boldsymbol{n}_3 \tag{4.11}$$

其中，$\boldsymbol{n}_1$、$\boldsymbol{n}_3$ 为单位矢量，即为二维矢量空间中的正交基矢量，$\boldsymbol{\varepsilon}$、γ、$\boldsymbol{\sigma}$、τ 分别为轴向应变、剪切应变、轴向应力和剪切应力。

$\boldsymbol{\varepsilon}$ 与 $\boldsymbol{\sigma}$ 的大小与 von Mises 等效应力和等效应变相一致。等效应力和等效应变分别定义如下：

$$\sigma_{\mathrm{eq}}=(\sigma^2+3\tau^2)^{\frac{1}{2}} \tag{4.12}$$

$$\varepsilon_{\mathrm{eq}}=(c^2+\gamma^2/3)^{\frac{1}{2}} \tag{4.13}$$

试验主要测定材料比例循环应力-应变曲线，目的是更深入研究材料在多轴循环加载下的循环特性及迟滞回线特征，并为建立多轴应力应变本构关系提供试验依据。

试验采用正弦波加载：

$$\varepsilon = \varepsilon_a \sin \omega t \tag{4.14}$$

$$\gamma = \lambda \varepsilon_a \sin(\omega t - \varphi) \tag{4.15}$$

其中，$\lambda = \gamma_a / \varepsilon_a$，$\varepsilon_a$、$\gamma_a$ 分别为轴向应变幅和剪切应变幅。

以某种材料为例，进行六种加载路径试验，按总应变控制等幅单试样试验逐级增量法，每一级循环加载 30～40 次，使材料尽量达到循环稳定又不至于造成太多的损伤。具体加载参数见表 4.1。

表 4.1　加载路径及参数

加载类型	λ	φ	应变路径	等效应变 ε_{eq} / %	路径名称
单轴与比例加载	0	0	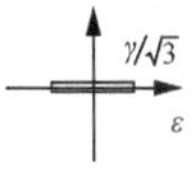	0.2—0.4—0.6—0.8—1.0	单轴拉压
	$\sqrt{3}$	0	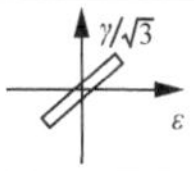	0.2—0.4—0.6—0.8—1.0	45°比例
	∞	0	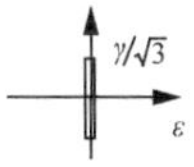	0.2—0.4—0.6—0.8—1.0	纯扭
非比例加载	$\sqrt{3}$	45°	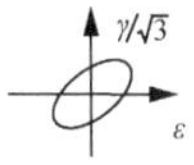	0.2—0.4—0.6—0.8—1.0	45°椭圆非比例
	$2\sqrt{3}$	90°	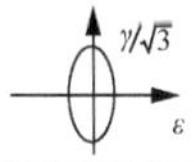	0.2—0.4—0.6—0.8—1.0	90°椭圆非比例
	$\sqrt{3}$	90°	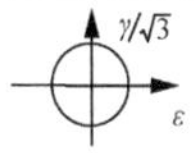	0.2—0.4—0.6—0.8—1.0	圆形非比例

4.8.2　多轴循环加载下材料的迟滞回线特性

图 4.15 为单轴拉压与纯扭加载下迟滞回线的图，其中纯扭(图 4.15(b))已转换成 $\sqrt{3}\tau - \gamma/\sqrt{3}$ 图形，可见单轴拉压与纯扭的迟滞回环的形状基本一致。图 4.16 为比例加载下拉与扭分量的各自的迟滞回线图，从中可以看出，随着应变幅增加，迟滞回线在原位平行增大，应变最大值与应力最大值同时到达，即与单轴加载形式相同。

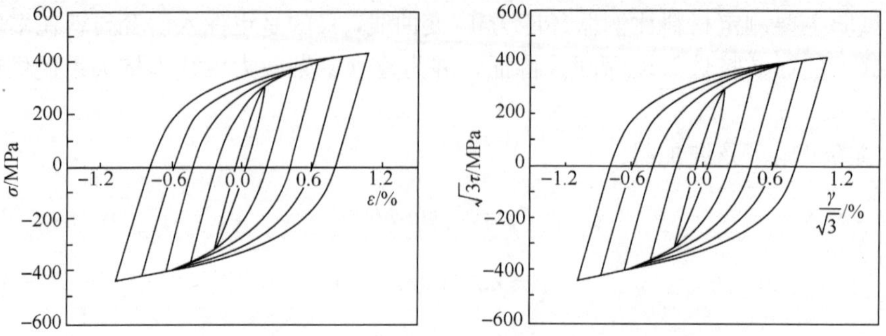

(a) 单轴拉压迟滞回线　　(b) 纯扭迟滞回线

图 4.15　单轴加载下材料的迟滞回线

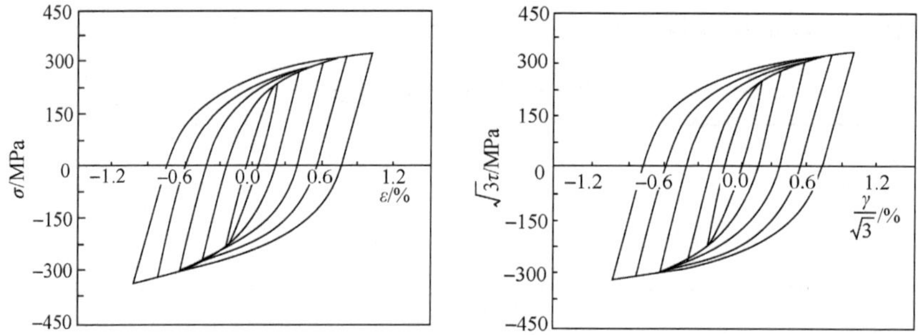

(a) 拉压分量迟滞回线　　(b) 扭转分量迟滞回线

图 4.16　比例加载下材料的迟滞回线

图 4.17 为非比例加载下拉与扭分量的迟滞回线随应变幅增加而变化的情况。此时拉与扭分量各自的形状与比例加载情况相比也发生了较大的变化，且拉与扭的迟滞回线相比也发生了完全的变化，二者都表现出迟滞回线随应变水平的增大而发生了顺时针旋转，其中扭转迟滞回线比拉压迟滞回线旋转更为明显。

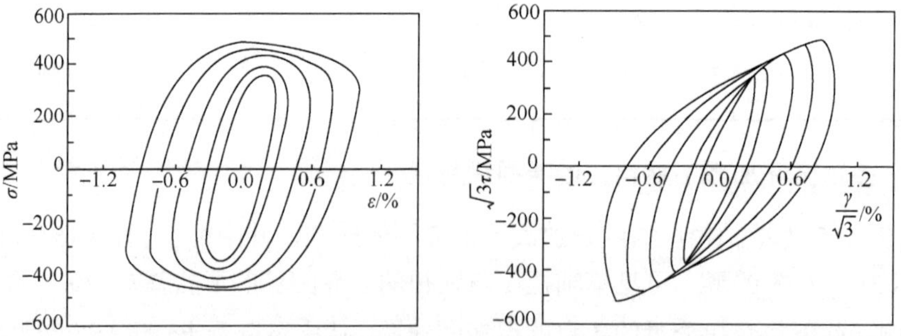

(a) 拉压分量迟滞回线　　(b) 扭转分量迟滞回线

图 4.17　45°非比例加载下材料的迟滞回线（$\lambda=\sqrt{3}$）

对于相角为 90°的非比例椭圆路径下的迟滞回线(图 4.18)，其旋转情况与 45°非比例下形式又有些差别，表现出拉压比扭转的迟滞回线旋转明显，且拉压迟滞回线变形严重，扭转迟滞回线变形不太明显。

在 90°非比例圆形路径下，其拉压与扭转的迟滞回线形状相似，且旋转幅度也基本相同，与上述非比例情况相比较，旋转明显(图 4.19)。

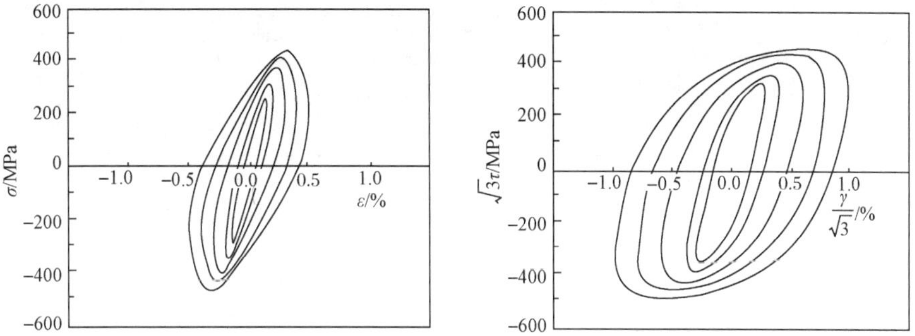

(a) 拉压分量迟滞回线　(b) 扭转分量迟滞回线

图 4.18　90°非比例椭圆路径拉扭分量迟滞回线($\lambda = 2\sqrt{3}$)

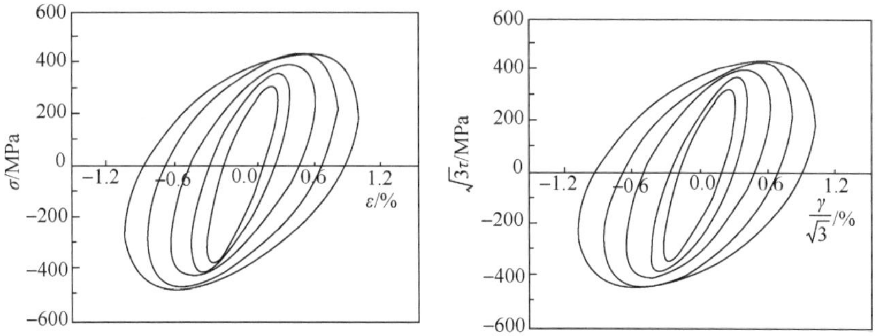

(a) 拉压分量迟滞回线　(b) 扭转分量迟滞回线

图 4.19　90°非比例圆形路径拉扭分量迟滞回线($\lambda = \sqrt{3}$)

所有的非比例迟滞回线都表现出最大应变与最大应力不同步，出现了明显的滞后现象，说明非比例加载下的材料循环塑性流动特性与比例加载下的情况有很大的不同。

4.8.3　比例加载下循环应力-应变曲线

试验结果表明，这种材料在多轴比例加载下的等效应力-应变曲线，基本上与单轴应力-应变曲线重合在一起，如图 4.20 所示。这说明比例加载下的多轴循环应力应变特性可由单轴应力-应变曲线描述。

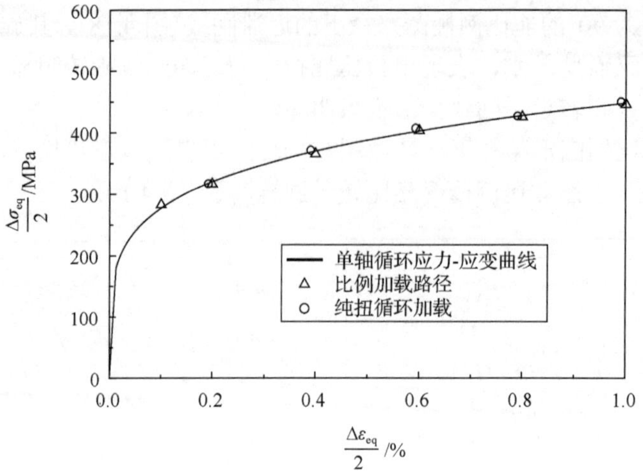

图 4.20　比例加载下循环应力-应变曲线

4.8.4　非比例加载下循环应力-应变曲线

正弦波加载下，几种非比例应变路径的等效应力应变之间的关系见图 4.21。从中可以看出 90°非比例圆形路径存在着最大的附加强化，而椭圆的曲线介于圆形路径与比例路径二者之间，其中 90°椭圆附加强化要大一些。从中还可以看出，随着等效应变的减小，这种材料非比例附加强化减弱，在弹性区已不存在附加强化，而在弹塑性阶段曲线不唯一。

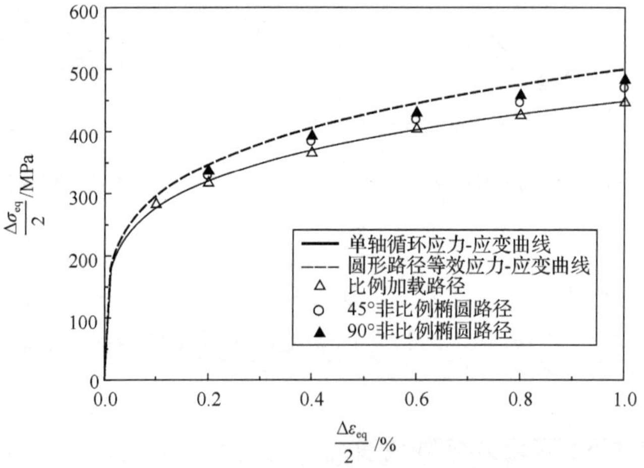

图 4.21　基于 Mises 准则的多轴循环应力应变关系

为了比较非比例加载下的循环应力应变响应特性，现将 90°圆形路径和 45°椭圆形路径两种情况下应力应变关系比较如下：

图 4.22 为圆形路径下应力应变关系图形，可以看出，在圆形应变路径加载条件下(图 4.22(a))，其等效应力响应也基本为一圆形(图 4.22(b))。拉与扭各自的迟滞回线分别为一相似的椭圆。

图 4.23 为 45°椭圆路径下的应力应变关系图形，此时等效应力响应也为椭圆，但拉与扭各自的迟滞回线有很大的差别，其中拉压迟滞回线的形状向椭圆过渡，而扭转迟滞回线仍然存在两端尖点，但该尖点并不是最大应力与最大应变重合点。说明圆形路径拉扭变形或循环塑性流动规律基本上是一致的，与单轴或比例加载情况相比，只不过存在附加强化。而相位差小于 90°的非比例加载，拉与扭的循环塑性流动规律并不一致，其中拉压分量的塑性流动性似乎比扭转要好。

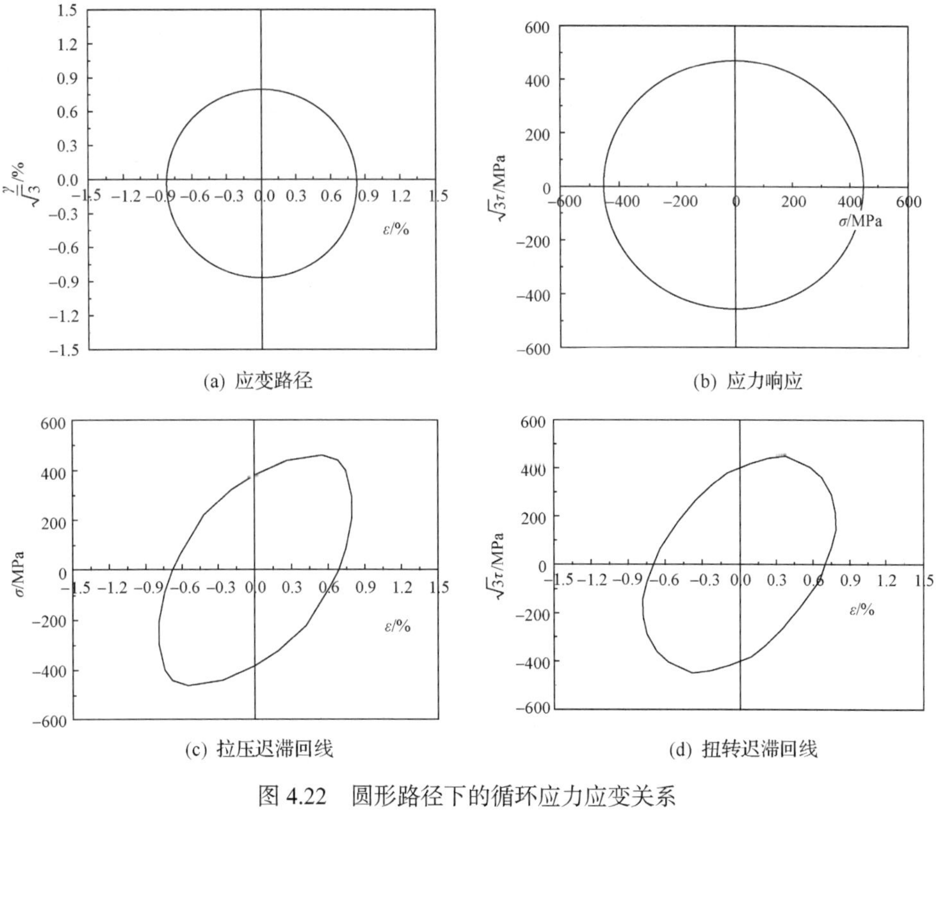

(a) 应变路径　(b) 应力响应

(c) 拉压迟滞回线　(d) 扭转迟滞回线

图 4.22　圆形路径下的循环应力应变关系

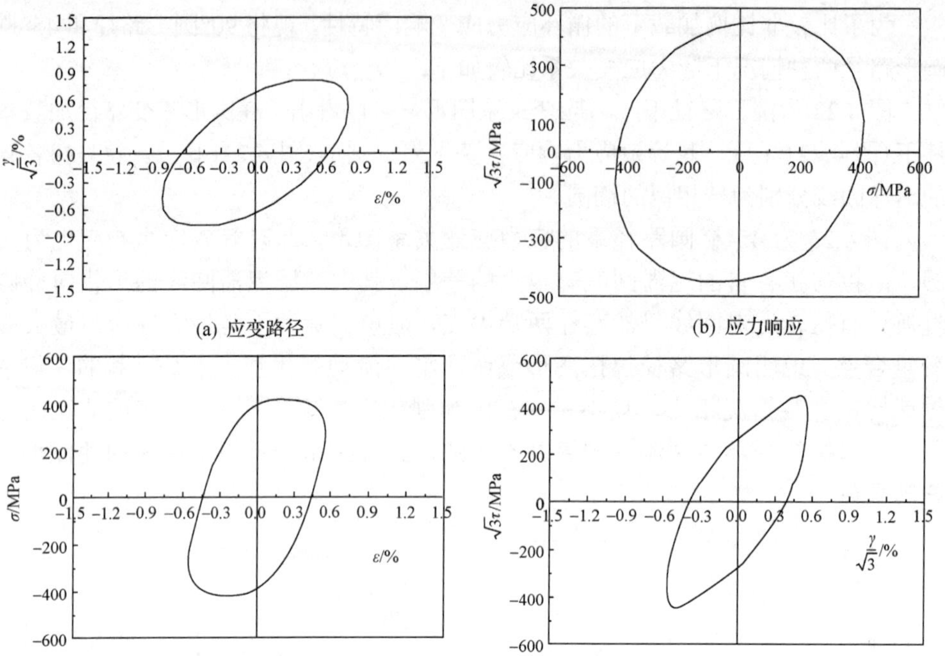

图 4.23　45°椭圆路径下的循环应力应变关系

参 考 文 献

[1] 王德俊. 疲劳强度设计理论与方法. 沈阳：东北工学院出版社, 1992.

[2] 尚德广, 王德俊. 多轴疲劳强度. 北京：科学出版社, 2007.

第 5 章　疲劳载荷特性与处理方法

5.1　疲劳载荷的分类

机械零件，如轴、齿轮、轴承等，在工作过程中各点处的应力随时间作周期性变化，这种随时间作周期性变化的应力称为交变应力或循环应力。在交变应力的作用下，虽然机械零件所承受的最大应力低于材料的屈服点，但经过长时间的工作后会产生疲劳裂纹导致完全断裂现象发生。因此，在疲劳强度设计过程中，必须了解疲劳载荷的特性及其变化规律。

疲劳载荷是指造成疲劳断裂的周期或非周期变化的动载荷。一般情况下，可分为确定性载荷和随机载荷。

确定性载荷是指载荷变化有确定的规律，能够用明确的数学表达式来描述，如图 5.1 所示。

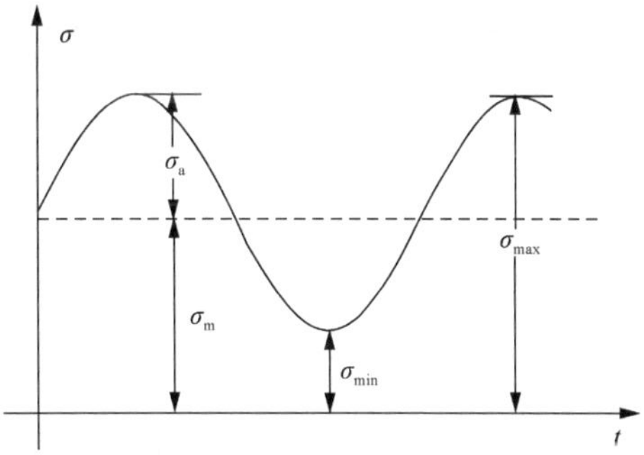

图 5.1　等幅循环载荷

随机载荷是指不能用数学表达式来描述的载荷，即载荷值随时间做无规律的变化，如图 5.2 所示。

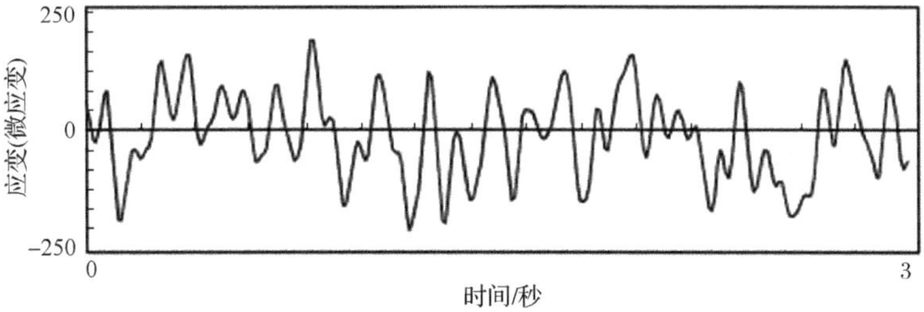

图 5.2　随机载荷

5.2 随机载荷处理方法

随机载荷的处理目前主要有两种方法，即循环计数方法和功率谱方法。循环计数方法是疲劳强度设计中常采用的方法，这种方法是把连续载荷-时间历程离散成一系列峰值和谷值后再把载荷分成一定级数，然后计算峰值或振程等发生的频次、概率密度函数、概率分布函数等。该方法比较简便，在工程中得到了广泛的应用。缺点是不能反映变量随时间变化的详细信息，不能得到载荷级或振程发生的先后次序。实验证明高低载荷的次序对材料或零部件的疲劳寿命有一定影响。

功率谱法是借助傅里叶变换将随机载荷分解为无限多个具有各种频率简谐变化之和，得到功率谱密度函数的方法。这种比较严密的统计方法能够保留载荷历程的全部信息。但由于该方法需要频谱分析，与循环计数方法相比，用于寿命估算时，在预测准确性方面没有得到改善，甚至不如循环计数方法。

机械结构在服役过程中，其零部件所受的各种载荷随时间变化的历程，称为使用载荷谱。载荷谱原则上应代表整个载荷变化过程，但这难于实现和应用，实际上常进行数据处理或简化，因此它只是载荷变化过程的某种近似代表。

通过实测，直接记录的载荷-时间历程称为工作谱或使用载荷谱。由于这种载荷的不确定性，可能使其无法利用。通过舍去小载荷，压缩载荷-时间历程，并采用循环计数方法和概率统计处理后可以得到典型载荷谱。将使用载荷谱处理成典型的载荷谱的过程称为编谱。

5.2.1 循环计数法

由于载荷幅值的变化是影响疲劳强度主因，因此在随机载荷处理过程中，通过循环计数将载荷-时间历程简化为一系列的全循环和半循环，计数载荷幅值，用于度量疲劳损伤。

循环计数法分为三类，即峰谷值计数法、穿级计数法和振程计数法。峰谷值计数法是把载荷-时间历程中的全部峰谷值都进行计数，以此作为载荷谱的特征。峰值计数法有正峰值计数法(只计数波峰值)和负峰值计数法(只计数波谷值)。穿级计数法只计数穿越载荷级数时的次数。振程计数法只计数相邻的峰值与谷值之间的差值或计数一次循环中最大与最小载荷差值。这些方法的一些细节可参阅文献[1]~[3]。

1. 峰谷值计数法

峰谷值计数法仅仅统计落在特定区域的峰值和谷值的数量，如图 5.3(a)所示。为了减少工作量，可以设定一个载荷波动的门槛值来过滤载荷变化较小的幅值。

在图 5.3(b) 中，幅度小于门槛值的峰值和谷值将被过滤掉而不被计数。根据所计数的频次就可以画出载荷频次直方图，从而计算出概率分布。

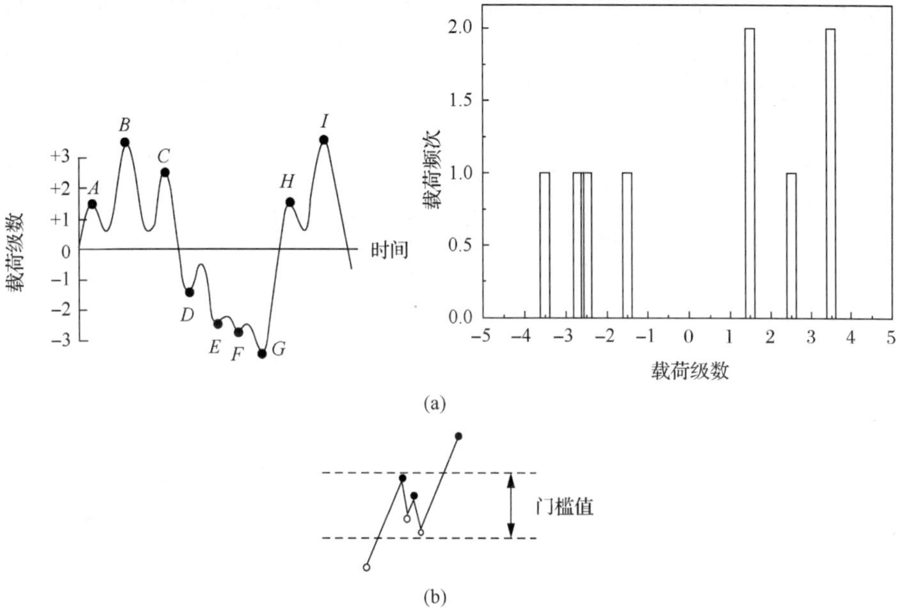

图 5.3　峰谷值计数法

2. 穿级计数法

穿级计数法是先把载荷分成若干级水平，然后当载荷穿越这些载荷级时就可以进行计数，如图 5.4 所示。根据计数的频次就可以画出载荷频次直方图，从而计算出概率分布。由于穿级计数法统计的是通过某一给定等级应力的次数，故这种计数法不能给出载荷的幅值与中值信息，也不能提供载荷的顺序信息。

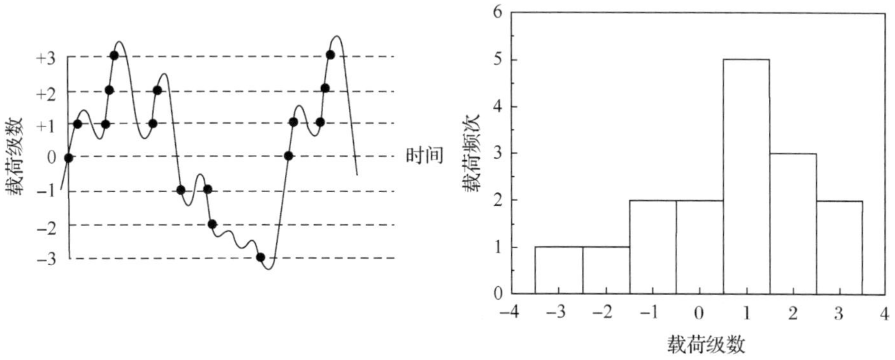

图 5.4　穿级计数法

3. 振程计数法

振程计数法是在雨流计数法之前的一种疲劳分析算法，如图 5.5 所示，是用来计数在每一个峰值和谷值之间形成一个载荷范围(振程)的方法。经过这样的计数后可以产生载荷范围频次直方图。

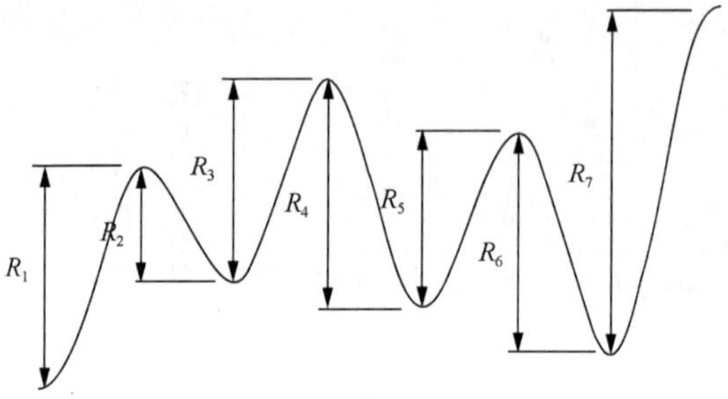

图 5.5　振程计数法

对于疲劳分析，一个载荷范围(振程)被假定是一个载荷循环的一半，并且以此可以计算疲劳损伤。考虑到如图 5.6 中的一个带有很多小载荷波动的载荷-时间历程，通过振程计数法则把从 A 到 B 的大载荷范围分成很多个小载荷范围。以疲劳分析的角度，这意味着该分析方法放弃了大范围的载荷循环，而用大量的小载荷范围来取代它，这显然是不合理的。这样的情况可以设定一个门槛值排除较小的范围，如图 5.7 所示，以得到一个接近真实的循环计数结果。但载荷范围的门槛值设置要合理，太小将不起作用。如果设的太大，可能将能够引起疲劳损伤的较大的载荷范围排除掉，从而导致损伤计算误差。

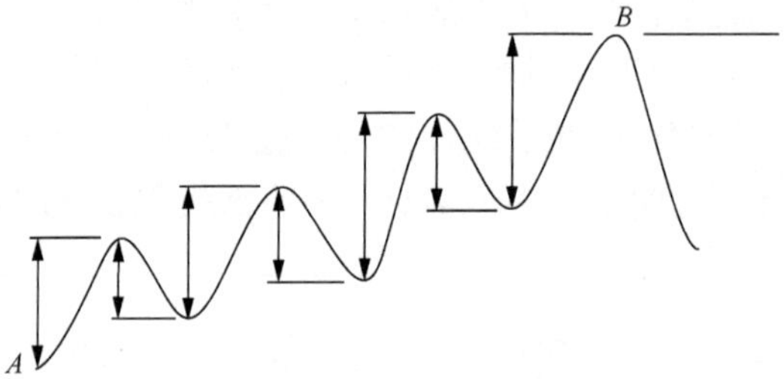

图 5.6　简单振程计数法在大载荷范围中出现很多小范围载荷历程中的应用

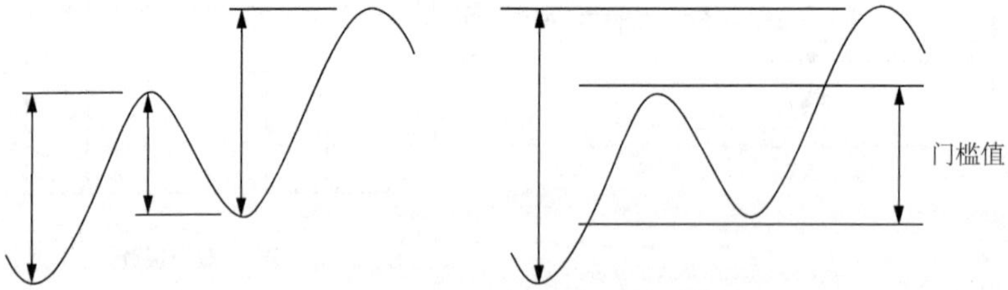

图 5.7　载荷范围的门槛值设定的作用

4. 雨流计数法

目前应用最广泛的是雨流计数法，雨流计数法又叫塔顶法，是目前在疲劳设计中应用最广泛的一种循环计数方法。该方法属于振程计数法中的一种，是在对封闭的应力-应变迟滞回线逐个计数的基础上进行，因此，该方法能够比较全面地反映随机载荷的全过程，有充分的力学依据和很高的准确性，且易于在计算机上实现自动化。

雨流计数法认为由载荷-时间历程得到的应力-应变迟滞回线与造成的疲劳损伤是等效的，因此，工程界认为雨流计数法反映了材料的应力应变行为，因此得到了较为广泛的应用。雨流计数法的规则如下：

(1) 雨流的起点依次在每个峰(谷)值的内侧开始；

(2) 在下一个峰(谷)值处落下，直到对面有一个比开始时的峰(谷)值更大(更小)值为止；

(3) 雨流遇到来自上面流下的雨时就停止；

(4) 取出所有全循环，并记录各自的振程；

(5) 按正负斜率取出所有的半循环，并记录各自的振程；

(6) 取出的半循环按雨流法第二阶段计数法处理。

根据上述雨流计数规则对图 5.8(a) 所示的载荷-时间历程进行循环计数。第一个雨流从 O 点开始，流到 a 点落下，经 b 与 c 点间的 a' 点继续流到 c 点落下，最后在谷值比 O 点更小的谷值 d 点的对应处停止，取出一个半循环 $O—a—a'—c$。第二个雨流从峰值 a 点的内侧开始，在 b 点落下，由于 c 点的峰值比 a 点的峰值大，故雨流在 c 点的对应处停止，取出半循环 $a—b$。第三个雨流从 b 点开始流下，由于遇到来自上面的雨流 $O—a—a'$，因此在 a' 点处停止，取出半循环 $b—a'$。$b—a'$ 与 $a—b$ 构成一个封闭的应力-应变迟滞回线，故形成一个全循环 $a'—b—a$。同理，雨流从 c 点的内侧开始，经过 d 点到 d' 点流到 f 点后垂直向下，由于 i 点的峰值比 c 点的峰值大，因此雨流在 i 点的对应处停止，取出半循环 $c—d—d'—f$。以此继续。由于图 5.8 中只是载荷-时间历程中的一小部分，即雨流没有流完。假如雨流在 i 点停止，那么在图在这小段的载荷-时间历程中，最后可以取出三个全循环，即 $a'—b—a$、$d'—e—d$、 $g'—h—g$，三个半循环，$O—a—a'—c$、$c—d—d'—f$、$f—g—g'—i$。

所计数出的全循环与半循环与所对应的该载荷-时间历程作用下材料的应力-应变迟滞回线如图 5.8(b) 所示，可以看出迟滞回线所形成的全循环与半循环与雨流计数的结果是一致的。

一个实测的载荷-时间历程，经过雨流法计数后，逐个取出全循环。而余下的半循环如构成发散-收敛型的实测谱，如图 5.9(a)所示，如果按雨流计数法则无法再形成全循环。这就需要借助于其他的计数法才能完成全部计数。如果将波形在最高峰或最低谷处截成两段，使左端起点与右端末点相连，便把发散-收敛谱改成收敛-发散谱，如图 5.9(b)所示，再用雨流计数法计数完毕为止。但这样处理很不方便，这时可采用雨流计数法的第二阶段计数方法。

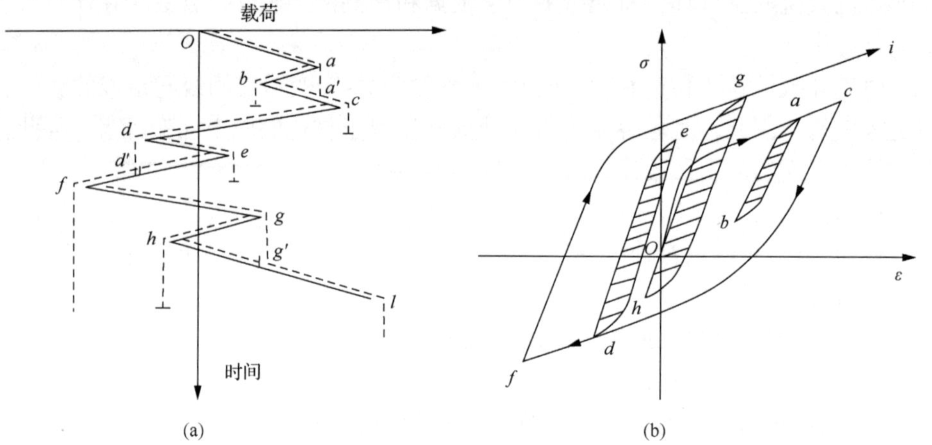

图 5.8　雨流计数法原理与对应的迟滞回线

雨流计数法第二阶段计数法则：

对具有 n 个峰值与 n 个谷值的标准型发散-收敛谱进行计数，应得到 n 个全循环。即从这 n 个峰值和 n 个谷值中，挑出最高峰值和最低谷值组成第一个全循环，再从其余的峰值和谷值中挑出最高峰值和最低谷值组成第二个全循环，重复 n 次便可得到 n 个全循环。

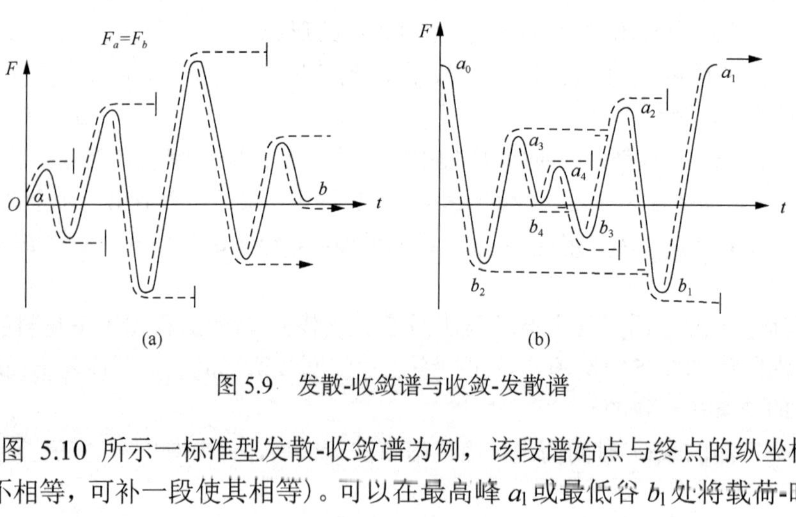

图 5.9　发散-收敛谱与收敛-发散谱

以图 5.10 所示一标准型发散-收敛谱为例，该段谱始点与终点的纵坐标相等(如果不相等，可补一段使其相等)。可以在最高峰 a_1 或最低谷 b_1 处将载荷-时间历程截成两部分，交叉换位使始点 b_n 和终点 a_n 相连接，这样便形构成一个收敛-发散谱，如图 5.10(b)所示，则可以用雨流法计数直至完毕。如果该发散-收敛谱有 n 个锋值和 n 个谷值，则改成收敛-发散谱后可以得到 n 个全循环。实际应用中，直接取 n 个全循环。

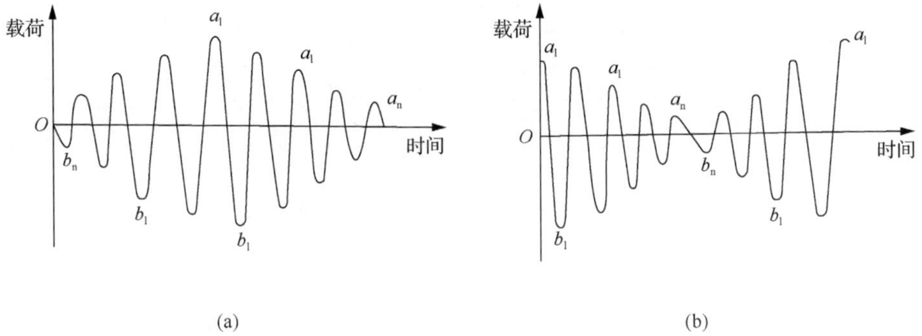

图 5.10　发散-收敛谱到收敛-发散谱的变换

利用雨流计数法计数较长的载荷-时间历程时，通常由计算机程序计算完成。因此有必要讨论如何针对雨流计数方法进行计算机编程的问题。图 5.11(a)为载荷-时间历程的一部分，由于从 A 到 B 的应变范围大于从 B 到 C 的应变范围，因此会形成一个应力应变封闭环 BC，如图 5.11(b)所示，其应变范围由 B 到 C 的幅度来表示。因此对于形成全循环封闭迟滞回线的准则是在两个最近的峰谷值之间的载荷范围必须大于前一个的载荷范围，即 A 到 B 的范围要大于 B 到 C 的范围。

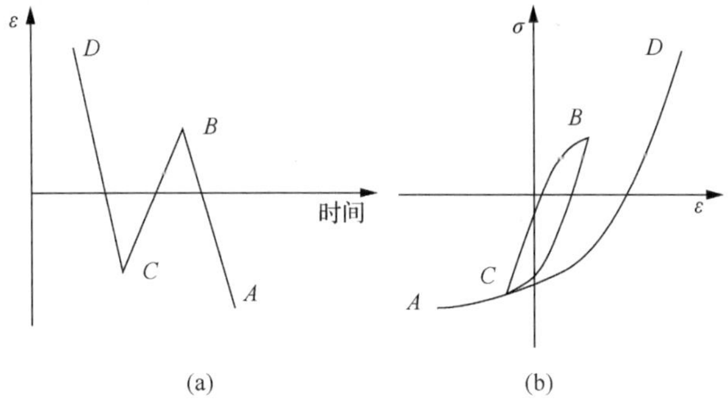

图 5.11　应变载荷-时间历程与对应形成的迟滞回线

图 5.12 显示了一段更为复杂的载荷-时间历程。根据前面分析，A 到 B 的范围大于 B 到 C 的范围，所以 B 到 C 可以形成一个全循环的封闭迟滞回线。然而，在这个迟滞回线外还有另外一个封闭迟滞回线 DE 也已形成。DE 之所以被判断是封闭的，是因为 A 到 D 的范围大于 D 到 E 的范围。由于第一个全循环 BC 可以被计

数出来，因此在计算机编程中，后面的大循环 *DE* 的上下数据标点 *D* 和 *E* 可用新的数据标点 *B* 和 *C* 点来代替，其他数据点也要分别对应调整标记，如图 5.13 所示。

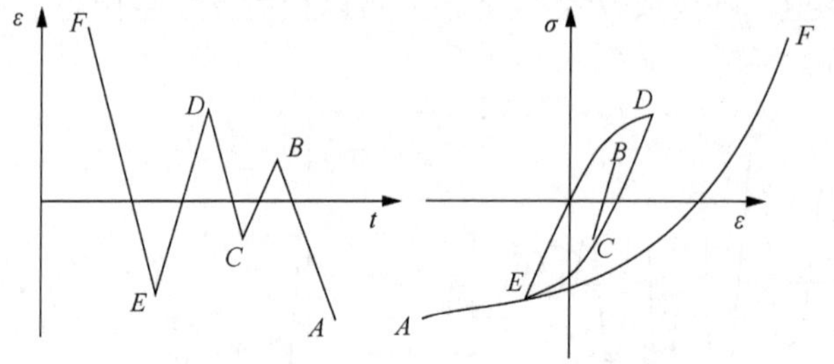

图 5.12　复杂载荷-时间历程的循环计数说明

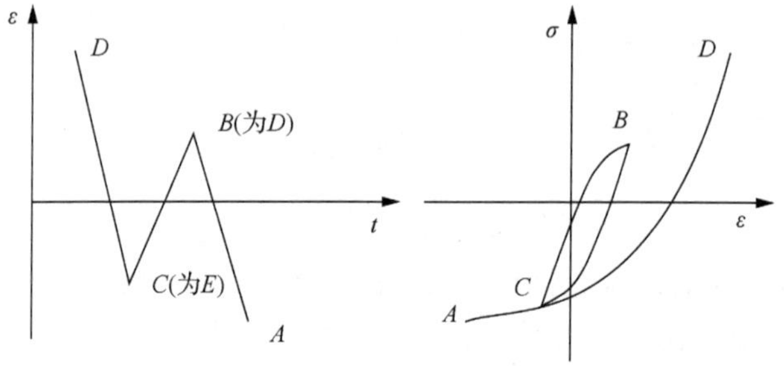

图 5.13　复杂载荷-时间历程的循环计数过程中的全循环的提取

从这个例子可以明确地看出，较为邻近的一些数据点可以形成多于一个的封闭迟滞回线。根据图 5.11 所得到的全循环判断准则，即如果 *A* 到 *B* 的范围大于 *B* 到 *C* 的范围，那么就可以形成一个封闭的迟滞回环。将这个准则进一步扩展，即：

如果 *A* 到 *B* 的范围大于 *B* 到 *C* 的范围，那么一个封闭环将形成，然后提取这个封闭迟滞回环，并重新标记数据点。

重新标记后，如果 *A* 到 *B*(新的 *B* 点)的范围大于 *B*(新的 *B* 点)到 C(新的 *C* 点)的范围，那么一个封闭环将形成，并且直到再也没有封闭环形成时，停止运行程序。

Downing 和 Socie[4]以此判断准则为基础来提取全循环并形成了算法，目前已被用在很多循环计数算法程序中。

在雨流计数方法的编程中，对最大(绝对值最大)应变不是历程起始点的载荷-时间历程，分析时要以历程中最大应变点开始，并将历程进行重新排序。在计算机编程中要注意到这点，这样的处理可以避免出现错误的结果。

5.2.2　累积频次曲线

累积频次曲线也称载荷积累频次图，是将收集的疲劳载荷子样进行循环计数，以各级载荷出现的频次为横坐标，以载荷为纵坐标所画的图形。

当疲劳载荷的子样足够大时，可将载荷频次数转化成概率密度函数，由概率密度函数可得到相应的概率分布函数。有两种分布函数较好地描述疲劳载荷数据，即正态分布(高斯分布)函数(图 5.14)与韦布尔分布函数(图 5.15)。

正态分布函数概率密度函数为

$$f(x)=\frac{1}{\sigma\sqrt{2\pi}}\mathrm{e}^{-\frac{(x-\mu)^2}{2\sigma^2}} \tag{5.1}$$

其中，μ 为母体均值；σ 为母体标准差。

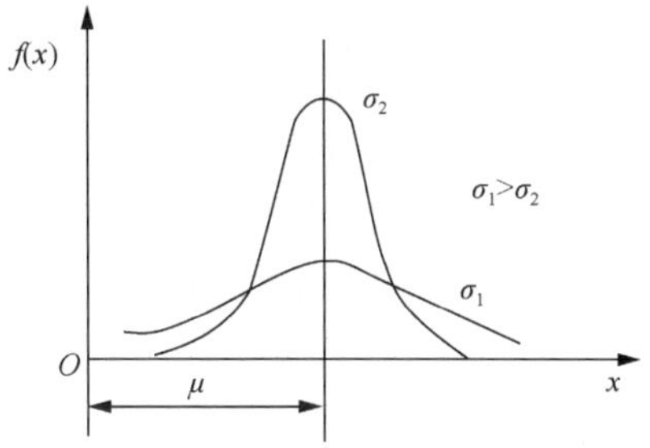

图 5.14　正态分布函数概率密度函数

韦布尔分布概率密度函数为

$$f(N)=\frac{b}{N_a-N_0}\left(\frac{N-N_0}{N_a-N_0}\right)^{b-1}\mathrm{e}^{-\left(\frac{N-N_0}{N_a-N_0}\right)^b}\quad (N_0\leqslant N<\infty) \tag{5.2}$$

其中，N 为疲劳寿命；N_0 为最小寿命参数；N_a 为特征寿命参数；b 为形状参数。

当 $b=3.5$ 时就是正态分布，正态分布是韦布尔分布的特例。

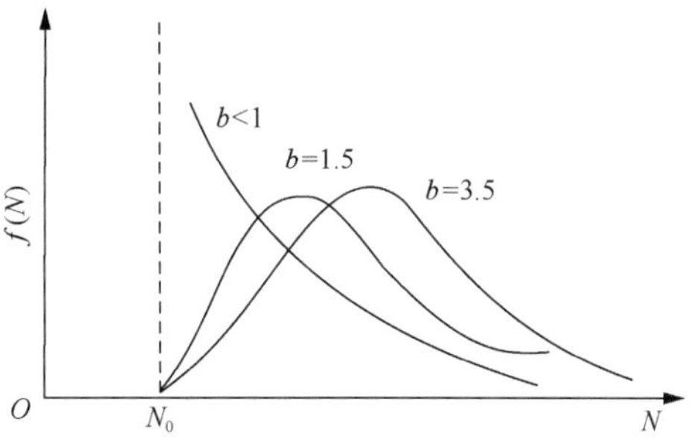

图 5.15　韦布尔分布概率密度函数

一般情况下，所采集的载荷-时间历程是整个寿命期的一小部分，很难保证在这段历程中含有整个寿命期中的最大载荷。研究表明，载荷值的累积频次应扩展到 10^6 次循环为宜，因为 10^6 次循环对于包含很少发生的最严重的情况在内的全部载荷有足够的代表性，故认为 10^6 次循环中出现的一次最大载荷是整个寿命中的极值载荷。因此，需要所得到的载荷值累积频次曲线扩展到 10^6 次循环，如图 5.16 中的实线所示。

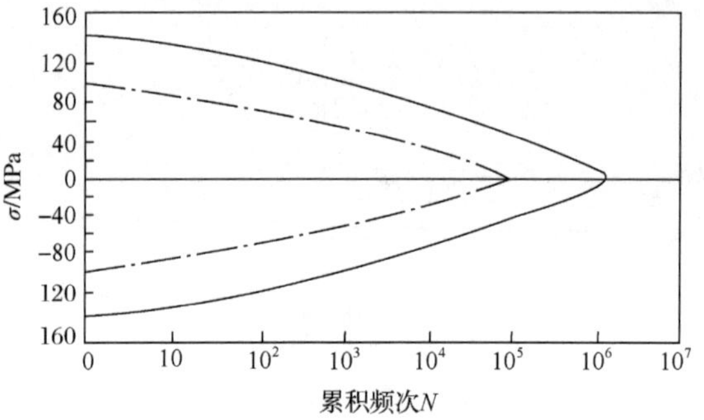

图 5.16　累积频次曲线外推

累积频次曲线外推需要解决两个问题：

(1) 需要根据实测的载荷-时间历程来确定极值载荷；

(2) 需要确定极值载荷与原有累积频次曲线之间的曲线方程。

如图 5.17 所示，标准累积频次曲线外推后累积频次曲线中最大载荷 $\hat{\sigma}_3$ 为

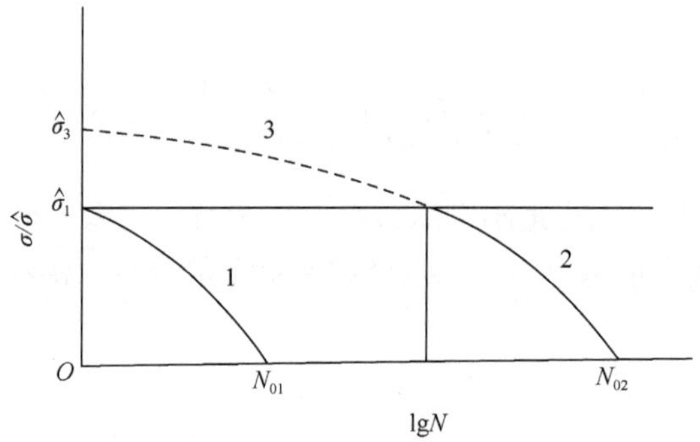

图 5.17　累积频次曲线外推示意图

$$\hat{\sigma}_3 = \hat{\sigma}_1 \left(\frac{\lg N_{02}}{\lg N_{01}} \right)^{\frac{1}{n}} \tag{5.3}$$

其中，$\hat{\sigma}_1$ 为原频次曲线中最大载荷值；$\hat{\sigma}_3$ 为外推频次曲线中最大载荷值；N_{01} 为原频次曲线中最大穿越频数；n 为载荷块数。

5.3　载荷谱的编制方法

疲劳载荷谱的编制编谱步骤为，首先测定真实的载荷-时间历程，然后压缩载荷-时间历程，再进行计数方法，最后编制成典型载荷谱，如图 5.18 所示。

一般在编谱时首先要确定一个包括所有状态的谱时间 T_S, 也就是所编制的典型载荷谱代表多长的工作时间。由于有些罕见的高载荷仅在若干工作时间段内出现，因此故障时间的选择至少包括一次罕见的高载荷，然后再给出各种载荷状态在各个寿命期间内所占的比例。

为了考虑实际加载中载荷次序、载荷级数多少、载荷块的大小以及出现次数较少的大载荷的影响，一般将简化后的程序载荷谱的周期取得短一些，使块数增加，但总周期不变，以减少实际寿命与估算的寿命的误差。

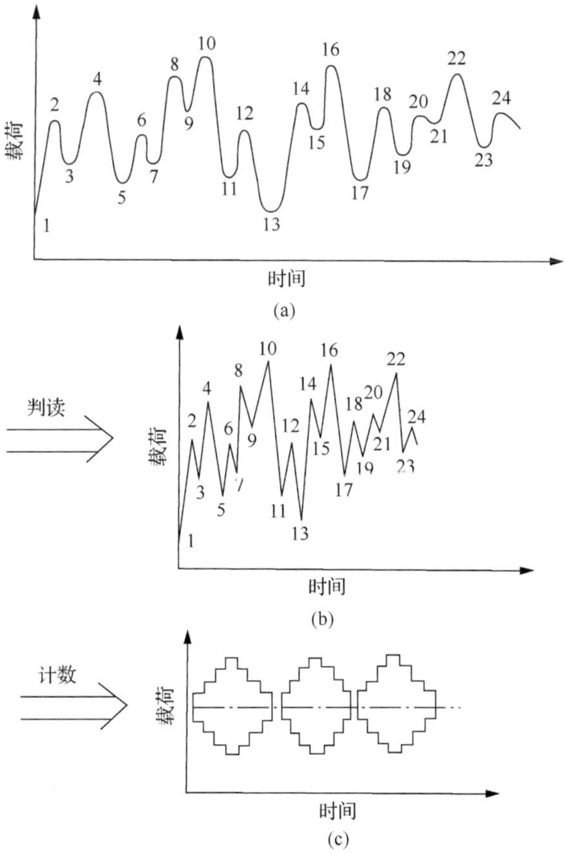

图 5.18　载荷谱的编制过程示意图

一般采用 8 级载荷来代表连续载荷谱，如图 5.19 所示，为减少载荷次序的影响，一般在试样破坏前重复 10～20 次。

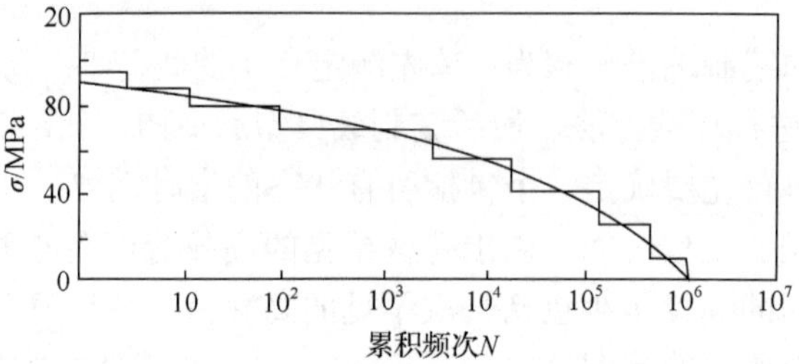

图 5.19　由累积频次曲线编制的八级阶梯程序谱

目前多用四种 8 级载荷加载程序，即低-高加载，图 5.20(a)所示，这种加载方式会使疲劳寿命偏长；高-低加载，图 5.20(b)所示，这种加载方式会使疲劳寿命偏短；低-高-低加载和高-低-高，这样类型的加载方式接近随机加载，如图 5.20(c)、(d)所示。

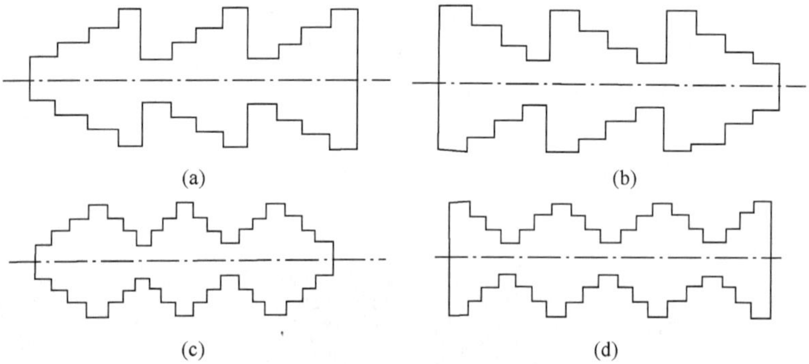

图 5.20　四种典型的加载方式

应该指出，随着计算机、测试技术以及液压伺服疲劳试验机的发展，目前可以实现将实测载荷历程信息输入到试验机的控制计算机中进行试验，这样可以更加准确地得到实际载荷下的疲劳寿命。

参 考 文 献

[1] 徐灏. 疲劳强度. 北京：高等教育出版社, 1988.

[2] 王德俊. 疲劳强度设计理论与方法. 沈阳：东北工学院出版社, 1992.

[3] Stephens R I, Fatemi A, Stephens R R. Metal Fatigue in Engineering.2nd ed. New York : John Wiley & Sons, 2001.

[4] Downing S D, Socie D F. Simplified rainflow cycle counting algorithms. International Journal of Fatigue, 1982,4(1):31-40.

第 6 章　基于应力的疲劳分析理论

基于应力的疲劳理论与寿命预测方法，即 *S-N* 曲线的方法，是最先应用于金属疲劳定量描述的方法。这种经典的疲劳设计方法目前仍然广泛应用于低应力作用下的工程零部件的强度与寿命设计中。需要指出的是这种方法在低周疲劳（通常指 10^5 循环以下）中是不适用的，因为在低周疲劳中，所施加的载荷会存在明显的塑性部分，在这种情况下使用基于应变的疲劳理论更为适合。

6.1　材料的应力-寿命（*S-N*）曲线

应力的疲劳寿命预测方法是根据 Wöhler 所提出的应力-寿命曲线（*S-N* 曲线）形成的一种寿命评估方法。*S-N* 曲线一般由控制载荷（或应力）的试验条件下，在旋转弯曲或高频拉压疲劳试验机上用标准的疲劳试样试验来获得，如图 6.1 所示，试验使用一组材料和尺寸完全相同的标准光滑试件，一般取应力比 $R=-1$ 进行循环加载，在不同应力水平下进行疲劳试验，直到试件破坏。以最大应力 $\sigma_{\max}$ 为纵坐标，以破坏循环数 N 为横坐标，即可把试验结果绘成如图 6.1 的 *S-N* 曲线。取循环数 $N=10^7$ 所对应的最大应力为疲劳极限 σ_r，即在 10^7 循环下材料仍不破坏，认为材料可承受无限次循环。对称循环的疲劳极限由 σ_{-1} 来表示。为了测试由光滑试件得到基本的材料数据，循环数 N 通常取试件断裂时的值，而不是形成裂纹时的值。

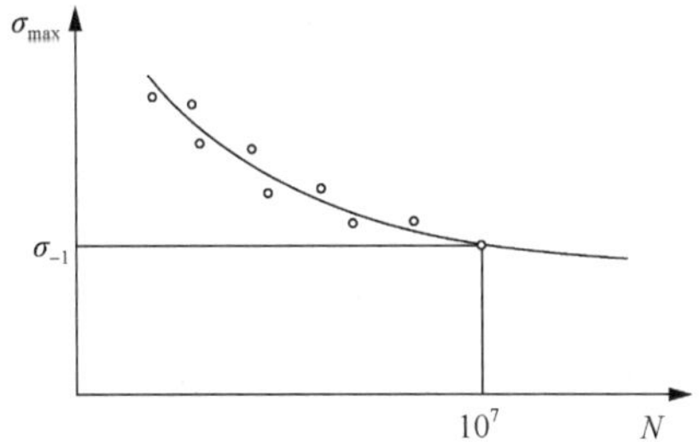

图 6.1　材料的 *S-N* 曲线

如果双对数坐标来表示 *S-N* 曲线，如图 6.2 所示，则其水平线上的方程为

$$\sigma_{\max}^{m} N = c \tag{6.1}$$

其中，m、c 为材料常数。

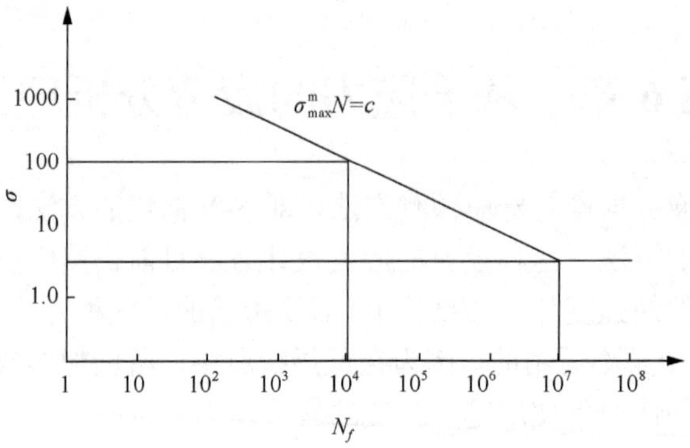

图 6.2　双对数 S-N 曲线

材料的疲劳极限可以通过材料的拉伸性能近似估算出来[1]，其经验公式如下：

对 $\sigma_b \leqslant 1400\text{MPa}$ 材料，弯曲疲劳极限 $\sigma_{-1} \approx 0.46\sigma_b$，拉压疲劳极限 $\sigma_{-1e} \approx 0.88\sigma_{-1}$。

对 $\sigma_b > 1400\text{MPa}$ 材料，弯曲疲劳极限 $\sigma_{-1} \approx 0.33\sigma_b$，扭转疲劳极限 $\tau_{-1} \approx 0.58\sigma_{-1}$。

不同载荷方式下，疲劳极限变化规律为：纯弯疲劳极限大于旋弯疲劳极限，旋弯疲劳极限大于拉压疲劳极限，拉压疲劳极限大于扭转疲劳极限。

6.2　材料的概率-应力-寿命(P-S-N)曲线

以上的 S-N 曲线通常是按疲劳试验数据的平均值绘制而成的，而实际试验由于每个试验件获取的数据会受到载荷的不稳定、试验件几何尺寸误差、表面粗糙度、材料化学成分及均匀性、加工制造等因素的影响、每组数据会存在明显的分散性。这种分散规律与概率有关。因此，可以用概率(存活率)的方式确定疲劳寿命值。

试验研究表明，金属材料的疲劳寿命符合对数正态分布。图 6.3 显示了在不同应力水平下的每组试件疲劳寿命 N 的分布情况。可以看出应力水平越低，疲劳寿命 N 的分散性越大。这表明疲劳寿命 N 不仅与存活率 P 有关，还与应力水平 σ 有关，即疲劳寿命 N 是存活率 P 和应力水平 σ 的二元函数。为了与前面 S-N 曲线描述相一致，将 P、σ 与 N 的函数关系画在一个二维 N-σ 坐标系中，当 P 取一定的值时，那么会以 σ 为自变量形成一条 S-N 曲线。当 P 发生变化取不同的值时，则每个 P 值都对应一个 S-N 曲线，从而形成了 S-N 曲线簇，这个曲线簇被称为 P-S-N 曲线。在双对数坐标下，曲线变为直线。

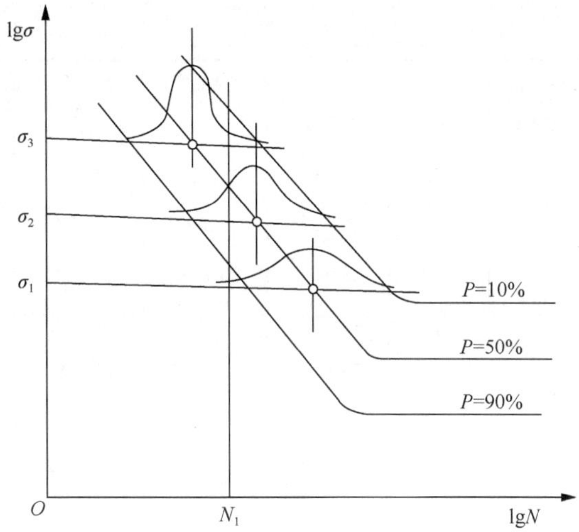

图 6.3　P-S-N 曲线

根据 S-N 曲线斜线部分的表达式，即式(6.1)，将其两边取对数，得

$$\lg N_i = \lg c - m \lg \sigma_i \tag{6.2}$$

将上式写成 P-S-N 曲线的通用形式：

$$\lg N_P = a_P - b_P \lg \sigma \tag{6.3}$$

其中，N_P 为存活率为 P 时的疲劳寿命；σ 为应力均值；a_P 和 b_P 为与存活率有关的材料常数。表 6.1 为一些常用材料在旋转弯曲载荷下所获得的 P-S-N 曲线的材料常数值。

表 6.1　一些常用材料 P-S-N 曲线的 a_P 和 b_P 值[2]

材料	热处理	抗拉强度均值/MPa	不同存活率 P 下的 a_P 和 b_P 值					
			a_P 和 b_P	P=50%	P=90%	P=95%	P=99%	P=99.9%
A3	热轧	455	a_P	41.1782	39.1860	38.6199	37.5595	36.3713
			b_P	–14.6745	–13.8996	–13.6793	–13.2668	–12.8046
35	正火	569	a_P	50.7868	41.1803	38.4561	33.3450	27.6206
			b_P	–18.4030	–14.6370	–13.5690	–11.5652	–9.3210
45	正火	624	a_P	35.4815	32.6372	31.7149	29.5823	26.3363
			b_P	–12.0804	–10.9915	–10.6356	–9.8094	–8.5479
45	调质	710	a_P	46.4561	41.5280	41.6803	42.1828	42.4865
			b_P	–15.6866	–13.8957	–13.9613	–14.1594	–14.2776

续表

材料	热处理	抗拉强度均值/MPa	不同存活率 P 下的 a_P 和 b_P 值					
			a_P 和 b_P	P=50%	P=90%	P=95%	P=99%	P=99.9%
16Mn	热轧	571	a_P	37.7963	33.2235	31.9285	29.5020	26.7791
			b_P	−12.7395	−11.0021	−10.5100	−9.5881	−8.5536
40Cr	调质	940	a_P	23.9454	23.7437	23.6894	23.5835	23.4627
			b_P	−6.8775	−6.8610	−6.8573	−6.8490	−6.8389
40MnB	调质	970	a_P	26.1130	25.2717	25.8889	28.5391	34.0529
			b_P	−7.6879	−7.4421	−7.6893	−8.7042	−10.7820
35CrMo	调质	924	a_P	29.2348	23.5464	21.9352	18.9151	15.5260
			b_P	−8.8072	−6.7974	−6.2282	−5.1612	−3.9638
QT60-2	正火	858	a_P	23.8971	21.2394	21.5825	22.5275	23.3589
			b_P	−7.3724	−6.4266	−6.5776	−6.9688	−7.3069

6.3 疲劳极限线图

材料 S-N 曲线通常是指在应力比 R 为−1，即对称循环下得到的曲线。但在不同的应力比 R 情况下进行疲劳试验，可以得到不同的 S-N 曲线。在疲劳强度设计中可以通过疲劳极限方程把不同的应力比 R 下的疲劳极限转换为对称循环下的疲劳极限。

要得到疲劳极限方程，首先要给出疲劳极限线图，该图是在规定的破坏循环寿命下，把不同的 R 下的疲劳极限绘制在一张图上所形成的线图。以应力幅对平均应力，即 σ_a 和 σ_m 为坐系得到的疲劳极限线图称为 Haigh 图。以最大应力、最小应力和平均应力，即 σ_{max}、σ_{min} 和 σ_m 为坐标系得到的疲劳极限线图称为 Smith 图。

图 6.4 是以 σ_a 和 σ_m 为坐标系的疲劳极限线图(Haigh 图)。ACB 曲线内材料不产生疲劳破坏，曲线外会产生疲劳破坏。即工作应力点落在抛物线上，寿命 $N=10^7$；落在抛物线内，$N>10^7$；落在抛物线外，$N<10^7$。由原点 O 作 45° 直线交 AB 于 C。因为 $OD=DC$，$\sigma_{max}=\sigma_a+\sigma_m$，所以 $OD=DC=\dfrac{\sigma_0}{2}$，$\sigma_0$ 为脉动疲劳极限。

A 点：对称循环应力下疲劳破坏的临界点，此点纵坐标值为 σ_{-1}，$\sigma_m=0$。

B 点：静强度破坏点，此时 $\sigma_a=0$。

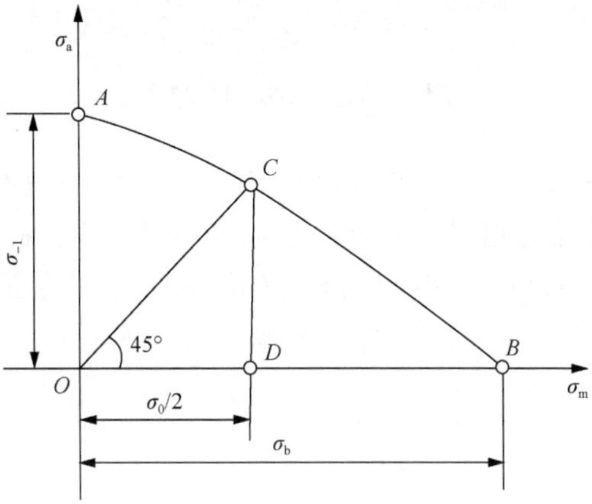

图 6.4　Haigh 图

图 6.5 是以 σ_{max}、σ_{min}、σ_m 为坐标系的疲劳极限线图(Smith 图)。点在曲线内寿命 $N>10^7$，点在曲线外寿命 $N<10^7$ 。

A 点：$\sigma_{max}=\sigma_{-1}$。

B 点：$\sigma_{min}=\sigma_{-1}$。

C 点：$\sigma_{max}=\sigma_b$，$\sigma_m=\sigma_b$。

D 点：$\sigma_{max}=\sigma_0$，$\sigma_m=\dfrac{\sigma_0}{2}$。

E 点：$\sigma_{min}=0$，$\sigma_m=\dfrac{\sigma_0}{2}$。

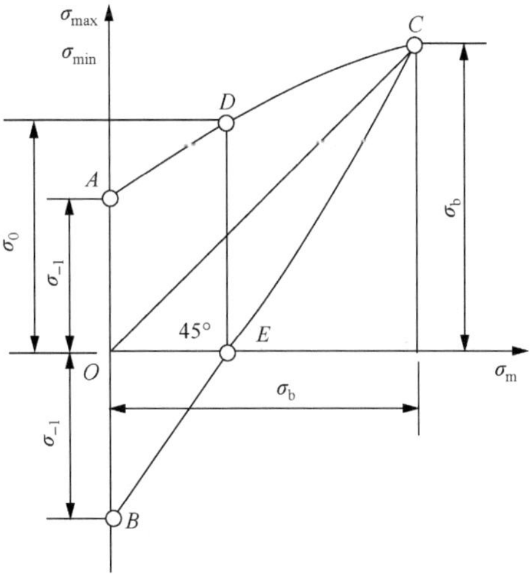

图 6.5　Smith 图

6.4　疲劳极限方程

通过观察 Haigh 图，我们发现材料在不同循环特性下具有不同的疲劳极限，如果用数学表达式来描述材料的疲劳极限点，这样的数学方程即为疲劳极限方程。疲劳极限方程主要有 Gerber 抛物线方程、Goodman 直线方程、Soderberg 方程，如图 6.6 所示。

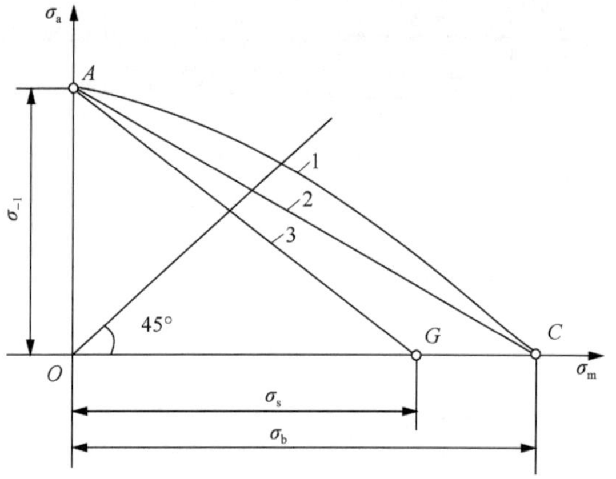

图 6.6　疲劳极限方程

1. Gerber 图线；2. Goodman 图线；3. Soderberg 图线

如果认为疲劳极限线是经过对称循环应力的疲劳极限点 A 和静强度点 C 的抛物线，即图 6.6 中的曲线 1，称该曲线为 Gerber 抛物线，其方程为

$$\sigma_a = \sigma_{-1}\left[1-\left(\frac{\sigma_m}{\sigma_b}\right)^2\right] \tag{6.4}$$

如果假设疲劳极限线是经过对称循环应力的疲劳极限点 A 和静强度点 C 的一条直线，即图 6.6 中的直线 2，称该直线为 Goodman 直线，其方程表达式为

$$\sigma_a = \sigma_{-1}\left(1-\frac{\sigma_m}{\sigma_b}\right) \tag{6.5}$$

假设疲劳极限线是经过对称循环应力的疲劳极限点 A 和屈服强度点 G 的一条直线，即图 6.6 中的直线 3，称该直线为 Soderberg 直线，方程表达式为

$$\sigma_a = \sigma_{-1}\left(1-\frac{\sigma_m}{\sigma_s}\right) \tag{6.6}$$

假设疲劳极限线是一条经过对称循环应力的疲劳极限点 *A* 脉动循环应力的疲劳极限点 *C* 和静强度点 *B* 的折线，如图 6.7 所示。试验得到 σ_0、σ_{-1}、σ_b，则 *AC* 折线方程为

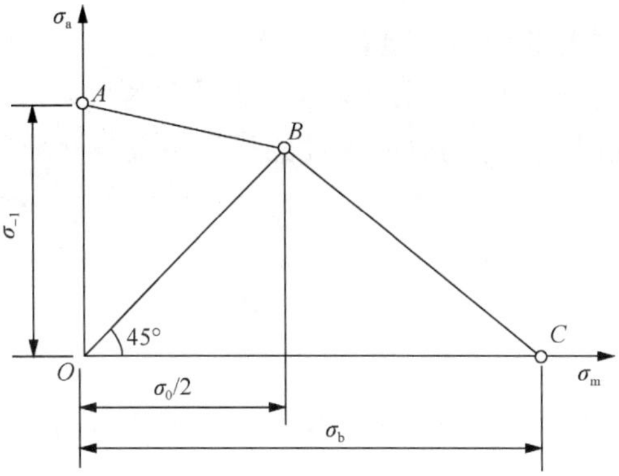

图 6.7　疲劳极限的折线方程

$$\sigma_a = \sigma_{-1} - \frac{2\sigma_{-1} - \sigma_0}{\sigma_0}\sigma_m \tag{6.7}$$

BC 折线方程为

$$\left(\frac{2\sigma_b}{\sigma_0} - 1\right)\sigma_a + \sigma_m = \sigma_b \tag{6.8}$$

6.5　基于应力疲劳强度设计方法的影响因素

材料的 *S-N* 曲线是由标准试验光滑小试样在单轴对称循环载荷下通过疲劳试验获得的。实际工程中的机械零部件在应力集中、尺寸、几何形状、表面状态、残余应力、所承受的载荷类型、所受的载荷频率、服役环境条件等等，对疲劳寿命多少都会有些影响。因此，在实际疲劳强度设计和寿命预测中，必须对这些因素加以考虑，把材料的 *S-N* 曲线进行修正，然后才能够进行疲劳强度设计或寿命预测。

6.5.1　尺寸的影响

材料疲劳试验机用的试样通常按有关标准制成的小样品试验件，而工程实际用

的零件尺寸与实验室的小样品在尺寸上差别很大。试验表明，当尺寸增大，由于内部存在缺陷的概率增大，导致疲劳强度降低。大量的试验研究总结出以下规律：

(1)样品的尺寸增大，相应的疲劳极限会降低；

(2)钢的强度越高，其尺寸对疲劳强度的影响越大；

(3)尺寸对疲劳强度的影响会随着应力分布不均匀的增大而增大。

疲劳强度设计时，可用尺寸系数 ε 来考虑这种影响。尺寸系数 ε 可定义为，当应力集中系数相同时，尺寸为 d 的零件的疲劳极限与标准尺寸为 d_0 试件的疲劳极限之比的值：

$$\varepsilon = \frac{(\sigma_{-1})_d}{(\sigma_{-1})_{d_0}} \tag{6.9}$$

其中，$(\sigma_{-1})_d$ 为实际样品的疲劳极限；$(\sigma_{-1})_{d_0}$ 为标准试件的疲劳极限，因此尺寸系数一般小于 1。

对于拉、压、弯：

$$\varepsilon_\sigma = \frac{(\sigma_{-1})_d}{\sigma_{-1}} \tag{6.10}$$

对于扭、剪：

$$\varepsilon_\tau = \frac{(\tau_{-1})_d}{\tau_{-1}} \tag{6.11}$$

试验研究表明，尺寸系数的分散性很大，其值可查相关手册或经验公式计算获取。

6.5.2　应力集中的影响

实际工程零件与试验室标准光滑试件相比，通常会存在沟槽等应力集中区域。在强度设计与计算时，为了考虑应力集中的影响，一般会引入理论应力集中系数 K_t。

对于拉压、弯曲：

$$K_{t\sigma} = \frac{\sigma_{\max}}{\sigma} \tag{6.12}$$

对于扭、剪切：

$$K_{t\tau} = \frac{\tau_{max}}{\tau} \tag{6.13}$$

其中，σ_{max}、τ_{max} 分别为最大正应力和最大剪切应力；σ、τ 分别为名义正应力和名义剪切应力。

理论应力集中系数是建立在假设材料的变形在弹性范围内，只取决于材料缺口的几何形状，其值的大小可查阅相关手册。

而实际材料内部组织并不是均匀的，内部存在着各种缺陷。此外，载荷的类型也会对疲劳强度产生影响，因此理论应力集中系数不能完全考虑应力集中对疲劳强度的影响。因此在疲劳强度设计中，利用有效应力集中系数 K_f 来反映应力集中对疲劳强度的影响。

有效应力集中系数定义为：当载荷条件和绝对尺寸相同时，循环应力下的有效应力集中系数，等于光滑试样与有缺口应力集中试样的疲劳极限的比值。

对于拉压、弯曲：

$$K_{f\sigma} = \frac{\sigma_{-1}}{\left(\sigma_{-1}\right)_{\alpha}} \tag{6.14}$$

对于扭、剪切：

$$K_{f\tau} = \frac{\tau_{-1}}{\left(\tau_{-1}\right)_{\alpha}} \tag{6.15}$$

其中,σ_{-1}、τ_{-1} 为光滑试样疲劳极限；$\left(\sigma_{-1}\right)_{\alpha}$、$\left(\tau_{-1}\right)_{\alpha}$ 为有应力集中试样疲劳极限。

6.5.3　表面状态的影响

试验室用的标准试样都经过磨光处理，而实际零件的表面状态各不相同，粗糙的表面相当于存在许多微小的应力集中点，会降低疲劳强度。表面经过各种不同强化处理的零件，会提高疲劳强度。为了考虑这些影响因素，在疲劳强度分析计算中会引入表面状态系数 β，其定义如下：

$$\beta = \frac{\left(\sigma_{-1}\right)_{\beta}}{\sigma_{-1}} \tag{6.16}$$

其中，$\left(\sigma_{-1}\right)_{\beta}$ 为表面状况试样的疲劳极限；σ_{-1} 为标准光滑试样疲劳极限。

6.5.4 载荷的影响

载荷对疲劳强度的影响大体分为三种：一是载荷类型的影响，二是加载频率的影响，三是载荷变化的影响。

(1) 载荷类型影响

实际零件所承受的载荷通常包括拉、压、弯、扭四种。试验研究表明，疲劳极限在不同类型载荷下的大小顺序是：弯曲 > 拉压 > 扭转。如果缺乏资料或试验条件，可按经验方法近似确定不同载荷类型下的疲劳极限，即弯曲加载时修正系数 C_L=1，那么拉压 $C_L=0.85$，扭转 $C_L=0.58$。

(2) 加载频率影响

在室温下空气条件下，加载频率对疲劳极限影响很小，但在极高的加载频率下，试件会产生过热现象，试验时要施加充分的冷却措施，以免过热影响疲劳试验结果。在高温和腐蚀条件下，加载频率对疲劳强度影响很大。一般情况下，加载频率在 10~200Hz，多数材料的疲劳强度极少受到加载频率的影响，因此疲劳强度设计计算时可不考虑其影响。

(3) 载荷变化影响

加载波形的影响：在试验室疲劳试验机上加载波形一般使用正弦波，而实际载荷波形是各种各样的。试验研究表明，在室温下，加载波形对疲劳极限没有影响。但在高温环境下，也有因不同的加载波形在较高应力处停留的时间不同，而导致加载波形会对疲劳极限产生影响。

过载的影响：零件在服役过程中，偶尔一次或几次受到较高载荷的作用，使材料局部产生塑性变形，导致材料形变强化或表面产生残余压应力，从而使疲劳极限提高。

次载锻炼效应：材料或零件在低于疲劳极限某一应力水平下运行一定的循环次数后，其疲劳极限会明显提高，显示出次载锻炼效应。

加载顺序影响：加载顺序对疲劳寿命也有一定的影响，先低载荷后高载荷，可使疲劳寿命提高。反之，先高载荷后低载荷，可使疲劳寿命降低。

6.5.5 温度的影响

大多数疲劳试验数据通常在室温环境下，利用标准试验件经过疲劳试验得到的。但很多工程零件在高温环境下服役，甚至在变温环境下工作，在这样的情况下，就不能用室温疲劳实验数据直接进行强度设计和寿命预测。试验研究表明，温度不超过 200°C，则对疲劳极限基本没有影响，但温度超过 400°C，疲劳极限会明显下降。而在低温环境下，疲劳极限会随着温度的降低而提高。在常见的

–40~–20°C 范围内，疲劳极限随温度的降低提高并不明显。

6.6 基于应力的疲劳强度设计方法

6.6.1 疲劳损伤累积理论

1. 疲劳损伤累积理论的概念

当材料或零件承受高于疲劳极限的应力作用时，每一个循环都会使材料产生一定的损伤，而且损伤能够累积，当累积到临界值时，材料将发生破坏，这就是疲劳损伤累积理论。疲劳损伤累积理论主要分成三大类。

第一类为线性累积损伤理论，该理论认为材料在各应力水平下的疲劳损伤是独立的，可以线性累加起来。如 Miner 定理。

第二类为非线性累积损伤理论，该理论认为某一载荷值产生的损伤与前面作用载荷量值及次数有关。如 Macro-Starkey 理论和 Corten-Dolen 理论等。

第三类为其他的各类累积损伤理论。这类理论多属于经验半经验公式，一般是从实验分析推出来的损伤公式。如连续损伤理论、Levy 理论、Kozin 理论等。

2. 线性疲劳损伤累积理论

目前应用最广的是线性累积损伤理论，即 Miner 理论。Miner 线性累积损伤理论理论在 1924 年由 Palmgren 提出。1945 年 Miner 又重新提出。该理论原理如下。

损伤在各应力水平下随循环次数增加线性增加。如图 6.8 所示，如果材料在 σ_1 载荷水平下经过 N_1 个循环破坏，当材料在该载荷水平下作用了 n_1 次 $(n_1<N_1)$，则损伤率为

$$D_1 = \frac{n_1}{N_1} \tag{6.17}$$

疲劳损伤达到极限时 D=1 时产生破坏，即 $D = \frac{N_1}{N_1}$。

如果材料在 σ_2 载荷水平下经过 N_2 个循环破坏，当材料在该载荷水平下作用了 n_2 次 $(n_2<N_2)$，则损伤率为

$$D_2 = \frac{n_2}{N_2} \tag{6.18}$$

同理，$D_3 = \frac{n_3}{N_3}$。

小于疲劳极限应力σ_4的作用下不产生损伤，即损伤D_4值为零。

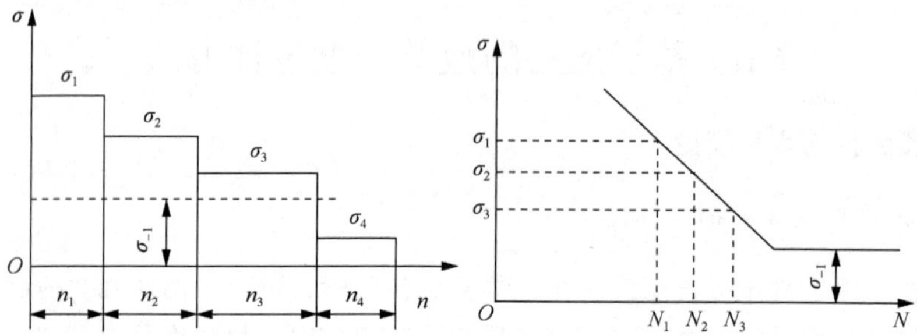

图 6.8　损伤累积计算示意图

当各级载荷作用使材料产生的损伤达到极限时，D值等于 1，材料发生破坏，利用线性累积公式，则

$$D_1 + D_2 + \cdots + D_n = 1 \tag{6.19}$$

即

$$\frac{n_1}{N_1} + \frac{n_2}{N_2} + \cdots + \frac{n_n}{N_n} = 1 \tag{6.20}$$

或写成

$$\sum_{i=1}^{n} \frac{n_i}{N_i} = 1 \tag{6.21}$$

此式即为 Miner 定理。

大量的实验研究表明，Miner 定理没有考虑载荷次序的影响。当所加载荷先高后低，损伤累积值$\sum_{i=1}^{n} \frac{n_i}{N_i} < 1$；当所加载荷先低后高，损伤累积值$\sum_{i=1}^{n} \frac{n_i}{N_i} > 1$。实际上损伤极限值并不等于 1，其范围在 0.25～4。但在随机载荷下，损伤极限值近似等于 1，即$\sum_{i=1}^{n} \frac{n_i}{N_i} \approx 1$。由于 Miner 定理形式简单，所以目前仍在工程中得到广泛的应用。

3. 非线性疲劳损伤累积理论

由于线性累积损伤理论不能够考虑加载顺序和不同水平载荷之间的相互作用，因而在用于复杂载荷下会产生一定的误差。疲劳损伤是材料在循环载荷作用下其性能不断劣化的过程，显然它是与外载相关的，即损伤变量依赖于应力或应变的大小。此外疲劳损伤过程还包括微裂纹形成与扩展以及不同的应力或应变幅之间的相互作用等效应。根据疲劳损伤的这些特点，人们便提出了非线性损伤累积理论。因此很多非线性累积损伤理论被提出来进行损伤累积计算。

Macro-Starkey 理论介绍如下[3]。

如图 6.9 所示，在两个不同应力水平的疲劳试验中，曲线 1 为等幅对称循环应力 σ_1 下的疲劳损伤与循环数比的关系曲线。曲线 2 为等幅对称循环应力 σ_2（$\sigma_2 < \sigma_1$）下的损伤与循环数比的关系曲线。两曲线最后的交点对应材料的损伤达到临界值发生破坏的状态。

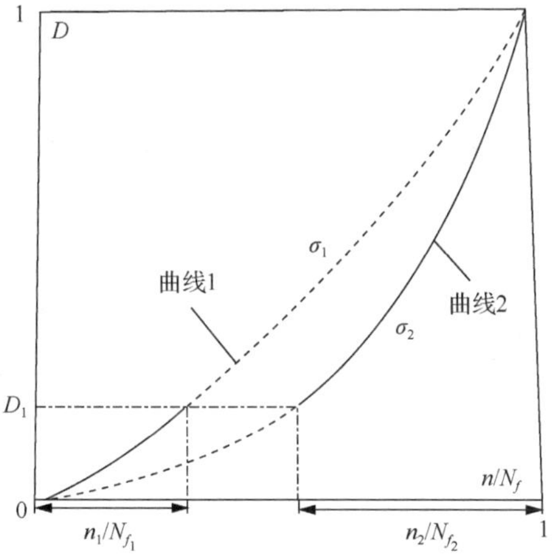

图 6.9　损伤与循环比的幂指数关系

如果在这两级应力水平的疲劳试验中，先由应力水平 σ_1 循环 n_1 次产生的损伤为 D，然后过渡到较小的应力水平 σ_2 下循环 n_2 次发生破坏。如果用 Miner 线性累积损伤理论，其累积损伤的结果会小于 1。

假设在损伤与循环数比的关系用下列关系式表达：

$$D_i = \left(\frac{n_i}{N_{f_i}} \right)^{\omega_i} \tag{6.22}$$

其中，ω_i 为指数。

则在两级应力水平下，即 σ_1 和 σ_2 下，所产生的损伤分别为

$$D_1 = \left(\frac{n_1}{N_{f_1}} \right)^{\omega_1} \tag{6.23}$$

$$D_2 = \left(\frac{n_2}{N_{f_2}}\right)^{\omega_2} \tag{6.24}$$

那么，两级应力下的累积损伤为

$$D = D_1 + D_2 = \left(\frac{n_1}{N_{f_1}}\right)^{\omega_1} + \left(\frac{n_2}{N_{f_2}}\right)^{\omega_2} = 1 \tag{6.25}$$

则

$$\frac{n_2}{N_{f_2}} = 1 - \left(\frac{n_1}{N_{f_1}}\right)^{\omega_1/\omega_2} \tag{6.26}$$

从上式可以看出，指数 ω_i 可以考虑不同加载水平的影响，体现出了非线性累积效应。当 $\omega_1 = \omega_2$ 时，便退化为 Miner 线性累积损伤理论。

连续非线性疲劳损伤累积理论介绍如下。

Kachanov[4]在研究蠕变断裂时，第一次提出了“连续因子”和“有效应力”的概念。20 世纪 70 年代，各国学者相继采用连续介质力学的方法，把损伤因子作为一种场变量，即损伤参量，逐步发展形成了连续损伤力学的框架和基础。1974 年 Lemaitre 和 Chaboche[5]将损伤的概念用于低周疲劳研究中，随后人们逐渐认识到损伤力学在疲劳研究中的重要性。长期以来，疲劳分析和材料寿命估算主要依赖大量收集的实测和试验数据来建立经验和半经验公式，缺少可利用的理论工具，而损伤力学恰好提出了有关这方面的基本理论，描述疲劳损伤的数学模型以及分析方法。使用它可以解决不少仅仅依靠使用试验数据所不易解决的问题，如非线性损伤累积问题。

对于疲劳损伤问题，应考虑以下几个方面：①存在微裂纹形核及扩展阶段；②二级加载或块程序加载条件下的非线性累积效应；③存在一个疲劳极限，在初始损伤之后会显著减小；④疲劳极限或 S-N 曲线的平均应力效应。根据以上疲劳损伤的特性，Lemaitre 和 Chaboche[6]提出一个疲劳损伤累积模型来描述材料逐渐劣化的过程。该模型的一般变量关系表达式如下：

$$\mathrm{d}D = f(\cdots)\mathrm{d}N \tag{6.27}$$

其中，函数 f 中的变量可为应力、应变或塑性应变，损伤变量 D 以及温度和硬化变量等。此外，为了描述非线性损伤累积和加载顺序效应，函数 f 要求加载参数与损伤变量具有不可分离性。

当外载为应力时，式(6.27)的具体形式可使用如下方程[7]：

$$\frac{\mathrm{d}D}{\mathrm{d}N}=(1-D)^{\alpha(\Delta\sigma/2,\sigma_{\mathrm{m}})}\left[\frac{\sigma_{\max}-\sigma_{\mathrm{m}}}{M(\sigma_{\mathrm{m}})}\right]^{\beta} \tag{6.28}$$

其中，指数α取决于加载参数（$\sigma_{\max}$，σ_{m}），$\sigma_{\max}$为最大应力，σ_{m}为平均应力。为了得到加载参数和损伤变量D的不可分离性，取下式可较好地描述试验过程：

$$\alpha\ (\Delta\sigma/2,\ \sigma_{\mathrm{m}})=1-\frac{H(\Delta\sigma/2-\sigma_1(\sigma_{\mathrm{m}}))}{a\ln\left|\Delta\sigma/2-\sigma_1(\sigma_{\mathrm{m}})\right|} \tag{6.29}$$

上式中$H(x)$为 Heaviside 单位阶跃函数，即当$x>0$时，$H(x)=1$，当$x\leqslant 0$时，$H(x)=0$。a、M、β均为材料常数，且认为在$(\Delta\sigma/2-\sigma_1(\sigma_{\mathrm{m}}))>1$时为疲劳极限以上加载。

$$\sigma_1(\sigma_{\mathrm{m}})=\sigma_{-1}(1-b\sigma_{\mathrm{m}}) \tag{6.30}$$

其中，σ_{-1}为对称加载下的疲劳极限；$\sigma_1(\sigma_{\mathrm{m}})$为非对称加载下的疲劳极限。

函数$M(\sigma_{\mathrm{m}})$可以选择一个线性形式来表达：

$$M(\sigma_{\mathrm{m}})=M_0(1-b'\sigma_{\mathrm{m}}) \tag{6.31}$$

积分式(6.28)，$D=0$；$N=0$，$D=1$；$N=N_f$：

$$\int_0^1\mathrm{d}D=\int_0^{N_f}(1-D)^{\alpha(\Delta\sigma/2,\sigma_{\mathrm{m}})}\left[\frac{\sigma_{\max}-\sigma_{\mathrm{m}}}{M(\sigma_{\mathrm{m}})}\right]^{\beta}\mathrm{d}N$$

得

$$N_f=\frac{1}{1-\alpha(\Delta\sigma/2,\sigma_{\mathrm{m}})}\left[\frac{\sigma_{\max}-\sigma_{\mathrm{m}}}{M(\sigma_{\mathrm{m}})}\right]^{-\beta} \tag{6.32}$$

同理，积分式(6.28)，把损伤的积分上限设为D，对应寿命上限为N：

$$\int_0^{D}\mathrm{d}D=\int_0^{N}(1-D)^{\alpha(\Delta\sigma/2,\sigma_{\mathrm{m}})}\left[\frac{\sigma_{\max}-\sigma_{\mathrm{m}}}{M(\sigma_{\mathrm{m}})}\right]^{\beta}\mathrm{d}N$$

则

$$D=1-\left(1-\frac{n}{N_f}\right)^{\frac{1}{1-\alpha(\Delta\sigma/2,\sigma_{\mathrm{m}})}} \tag{6.33}$$

对于工业常用的正火 45 号钢和 16Mn 钢，经与试验数据拟合可得式(6.29)中 a 值分别为 0.0421 和 0.0416，可见对于碳钢其常数 a 基本上是一致的。从式(6.29)可以看出，当 $\Delta\sigma/2 \leqslant \sigma_1(\sigma_{\mathrm{m}})$ 时，即低于疲劳极限下加载，此时 $\alpha=1$，由式(6.32)得出，此时的 N_f 为无穷大。

当 $\Delta\sigma/2 > \sigma_1(\sigma_{\mathrm{m}})$，$H(\Delta\sigma/2-\sigma_1(\sigma_{\mathrm{m}}))=1$，则式(6.32)可变为

$$N_f = aM_0^{\beta} \ln\left|\Delta\sigma/2-\sigma_{-1}(1-b\sigma_{\mathrm{m}})\right|\left[\frac{\Delta\sigma/2}{1-b'\sigma_{\mathrm{m}}}\right]^{-\beta} \tag{6.34}$$

从上式可以看出，系数 β 和 aM_0^{β} 可以由平均应力 $\sigma_{\mathrm{m}}=0$ 的 S-N 曲线来确定，b' 可由 $\sigma_{\mathrm{m}} \neq 0$ 的 S-N 曲线确定出来。

对于两级加载条件，如果第一级加载其寿命为 N_{f_1}，由式(6.34)，那么在第一级加载下作用 n_1 所造成的损伤为

$$D_1 = 1-\left(1-\frac{n_1}{N_{f_1}}\right)^{\frac{1}{1-\alpha_1}} \tag{6.35}$$

利用损伤的等效性，即第一级载荷下作用 n_1 次造成的损伤等于在第二级载荷下作用 n_2' 所造成的损伤。因为

$$D_2 = 1-\left(1-\frac{n_2}{N_{f_2}}\right)^{\frac{1}{1-\alpha_2}} \tag{6.36}$$

则

$$D_1 = 1-\left(1-\frac{n_1}{N_{f_1}}\right)^{\frac{1}{1-\alpha_1}} = 1-\left(1-\frac{n_2'}{N_{f_2}}\right)^{\frac{1}{1-\alpha_2}} \tag{6.37}$$

整理上式得

$$1-\frac{n_2'}{N_{f_2}'} = \left(1-\frac{n_1}{N_{f_1}}\right)^{\frac{1-\alpha_2}{1-\alpha_1}} \tag{6.38}$$

即

$$\frac{n_2}{N_{f_2}} = \left(1-\frac{n_1}{N_{f_1}}\right)^{\frac{1-\alpha_2}{1-\alpha_1}} \tag{6.39}$$

上式即为两级加载条件下疲劳损伤累积模型。

如果加载在疲劳极限以上进行，由式(6.29)可知

$$\frac{1-\alpha_2}{1-\alpha_1}=\frac{\ln\left|(\Delta\sigma_1/2)^n-\sigma_{-1}(1-3b\sigma_{\mathrm{m}1})\right|}{\ln\left|(\Delta\sigma_2/2)^n-\sigma_{-1}(1-3b\sigma_{\mathrm{m}2})\right|} \tag{6.40}$$

当按高—低顺序加载时，即当 $\Delta\sigma_1/2>\Delta\sigma_2/2$ 时有

$$\frac{1-\alpha_2}{1-\alpha_1}>1,\quad \left(1-\frac{n_1}{N_{f_1}}\right)^{\frac{1-\alpha_2}{1-\alpha_1}}<1-\frac{n_1}{N_{f_1}}$$

则高—低两级加载损伤累积为

$$\frac{n_1}{N_{f_1}}+\frac{n_2}{N_{f_2}}<\frac{n_1}{N_{f_1}}+1-\frac{n_1}{N_{f_1}}=1 \tag{6.41}$$

即高—低两级加载，累积损伤小于 1。同理可证明，对低—高顺序加载，累积损伤大于 1。因而式(6.39)反映了损伤的非线性累积效应。当加载相同时，有

$$\alpha_1=\alpha_2$$

即

$$\frac{1-\alpha_2}{1-\alpha_1}=1$$

则式(6.39)为

$$\frac{n_2}{N_{f_2}}=1-\frac{n_1}{N_{f_1}} \tag{6.42}$$

即退化为 Miner 定理。

对于多级加载条件，同样根据损伤的等效性，将多级最终转化为两级来推导多级加载下的疲劳损伤累积公式。

设存在一多级载荷，根据式(6.35)，第一级载荷造成的损伤为

$$D_1=1-\left(1-\frac{n_1}{N_{f_1}}\right)^{\frac{1}{1-\alpha_1}}$$

从式(6.36)可以看出，在第一级作用$\frac{n_1}{N_{f_1}}$所造成的损伤相当于在第二级作用$\frac{n_2'}{N_{f_2}}$所造成的损伤，由式(6.38)得

$$\frac{n_2'}{N_{f_2}}=1-\left(1-\frac{n_1}{N_{f_1}}\right)^{\frac{1-\alpha_2}{1-\alpha_1}} \tag{6.43}$$

则两级时累积循环比为

$$\frac{n_2'}{N_{f_2}}+\frac{n_2}{N_{f_2}}=1-\left(1-\frac{n_1}{N_{f_1}}\right)^{\frac{1-\alpha_2}{1-\alpha_1}}+\frac{n_2}{N_{f_2}} \tag{6.44}$$

如只有两级加载，由于$n_1'+n_2=N_{f_2}$,则上式级可变为式(6.39)。

如果将第一级与第二级载荷作用所造成的损伤看成是相当于在第三级载荷下作用$\frac{n_3'}{N_{f_3}}$所造成的损伤，将式(6.44)代入式(6.33)中，则

$$1-\left[1-\left(\frac{n_2'}{N_{f_2}}+\frac{n_2}{N_{f_2}}\right)\right]^{\frac{1}{1-\alpha_2}}=1-\left(1-\frac{n_3'}{N_{f_3}}\right)^{\frac{1}{1-\alpha_3}}$$

即

$$1-\left\{1-\left[1-\left(1-\frac{n_1}{N_{f_1}}\right)^{\frac{1-\alpha_2}{1-\alpha_1}}+\frac{n_2}{N_{f_2}}\right]\right\}^{\frac{1}{1-\alpha_2}}=1-\left(1-\frac{n_3'}{N_{f_3}}\right)^{\frac{1}{1-\alpha_3}}$$

最后得

$$\frac{n_3'}{N_{f_3}}=1-\left\{1-\left[1-\left(1-\frac{n_1}{N_{f_1}}\right)^{\frac{1-\alpha_2}{1-\alpha_1}}+\frac{n_2}{N_{f_2}}\right]\right\}^{\frac{1-\alpha_3}{1-\alpha_2}} \tag{6.45}$$

则三级加载时累积循环比为

$$\frac{n_3'}{N_{f_3}}+\frac{n_3}{N_{f_3}}=1-\left\{1-\left[1-\left(1-\frac{n_1}{N_{f_1}}\right)^{\frac{1-\alpha_2}{1-\alpha_1}}+\frac{n_2}{N_{f_2}}\right]\right\}^{\frac{1-\alpha_3}{1-\alpha_2}}+\frac{n_3}{N_{f_3}} \tag{6.46}$$

如只有三级加载，即 $n_3'+n_3=N_{f_3}$,则损伤累积公式为

$$\frac{n_3}{N_{f_3}}=\left\{1-\left[1-\left(1-\frac{n_1}{N_{f_1}}\right)^{\frac{1-\alpha_2}{1-\alpha_1}}+\frac{n_2}{N_{f_2}}\right]\right\}^{\frac{1-\alpha_3}{1-\alpha_2}} \tag{6.47}$$

6.6.2　单向循环应力下的安全系数

1. 等幅平面应力下的安全系数

1) 对称循环

当循环应力比 $R=-1$，即应力幅 $\sigma_a\neq0$，平均应力 $\sigma_m=0$ 时，考虑构件尺寸的影响，表面状态的影响和应力集中的影响因素后，正应力情况下的安全系数为

$$n_\sigma=\frac{\sigma_{-1}}{\dfrac{K_\sigma}{\varepsilon\cdot\beta}\cdot\sigma_a} \tag{6.48}$$

剪应力情况下的安全系数为

$$n_\tau=\frac{\tau_{-1}}{\dfrac{K_\tau}{\varepsilon\cdot\beta}\cdot\tau_a} \tag{6.49}$$

上面两式中，K_σ、K_τ 分别为弯曲与扭转时的有效应力集中系数；ε 为尺寸系数；β 为表面系数。这些数据可查相关手册或文献资料。

2) 非对称循环

当循环应力不对称时，$R\neq-1$，即应力幅 $\sigma_a\neq0$，平均应力 $\sigma_m\neq0$ 时，要计算出危险点处的最大和最小应力，从而得到平均应力。在考虑构件尺寸的影响，表面状态的影响和应力集中的影响因素后，正应力和剪应力情况下的安全系数分别为

$$n_\sigma = \frac{\sigma_{-1}}{\dfrac{K_\sigma}{\varepsilon \cdot \beta} \cdot \sigma_{\mathrm{a}} + \psi_\sigma \sigma_{\mathrm{m}}} \tag{6.50}$$

$$n_\tau = \frac{\tau_{-1}}{\dfrac{K_\tau}{\varepsilon \cdot \beta} \cdot \tau_{\mathrm{a}} + \psi_\tau \sigma_{\mathrm{m}}} \tag{6.51}$$

其中，ψ 为平均应力影响系数，分别由下面的表达式计算：

$$\psi_\sigma = \frac{2\sigma_{-1} - \sigma_0}{\sigma_0} \tag{6.52}$$

$$\psi_\tau = \frac{2\tau_{-1} - \tau_0}{\tau_0} \tag{6.53}$$

其中，σ_{-1}、σ_0 分别为对称循环和脉动循环下的疲劳极限。

2. 变幅应力下的安全系数

利用线性疲劳损伤累积公式，将变幅应力等效成等幅应力，然后计算安全系数。

1) 对称变幅应力情况

根据 Miner 定理：

$$\sum \frac{n_i}{N_i} = 1$$

将上式分子分母同乘以 σ_i^m 得

$$\sum \frac{\sigma_i^m n_i}{\sigma_i^m N_i} = 1$$

其中，σ_i 为第 i 个应力水平；N_i 为在 σ_i 作用下破坏循环次数；m 为材料常数。

$$m = -\frac{\lg N_i}{\lg \sigma_i}$$

图 6.10 中，在 A 点，可得

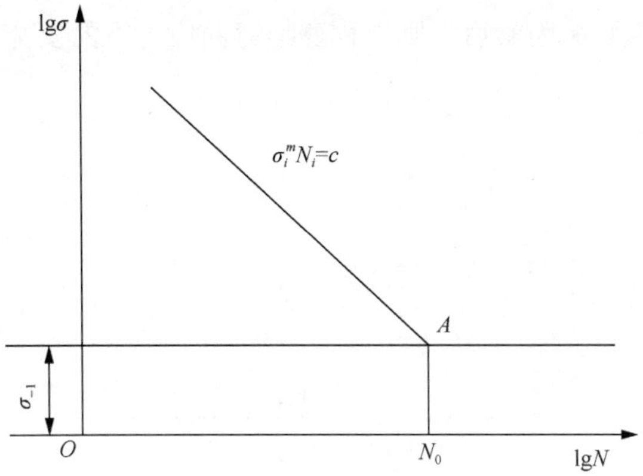

图 6.10　*S-N* 曲线示意图

$$\sum \frac{\sigma_i^m n_i}{\sigma_{-1}^m N_0} = 1$$

其中，N_0 为对应疲劳极限的循环数，即 10^7 。

上式变形后，有

$$\frac{1}{N_0} \sum \sigma_i^m n_i = \sigma_{-1}^m \tag{6.54}$$

即

$$\sqrt[m]{\frac{1}{N_0} \sum \sigma_i^m n_i} \leqslant \sigma_{-1} \tag{6.55}$$

把左式看成为当量应力 σ_{da}：

$$\begin{aligned} \sigma_{da} &= \sqrt[m]{\frac{1}{N_0} \sum \sigma_i^m n_i} \\ &= \sqrt[m]{\frac{N}{N_0} \sum (\frac{\sigma_i}{\sigma_{max}})^m \frac{N_i}{N}} \sigma_{max} \end{aligned} \tag{6.56}$$

其中，N 为总循环数。

则安全系数为

$$n = \frac{\sigma_{-1}}{\sigma_{da}} \tag{6.57}$$

考虑 K_σ、ε、β 影响因素后，则对称变幅弯曲应力下的安全系数为

$$\begin{aligned} n_\sigma &= \frac{\sigma_{-1}}{\dfrac{K_\sigma}{\varepsilon \cdot \beta}\sigma_{\rm da}} \\ &= \frac{\sigma_{-1}}{\dfrac{K_\sigma}{\varepsilon \cdot \beta}\sqrt[m]{\dfrac{1}{N_0}\sum \sigma_i^m n_i}} \\ &= \frac{\sigma_{-1}}{\dfrac{K_\sigma}{\varepsilon \cdot \beta}\sqrt[m]{\dfrac{N}{N_0}\sum\left(\dfrac{\sigma_i}{\sigma_{\max}}\right)^m \dfrac{n_i}{N}} \cdot \sigma_{\max}} \end{aligned} \tag{6.58}$$

同理，对称变幅扭转应力下的安全系数为

$$\begin{aligned} n_\tau &= \frac{\tau_{-1}}{\dfrac{K_\tau}{\varepsilon \cdot \beta}\tau_{\rm da}} \\ &= \frac{\tau_{-1}}{\dfrac{K_\tau}{\varepsilon \cdot \beta}\sqrt[m]{\dfrac{1}{N_0}\sum \tau_i^m n_i}} \\ &= \frac{\tau_{-1}}{\dfrac{K_\tau}{\varepsilon \cdot \beta}\sqrt[m]{\dfrac{N}{N_0}\sum\left(\dfrac{\tau_i}{\tau_{\max}}\right)^m \dfrac{n_i}{N}} \cdot \tau_{\max}} \end{aligned} \tag{6.59}$$

由于在一个载荷谱中，以最大应力为基准，每个应力水平与最大应力的比值、对应应力水平下的循环数与总循环数的比值可以从载荷谱中获得，因此为了简化计算，上述公式处理中，采用 $\dfrac{N}{N_0}$、$\dfrac{n_i}{N}$、$\dfrac{\sigma_i}{\sigma_{\max}}$、$\dfrac{\tau_i}{\tau_{\max}}$ 比值来计算安全系数。

2）非对称循环应力

不对称循环中的 $\sigma_{\rm a}$ 及 $\sigma_{\rm m}$ 可以转化为疲劳损伤效应与它相等的对称循环应力幅：

$$(\sigma_{\rm a})_{\rm d}=\sigma_{\rm a}+\psi_\sigma\sigma_{\rm m}$$

考虑 K、ε、β 后为

$$\begin{aligned} \sigma_{{\rm d}i} &= \left[\frac{K_\sigma}{\varepsilon \cdot \beta}(\sigma_{\rm a})_{\rm d}\right]_i \\ &= \left[\frac{K_\sigma}{\varepsilon \cdot \beta}\sigma_{\rm a} + \psi_\sigma \sigma_{\rm m}\right]_i \end{aligned} \tag{6.60}$$

由于上式 σ_{di} 中已考虑了 K、ε、β，则安全系数为

$$n_\sigma = \frac{\sigma_{-1}}{(\sigma_a)_d} = \frac{\sigma_{-1}}{\sqrt[m]{\dfrac{1}{N_0}\sum \sigma_{di}^m n_i}} = \frac{\sigma_{-1}}{\sqrt[m]{\dfrac{N}{N_0}\sum\left(\dfrac{\sigma_{di}}{\sigma_{d\max}}\right)^m \dfrac{n_i}{N}}\cdot \sigma_{d\max}} \tag{6.61}$$

$$n_\tau = \frac{\tau_{-1}}{\sqrt[m]{\dfrac{N}{N_0}\sum\left(\dfrac{\tau_{di}}{\tau_{d\max}}\right)^m \dfrac{n_i}{N}}\cdot \tau_{d\max}} \tag{6.62}$$

6.6.3　平面应力下的安全系数

1. 等幅时的安全系数

试验证明，金属结构材料在对称循环载荷下，其弯曲应力幅 σ_a 和扭转应力幅 τ_a 与其疲劳极限之间的关系式为一个椭圆方程，图 6.11 所示，其表达式为

$$\left(\frac{\sigma_a}{\sigma_{-1}}\right)^2 + \left(\frac{\tau_a}{\tau_{-1}}\right)^2 = 1 \tag{6.63}$$

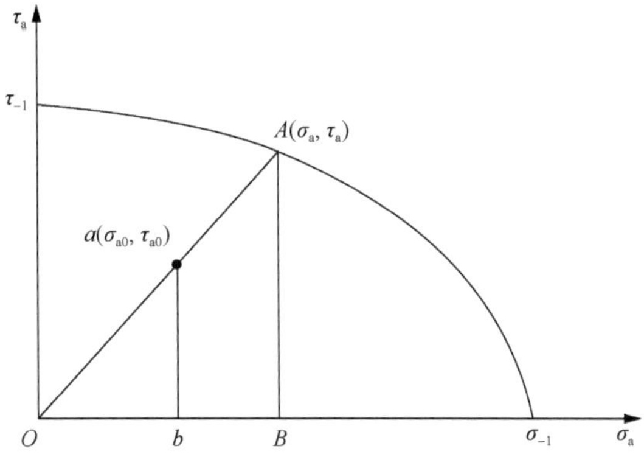

图 6.11　平面应力时疲劳极限图

其中，σ_a、τ_a 分别为对称循环弯曲和扭转下的应力幅。

上述方程式成立的条件是弯曲应力与扭转应力是同相变化的，即设计时以同相时的疲劳极限图为依据，这样的处理比不同相作用时的情况偏于安全。

1) 对称循环下

如零件工作应力在图上 a 点，其坐标值为 $a(\sigma_{a0},\tau_{a0})$，疲劳极限线上的 A 点坐标值为 $A(\sigma_a,\tau_a)$。由于 $\Delta oab \backsim \Delta OAB$，则工作安全系数：

$$n=\frac{OA}{o\mathrm{a}}=\frac{\tau_a}{\tau_{a0}}=\frac{\sigma_a}{\sigma_{a0}}$$

$$\tau_a=n\cdot\tau_{a0}$$

$$\sigma_a=n\cdot\sigma_{a0}$$

代入式(6.63)中得

$$\left(\frac{n\sigma_{a0}}{\sigma_{-1}}\right)^2+\left(\frac{n\tau_{a0}}{\tau_{-1}}\right)^2=1$$

即

$$\frac{n^2}{\left(\dfrac{\sigma_{-1}}{\sigma_{a0}}\right)^2}+\frac{n^2}{\left(\dfrac{\tau_{-1}}{\tau_{a0}}\right)^2}=1$$

令

$$n_\sigma=\frac{\sigma_{-1}}{\sigma_{a0}}$$

$$n_\tau=\frac{\tau_{-1}}{\tau_{a0}}$$

则

$$\frac{1}{n_\sigma^2}+\frac{1}{n_\tau^2}=\frac{1}{n^2}$$

安全系数表达式为

$$n=\frac{1}{\sqrt{\dfrac{1}{n_\sigma^2}+\dfrac{1}{n_\tau^2}}} \tag{6.64}$$

即为在对称循环平面应力状态下，等幅时的工作安全系数。

2) 非对称循环下

与单向应力处理方法相同，将非对称循环应力转化为对称循环应力的应力幅，即

$$n=\frac{1}{\sqrt{\frac{1}{n_\sigma^2}+\frac{1}{n_\tau^2}}}$$

其中

$$n_\sigma=\frac{\sigma_{-1}}{\frac{K_\sigma}{\varepsilon\cdot\beta}\sigma_{\mathrm{a}}+\psi_{\mathrm{a}}\sigma_{\mathrm{m}}} \tag{6.65}$$

$$n_\tau=\frac{\tau_{-1}}{\frac{K_\tau}{\varepsilon\cdot\beta}\tau_{\mathrm{a}}+\psi_{\mathrm{a}}\tau_{\mathrm{m}}} \tag{6.66}$$

2. 变应力幅时的安全系数 n_σ，n_τ

与单向应力中所用的原理相同，可将变幅应力的弯曲应力与扭转应力转化为等应力幅的当量弯曲应力与扭转应力。分别求得相应的弯曲应力安全系数和扭转应力的安全系数来得到弯扭合成的安全系数。则弯扭合成的安全系数为

$$n=\frac{1}{\sqrt{\left(\frac{1}{n_\sigma}\right)^2+\left(\frac{1}{n_\tau}\right)^2}} \tag{6.67}$$

其中，n_σ、n_τ分别为单向变幅弯曲和扭转应力下的安全系数。对称循环下分别为

$$\begin{aligned} n_\sigma&=\frac{\sigma_{-1}}{\frac{K_\sigma}{\varepsilon\cdot\beta}\sigma_{\mathrm{da}}}\\ &=\frac{\sigma_{-1}}{\frac{K_\sigma}{\varepsilon\cdot\beta}\sqrt[m]{\frac{N}{N_0}\sum\left(\frac{\sigma_i}{\sigma_{\max}}\right)^m\frac{n_i}{N}}\cdot\sigma_{\max}} \end{aligned} \tag{6.68}$$

$$n_\tau = \frac{\tau_{-1}}{\dfrac{K_\tau}{\varepsilon\cdot\beta}\tau_{da}} = \frac{\tau_{-1}}{\dfrac{K_\tau}{\varepsilon\cdot\beta}\sqrt[m]{\dfrac{1}{N_0}\sum\tau_i^m n_i}} = \frac{\tau_{-1}}{\dfrac{K_\tau}{\varepsilon\cdot\beta}\sqrt[m]{\dfrac{N}{N_0}\sum\left(\dfrac{\tau_i}{\tau_{max}}\right)^m\dfrac{n_i}{N}}\cdot\tau_{max}} \tag{6.69}$$

非对称循环下，将非对称循环中的应力幅及平均应力转化为疲劳损伤效应相等的对称循环应力幅，即

$$\sigma_{di} = \left[\frac{K_\sigma}{\varepsilon\cdot\beta}\sigma_a + \psi_\sigma\sigma_m\right]_i \tag{6.70}$$

$$\tau_{di} = \left[\frac{K_\tau}{\varepsilon\cdot\beta}\tau_a + \psi_\tau\tau_m\right]_i \tag{6.71}$$

$$n_\sigma = \frac{\sigma_{-1}}{\sqrt[m]{\dfrac{N}{N_0}\sum\left(\dfrac{\sigma_{di}}{\sigma_{d\max}}\right)^m\dfrac{n_i}{N}}\cdot\sigma_{d\max}} \tag{6.72}$$

$$n_\tau = \frac{\tau_{-1}}{\sqrt[m]{\dfrac{N}{N_0}\sum\left(\dfrac{\tau_{di}}{\tau_{d\max}}\right)^m\dfrac{n_i}{N}}\cdot\tau_{d\max}} \tag{6.73}$$

代入式(6.64)即可得到变幅时的非对称循环的安全系数。

6.6.4　常规疲劳设计中的寿命估算

1. 单向应力作用下的寿命估算方法

1)等幅应力下的寿命估算

等幅对称循环应力的寿命估算方法基础是利用材料或零件的 *S-N* 曲线来确定度量疲劳损伤，从而估算疲劳寿命。如果用材料的 *S-N* 曲线，首先要通过有限元法或实验应力分析方法确定零件危险点，然后求出危险点的应力幅 σ_a，考虑疲劳强度因素 K_σ、ε、β 后，求得对应于材料 *S-N* 曲线的应力水平 $\dfrac{K_\sigma}{\varepsilon\cdot\beta}\sigma_a$，

最后得到寿命 N。

等幅非对称情况可转化为等效的对称循环应力，然后用上述步骤来估算寿命。

如果用零件的 S-N 曲线，寿命估算步骤同上，但不考虑有效应力集中系数，尺寸系数和表面系数 K_σ、ε、β，即 σ_a 不用修正，可按零件的 S-N 曲线直接由应力水平 σ_a 求得寿命 N。

2) 变幅应力下的寿命估算

对于变幅应力下疲劳寿命估算，如果载荷谱中有超过疲劳极限的应力时，则按疲劳累积损伤理论进行寿命估算，即应用 Miner 定理：

$$\sum_{i=1}^{n}\frac{n_i}{N_i}=1$$

如果总寿命为 N，则上式变形为

$$N\cdot\sum\frac{1}{N_\mathrm{i}}\frac{n_i}{N}=1$$

得

$$N=\frac{1}{\sum\frac{1}{N_i}\cdot\frac{n_i}{N}} \tag{6.74}$$

其中，n_i 为第 i 个载荷下循环数；N_i 为在 σ_i 作用下，零件产生破坏的循环数。

$$\sum\frac{n_i}{N}=\frac{n_1}{N}+\cdots+\frac{n_n}{N}-1$$

$\frac{n_\mathrm{i}}{N}$ 可由载荷谱求得，具体方法参考文献[2]，N_i 可由 S-N 曲线求得，则可求得疲劳寿命 N。

2. 多向应力下的寿命估算

较常用的方法是将多向应力转化为单向应力，然后用前述的单向应力估算疲劳寿命的方法去计算寿命。

试验表明，变形能理论及最大切应力理论比较符合试验数据。由变形能强度理论，将多向应力转化为单向应力，一般多用变形能强度理论。

等效应力幅为

$$\sigma_{\mathrm{qa}} = \frac{1}{\sqrt{2}}\left[(\sigma_{\mathrm{a1}} - \sigma_{\mathrm{a2}}) + (\sigma_{\mathrm{a2}} - \sigma_{\mathrm{a3}}) + (\sigma_{\mathrm{a3}} - \sigma_{\mathrm{a1}})\right]^{\frac{1}{2}} \tag{6.75}$$

式中，σ_{a1}、σ_{a2}、σ_{a3} 为三个主应力。

等效平均应力采用 Sines 理论，即

$$\sigma_{\mathrm{am}} = \sigma_{\mathrm{m}x} + \sigma_{\mathrm{m}y} + \sigma_{\mathrm{m}z} \tag{6.76}$$

式中，$\sigma_{\mathrm{m}x}$、$\sigma_{\mathrm{m}y}$、$\sigma_{\mathrm{m}z}$ 分别为任意三个相垂直方向的平均应力。

求得等效应力幅和等效平均应力后，利用单向应力的方法估算寿命。

6.6.5 随机应力载荷下的疲劳寿命估算

随机应力载荷下的疲劳寿命估算首先要对应力载荷-时间历程进行循环计数，然后对所计数出的各个应力循环利用 *S-N* 曲线计算其所造成的损伤，最后用疲劳损伤累积理论计算其总疲劳损伤估算出寿命。

实际零件尺寸、应力集中、表面状态、残余应力以及所处的环境等条件的影响很大，因此零件的寿命估算必须考虑以上因素。预测寿命时需要将材料 *S-N* 曲线转换成零件的 *S-N* 曲线，然后按上述方法进行疲劳寿命估算。基于应力的随机载荷下的寿命预测顺序步骤如图 6.12 所示。

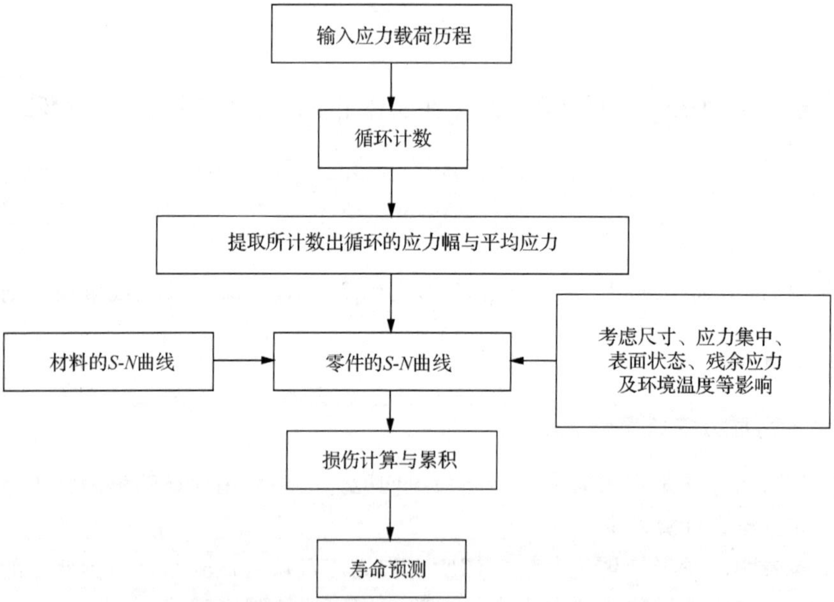

图 6.12 基于应力的随机载荷下疲劳寿命估算流程步骤

参 考 文 献

[1] 王德俊. 疲劳强度设计理论与方法. 沈阳：东北工学院出版社，1992.

[2] 徐灏. 疲劳强度. 北京：高等教育出版社，1988.

[3] Macro S M, Starkey M L. A concept of fatigue damage .Tras. ASME, 1954, 76: 627-632.

[4] Kachanov L M. Time of the rupture process under creep condition. TVZ Akad Nauk, S.S.R. Otd Tech, Nauk, 1958 : 8.

[5] Lemaitre J, Chaboche J L. A nonliner model of creep-fatigue damage cumulation and interaction. Proc, IUTAM, Symp of Mechanics of Viscoelastic Media and Bodies. Getheubury：Springer-Verlag, 1974.

[6] Lemaitre J, Chaboche J L. Mecanique des materiaux solides, Dunod, 1985 and Cambridge University Press,1990,（English Edition）.

[7] Shang DG , Yao WX. A nonlinear damage cumulative model for uniaxial fatigue. International Journal of Fatigue, 1999,21: 187-194.

第 7 章　基于应变的疲劳分析理论

基于应变的疲劳寿命预测理论与寿命估算方法是主要针对零件局部处于较大应变情况下的金属疲劳的定量分析方法。这种疲劳分析方法目前广泛应用于高应力作用下的工程零部件的寿命设计中。

7.1　材料的应变-寿命曲线

材料的应变-寿命曲线称为材料的 ε-N 曲线，它是以应变的形式来描述材料的抗疲劳性能。获得该曲线的方法是由一组材料和尺寸完全相同的试样，每个试样加不同的循环载荷，即试样产生不同的循环应变，直到循环破坏，记录破坏循环数 N 和循环应变幅 ε_{a} 即可得到一组应变和相应的破坏循环数数据。试验通常在应变控制下进行，即在恒幅控制总应变加载下进行疲劳试验。试验过程中，材料首先发生循环硬化或软化，可通过观测对应于加载应变的应力响应值的变化显示出来，然后材料通常会出现循环稳定的状态，即应力响应值基本不发生变化。在这个阶段，所测量出稳定的迟滞回线的应力和应变幅用于拟合材料的循环应力-应变曲线。最终应力响应值逐渐变小，标志着疲劳裂纹已经萌生。试件的疲劳寿命通常是基于对应于外载应变下的应力响应值下降 5%或者 10%时定义的，即这种应力响应值的下降说明已产生疲劳裂纹，以此时的循环数作为疲劳裂纹形成(萌生)寿命。

在确定循环应力应变与疲劳寿命之间的关系时，首先对光滑试样分别在不同的恒定对称应变幅下进行疲劳试验，分别测得对应的应力幅和循环的反复次数(半个循环)，然后在双对数坐标下绘出应力幅-反复(半循环)次数的关系图。可发现应力幅-反复次数在对数坐标下的关系是一条直线，如图 7.1 所示。需要注意的是，一个循环包含两个反复(半循环)，因此疲劳寿命(循环数)与反复次数是二倍的关系。如果疲劳寿命用 N_f 来表示，那么反复次数为 $2N_f$，即含有 $2N_f$ 个半循环。

应力幅和疲劳极限寿命之间的线性关系为

$$\lg\frac{\Delta\sigma}{2}=b\lg\left(2N_f\right)+\lg\left(\sigma_f'\right) \tag{7.1}$$

或写成

$$\frac{\Delta\sigma}{2}=\sigma_f'(2N_f)^b \tag{7.2}$$

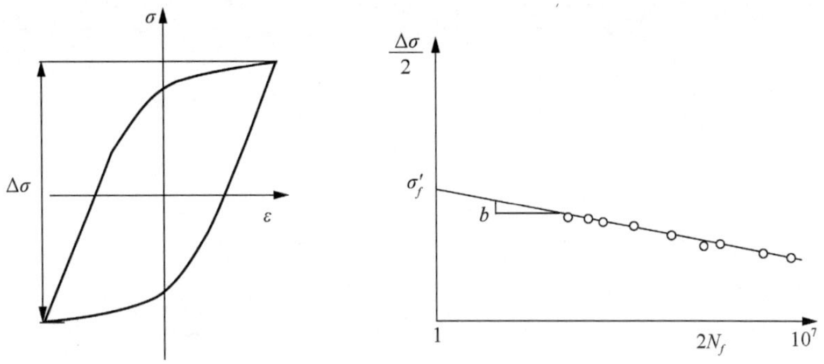

图 7.1　应变控制下应力幅与反复次数的关系

这种线性关系是由 Basquin 于 1910 年首先提出的[1]。图 7.1 中在 $2N_f=1$ 处的截距 σ'_f 是疲劳强度系数，直线的斜率 b 是疲劳强度指数(Basquin 指数)。

同理，应变幅与反复次数为 $2N_f$ 的关系曲线也可在双对数坐标下画出，如图 7.2 所示。

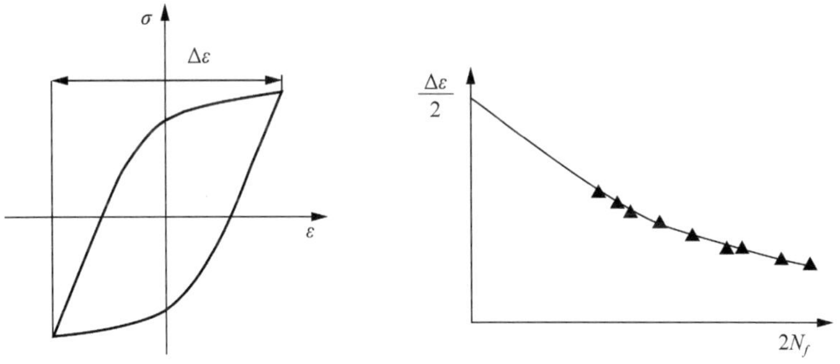

图 7.2　应变控制下应变幅与反复次数的关系

总应变是由弹性应变和塑性应变组成，应力范围与弹性应变范围的关系如下：

$$\Delta\varepsilon=\frac{\Delta\sigma}{E} \tag{7.3}$$

因为应力和弹性应变之间是线性关系，将式(7.3)代入应力-寿命关系式(7.2)可以得到，弹性应变和寿命在双对数坐标系下也是一条直线，斜率和图 7.3 所示的应力-寿命曲线的斜率相同。

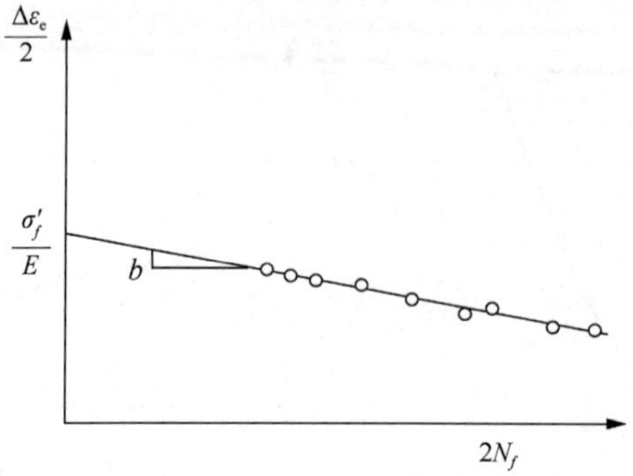

图 7.3　弹性应变幅与循环反复次数的关系

式(7.2)两边同除以弹性模量 E，可得

$$\frac{\Delta\varepsilon_e}{2}=\frac{\sigma_f'}{E}(2N_f)^b \tag{7.4}$$

Manson 和 Coffin 经研究发现，塑性应变幅和达到循环破坏的反复数 $2N_f$ 在双对数坐标系下也是一条直线，如图 7.4 所示，其表达式为

$$\frac{\Delta\varepsilon_p}{2}=\varepsilon_f'(2N_f)^c \tag{7.5}$$

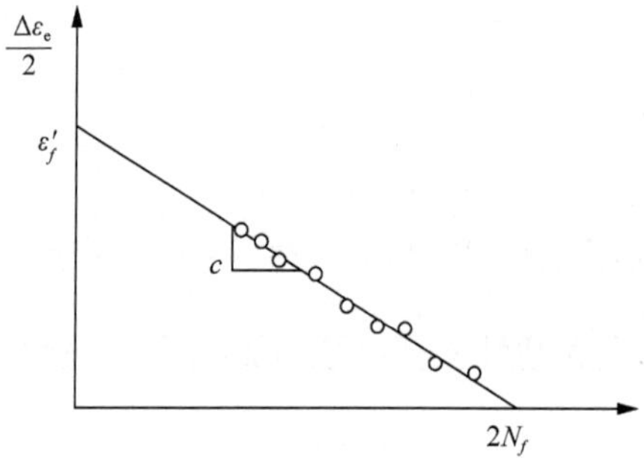

图 7.4　塑性应变幅与循环破坏反复次数的关系

总应变幅是弹性应变幅和塑性应变幅之和，即

$$\frac{\Delta\varepsilon}{2}=\frac{\Delta\varepsilon_e}{2}+\frac{\Delta\varepsilon_p}{2} \tag{7.6}$$

将式(7.4)和式(7.5)代入式(7.6)中，则可得到应变-寿命关系，称为 Manson-Coffin 方程，其数学表达式为

$$\frac{\Delta\varepsilon}{2}=\frac{\sigma_f'}{E}(2N_f)^b+\varepsilon_f'(2N_f) \tag{7.7}$$

其中，σ_f' 是疲劳强度系数；b 是疲劳强度指数；c 为疲劳塑性指数；ε_f' 为疲劳塑性系数($2N_f$=1 处的塑性应变幅)；E 为弹性模量；N_f为疲劳破坏时的循环数。

Manson-Coffin 方程的曲线图，如图 7.5 所示，图中 P 点为过渡疲劳寿命，以 N_{T} 表示。

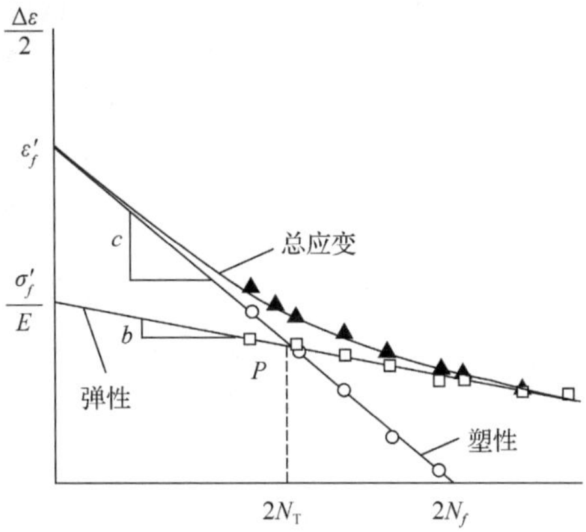

图 7.5　应变-寿命关系图

在 N_{T} 点，弹性应变幅与塑性应变幅相等，即 $\varepsilon_{\mathrm{e}}=\varepsilon_{\mathrm{p}}$。在 N_{T} 点左侧 $\varepsilon_{\mathrm{p}}>\varepsilon_{\mathrm{e}}$，塑性应变起主导作用。在 N_{T} 点右侧 $\varepsilon_{\mathrm{e}}>\varepsilon_{\mathrm{p}}$，弹性应变起主导作用。

Manson 对 29 种材料疲劳试验结果归纳后得弹性线斜率为–0.12，塑性线斜率为–0.6。从而获得对多种材料的通用经验公式：

$$\Delta\varepsilon=3.5\frac{\sigma_{\mathrm{b}}}{E}N^{-0.12}+\varepsilon_f^{0.6}N^{-0.6} \tag{7.8}$$

7.2　局部应变法估算疲劳裂纹形成寿命原理

1961 年 Neuber 提出的关于缺口件中名义应力应变与局部应力应变之间的关系，称为 Neuber 公式。结合 Coffin 和 Manson 先后提出的应变寿命方程逐步发展为估算零件裂纹形成寿命的方法，即局部应变法。这种方法在航空、汽车等领域的结构疲劳强度设计中得到了广泛的应用。

由应力集中引起的初始疲劳裂纹常常出现于像孔和缺口根部半圆等几何形状处。局部应力应变疲劳分析的基本思想是裂纹疲劳寿命是由应力集中处的局部循环应力应变决定的。如果将同样大小局部应力应变循环载荷施加于同一种材料的光滑试件时，二者的疲劳寿命是相同的，如图 7.6 所示。

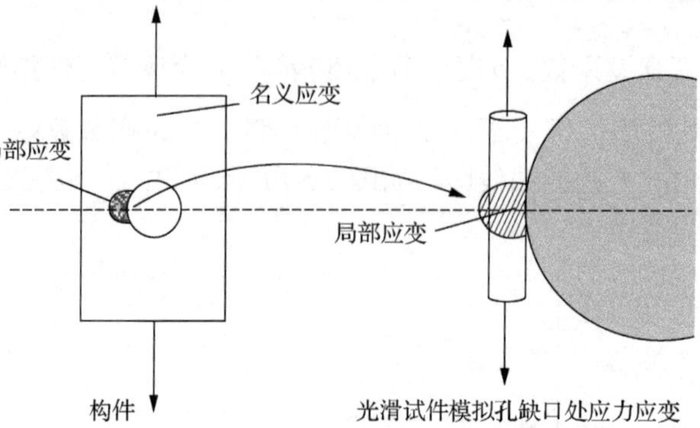

图 7.6 局部应变法估算疲劳形成寿命原理图

局部应变法的基本步骤是，首先根据材料的循环应力-应变曲线通过弹塑性有限元分析或 Neuber 法等其他方法将零件上的名义载荷谱转换成结构危险部位的局部应力应变谱(或通过实测测出)，然后借助于循环计数方法提取应变循环应变幅值和对应循环中的平均应力值，最后利用应变-寿命(ε - N)曲线及疲劳累积损伤方法预测出零件疲劳裂纹形成寿命。一般取缺口根部 0.5~1mm 长的裂纹为工程裂纹形成尺寸。

7.3 局部应力应变分析

当缺口局部出现屈服时，为了获得缺口应力集中部位的局部真实应力与应变，必须进行局部应力应变分析，此时弹性状态的应力应变计算方法已不再适用。确定局部应力应变可以用实测的方法来确定，如电测法、云纹法、光弹法及散斑法。使用最广的是电测法和云纹法。近似计算方法有 Neuber 法、线性应变法、疲劳缺口系数法、等效能量法等。也可以由循环弹塑性有限元分析方法来确定局部应力与应变，但对于较为复杂且划分单元较多的结构承受较长的载荷-时间历程情况，由于计算机计算弹塑性时间超长和存储容量有限，导致这种方法在实际应用中会受到限制。

7.3.1 Neuber 近似计算方法

1961 年，Neuber 提出(用切应力)弹塑性区通用的公式：

$$K_{\mathrm{t}} = (K'_{\sigma} K'_{\varepsilon})^{\frac{1}{2}} \tag{7.9}$$

其中，K_{t} 为理论应力集中系数；K'_{ε} 和 K'_{σ} 分别为缺口局部应力集中系数和应变集中系数，其表达式分别如下：

$$K'_{\sigma} = \frac{\sigma}{S} \tag{7.10}$$

$$K'_{\varepsilon} = \frac{\varepsilon}{e} \tag{7.11}$$

其中，σ 和 ε 分别为缺口局部真应力和真应变；S 和 e 分别为缺口局部名义应力和应变。

式(7.10)和式(7.11)代入式(7.9)中得

$$K_{\mathrm{t}}^2 = \frac{\sigma}{S}\frac{\varepsilon}{e}$$

即

$$\sigma \cdot \varepsilon = K_{\mathrm{t}}^2 \cdot S \cdot e$$

大多数情况下，名义应力、应变都在弹性范围内，即

$$e = \frac{S}{E}$$

则

$$\sigma \cdot \varepsilon = \frac{(K_{\mathrm{t}}S)^2}{E} \tag{7.12a}$$

当名义应力 S 给定时，$\dfrac{(K_{\mathrm{t}}S)^2}{E}$ 为一常数，称为 Neuber 常数，即

$$C = \frac{(K_{\mathrm{t}}S)^2}{E} \tag{7.12b}$$

其为一个双曲线方程。

由图 7.7 所示，根据循环应力应变关系：

$$\varepsilon_{\mathrm{a}} = \varepsilon_{\mathrm{e}} + \varepsilon_{\mathrm{p}} = \frac{\sigma_{\mathrm{a}}}{E} + \left(\frac{\sigma_{\mathrm{a}}}{K'}\right)^{\frac{1}{n'}}$$

写成幅值形式：

$$\frac{\Delta\varepsilon}{2} = \frac{\Delta\sigma}{2E} + \left(\frac{\Delta\sigma}{2K'}\right)^{\frac{1}{n'}} \tag{7.13}$$

其中，K'为循环强度系数；n'为循环应变硬化指数，可由实验确定。

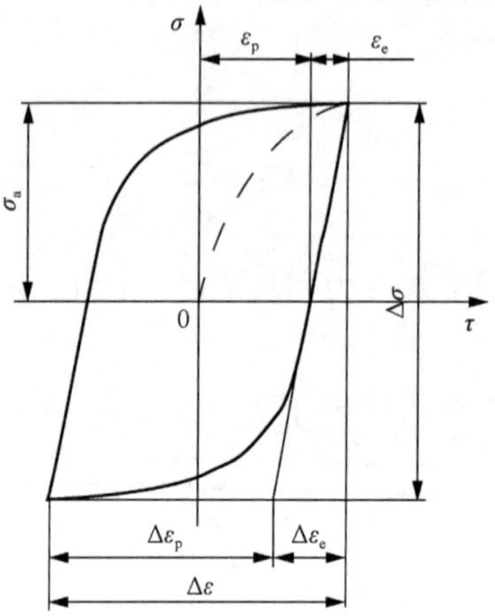

图 7.7　迟滞回线中的循环弹性和塑性应变分量

如果材料具有 Masing 效应，那么迟滞回线用放大一倍的循环应力-应变曲线来代替。

加载时，迟滞回线数学表达式为

$$\frac{\varepsilon-\varepsilon_{\mathrm{r}}}{2}=\frac{\sigma-\sigma_{\mathrm{r}}}{2E}+\left(\frac{\sigma-\sigma_{\mathrm{r}}}{2K'}\right)^{\frac{1}{n'}} \tag{7.14}$$

卸载时，迟滞回线数学表达式为

$$\frac{\varepsilon_{\mathrm{r}}-\varepsilon}{2}=\frac{\sigma_{\mathrm{r}}-\sigma}{2E}+\left(\frac{\sigma_{\mathrm{r}}-\sigma}{2K'}\right)^{\frac{1}{n'}} \tag{7.15}$$

其中，ε_{r}、σ_{r}分别为迟滞回线顶点的坐标。

已知 K_{t}、S、E，可得到 Neuber 双曲线方程，再结合循环 σ-ε 曲线，即利用式(7.14)或式(7.15)，可确定出局部应力应变值(图 7.8)。

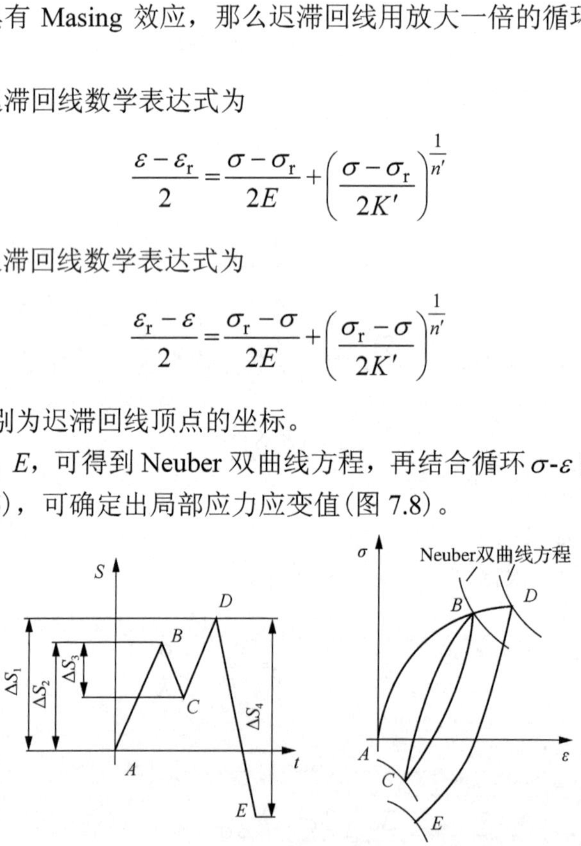

图 7.8　循环应力-应变曲线与 Neuber 法结合确定局部应力应变

7.3.2　修正的 Neuber 法

实验证明，用理论应力集中系数 K_t 所得到的 Neuber 双曲线方程会高估局部应力应变值。因此一些研究者建议用有效应力集中系数 K_f 代替理论应力集中系数 K_t 来确定局部应力应变值，则可得到修正 Neuber 法，即式(7.12a)可写成

$$\sigma \cdot \varepsilon = \frac{(K_f S)^2}{E} \tag{7.16}$$

有效应力集中系数 K_f 的确定可参考有关文献给出的方法来确定或直接由试验测出[2, 3]。

7.4　局部应变法估算疲劳裂纹形成寿命

7.4.1　局部应变法估算疲劳裂纹形成寿命的总体步骤

利用局部应变法估算疲劳裂纹形成寿命首先需要知道材料的疲劳特性，即材料的循环应力-应变曲线和应变-寿命曲线参数，然后借助于实测方法、Neuber 法、循环弹塑性有限元分析或其他工程近似方法对缺口进行应力应变分析，获取缺口危险点处的真实应力与应变值，经过循环计数后利用疲劳损伤模型计算每个循环所产生的疲劳损伤，最后累积疲劳损伤确定出裂纹形成寿命。估算寿命的具体流程见图 7.9。

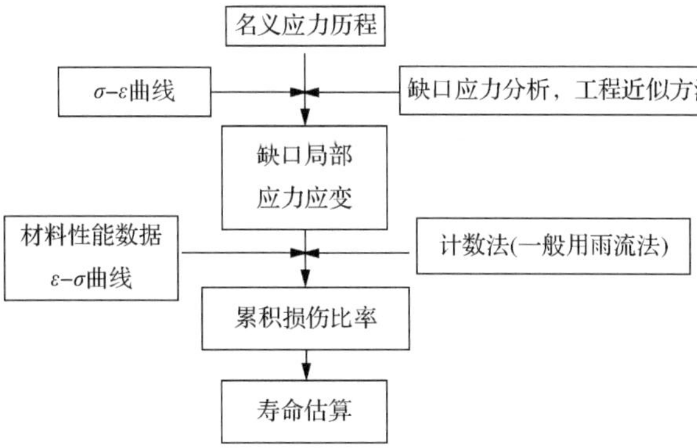

图 7.9　局部应变法估算疲劳裂纹形成寿命的流程

7.4.2　所需的材料疲劳性能参数

由前所述，不论用 Neuber 法还是用有限元法确定缺口局部应力应变时，都需

要材料的循环应力-应变曲线。此外，在计算每个循环所造成疲劳时，要用到材料的应变-寿命关系曲线，因此在用局部应变法估算疲劳寿命时，需要材料循环应力-应变曲线中的材料常数 K' 、n' 和材料应变-寿命曲线中的材料常数 σ'_f 、b、c、ε'_f 。这些材料常数可以通过材料的单周疲劳试验获得，当试验条件不具备时，也可以用近似估算方法获得。但这些常数决定着局部应力应变和损伤计算的精度，因此在具体寿命估算中，最好通过疲劳试验和精度较高的处理方法来获取。

7.4.3　循环计数

由于计算疲劳损伤时需要确定单一的全循环，因此需要使用循环计数方法将复杂的载荷-时间历程分解成一系列载荷全循环，计算出每个全循环的应变幅和平均应力，然后运用 Manson-Coffin 方程或其他损伤公式计算每个循环的损伤。目前多采用雨流技术计数方法对随机载荷-时间历程进行循环计数。

7.4.4　损伤计算

根据应变-寿命关系可以计算所提取出的全循环所造成的损伤。应变幅与寿命的关系，即 Manson-Coffin 方程为

$$\begin{aligned}\frac{\Delta\varepsilon}{2}&=\frac{\Delta\varepsilon_{\mathrm{e}}}{2}+\frac{\Delta\varepsilon_{\mathrm{p}}}{2}\\&=\frac{\sigma'_f}{E}(2N_f)^b+\varepsilon'_f(2N_f)^c\end{aligned}$$

将应变幅与寿命的关系分解成弹性和塑性部分得

$$\frac{\Delta\varepsilon_{\mathrm{e}}}{2}=\frac{\sigma'_f}{E}(2N_f)^b \tag{7.17}$$

$$\frac{\Delta\varepsilon_{\mathrm{p}}}{2}=\varepsilon'_f(2N_f)^c \tag{7.18}$$

在循环外载作用下，如果材料处于弹性变形范围，平均应力会对疲劳寿命有很大的影响。如果材料处于塑性变形范围，由于应力松弛效应，平均应力的影响则会大大减弱。Manson-Coffin 方程是在对称循环下获得的，因此当外载荷循环为非对称循环时，应当对其弹性部分进行修正。根据 Goodman 方程，有

$$\sigma_{\mathrm{a}}=\sigma_{\mathrm{r}}\left(1-\frac{\sigma_{\mathrm{m}}}{\sigma'_f}\right) \tag{7.19}$$

则等效到对称循环情况下的应力幅为

$$\sigma_{\mathrm{r}} = \sigma_{\mathrm{a}} \frac{\sigma'_f}{\sigma'_f - \sigma_{\mathrm{m}}} \tag{7.20}$$

其中，σ_{a} 为应力幅；σ_{m} 为该循环的平均应力；σ_{r} 为等效应力幅。

那么修正后的应变-寿命方程为

$$\frac{\Delta\varepsilon}{2} = \frac{\sigma'_f - \sigma_{\mathrm{m}}}{E}(2N_f)^b + \varepsilon'_f(2N_f)^c \tag{7.21}$$

即弹性应变-寿命方程修正为

$$\frac{\Delta\varepsilon_{\mathrm{e}}}{2} = \frac{\sigma'_f - \sigma_{\mathrm{m}}}{E}(2N_f)^b \tag{7.22}$$

根据上述不同的应变寿命关系式，可以得到不同的疲劳损伤参量，从而得到不同的损伤公式，较常用的有以下几种损伤公式。

1) Dowling 公式

1977 年被提出，以过渡疲劳寿命 N_{T} 为界，当 $\varepsilon_{\mathrm{p}} > \varepsilon_{\mathrm{e}}$ 时，以 ε_{p} 为损伤计算参量，则损伤公式为

$$\frac{1}{N_f} = 2\left(\frac{\varepsilon'_f}{\varepsilon_{\mathrm{p}}}\right)^{\frac{1}{c}} \tag{7.23}$$

$\varepsilon_{\mathrm{e}} > \varepsilon_{\mathrm{p}}$ 时，以 ε_{e} 为损伤计算参量，则损伤公式为

$$\frac{1}{N_f} = 2\left(\frac{\sigma'_f}{E\varepsilon_{\mathrm{e}}}\right)^{\frac{1}{b}} \tag{7.24}$$

考虑平均应力的影响：

$$\frac{1}{N_f} = 2\left(\frac{\sigma'_f - \sigma_{\mathrm{m}}}{E\varepsilon_{\mathrm{e}}}\right)^{\frac{1}{b}} \tag{7.25}$$

2) Landgraf 公式

该方法认为损伤由 $\Delta\varepsilon_{\mathrm{e}}$ 和 $\Delta\varepsilon_{\mathrm{p}}$ 的比值来控制，则由式(7.18)和式(7.17)得

$$\frac{1}{N} = 2\left(\frac{\sigma'_f \Delta\varepsilon_{\mathrm{p}}}{E\varepsilon'_f \Delta\varepsilon_{\mathrm{e}}}\right)^{\frac{1}{b-c}} \tag{7.26}$$

考虑平均应力的影响：

$$\frac{1}{N}=2\left(\frac{\sigma'_f \Delta\varepsilon_{\mathrm{p}}}{E\varepsilon'_f \Delta\varepsilon_{\mathrm{e}}}\cdot\frac{\sigma'_f}{\sigma'_f-\sigma_{\mathrm{m}}}\right)^{\frac{1}{b-c}} \tag{7.27}$$

3) Smith 公式 (Smith-Watson-Topper 公式)

该方法用 $\sigma_{\max}\Delta\varepsilon$ 作为损伤计算参量，反映了平均应力的影响：

$$\sigma_{\max}\Delta\varepsilon=\frac{2\sigma'^{2}_f}{E}(2N_f)^{2b}+2\sigma'_f\varepsilon'_f(2N_f)^{b+c} \tag{7.28}$$

对于以上损伤计算公式，在计算损伤中具体使用哪种，目前并没有一致的观点，可根据实际情况比较后选择。

7.4.5 损伤累积

由于线性累积损伤法比较简单适用，工程中通常应用 Miner 法则来累积疲劳损伤，即认为损伤可以线性累加，当损伤累积值达到时，即认为疲劳破坏：

$$\sum_{i=1}^{n}\frac{n_i}{N_i}=1 \tag{7.29}$$

相比于基于应力的寿命预测方法，局部应变法的主要优缺点总结如下：

(1) 能够直接考虑塑性应变的影响。由于材料的塑性变形是产生疲劳损伤的主要因素，因此在高载荷水平下直接利用局部塑性应变计算疲劳损伤会得到更为准确的寿命预测结果。

(2) 能够考虑载荷顺序的影响。缺口件应力集中部位在大的拉伸载荷作用下会产生残余压应力，而在大的压缩载荷作用下会产生残余拉应力。残余应力会改变后续小载荷下的应力状态，从而对疲劳寿命产生影响。局部应变法能够较为真实反映上述载荷顺序特性，使寿命预测结果更符合实际。

(3) 局部应变法是在单轴应力状态基础上建立起来的方法，而实际工程零件危险部位大多数处于多轴应力状态[4]，因此该方法在多轴载荷下需要进一步完善。

(4) 局部应变法所用的应变-寿命曲线是在试验室中用标准光滑试件获得的，在用于实际零件寿命预测时没有进行修正，会导致在估算长寿命时会出现较大误差的现象。因此用局部应变法时，应该类似于基于应力法那样，考虑各种影响因素对应变-寿命曲线进行修正。

例题 7.1：试计算某零件在承受图 7.10 所示的局部应变时间历程中所产生的疲劳损伤[5]。已知应变时间历程中各峰谷应变值为表 7.1 所示。

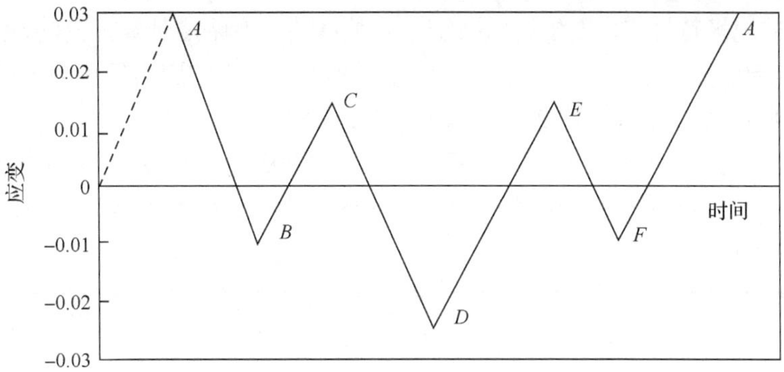

图 7.10　局部应变-时间历程

表 7.1　应变-时间历程中的峰谷值

点	应变	点	应变
A	0.003	*D*	–0.0025
B	–0.001	*E*	0.0014
C	0.0014	*F*	–0.001

零件材料为 SAE1045 钢，其材料低周疲劳性能参数为：$\sigma_f' = 948\text{MPa}$，$b = -0.092$，$K' = 1258\text{MPa}$，$E = 202000\text{MPa}$，$\varepsilon_f' = 0.26$，$c = -0.445$，$n' = 0.208$。

解：

由图 7.10 可知，*A* 点的应变为 0.003，利用循环应力-应变曲线方程，即式(7.13)：

$$\frac{\Delta\varepsilon}{2} = \frac{\Delta\sigma}{2E} + \left(\frac{\Delta\sigma}{2K'}\right)^{\frac{1}{n'}}$$

通过迭代计算，得到对应 *A* 点的应力值为 321.1MPa。

以迟滞回线曲线以 *A* 点为起始点，*A* 到 *B* 的应变幅度为 0.003–(–0.001)=0.004。同理通过循环应力-应变曲线方程迭代计算，得到 *A* 到 *B* 的应力幅度为 546.3MPa。因此 *B* 点的应力为(321.1–546.3)MPa = –225.2MPa，如图 7.11 所示。

B 点到 *C* 点的应变幅为–0.001+0.0014=0.0024，在以 *B* 点为起点的迟滞回线曲线上，这表示 *B* 点到 *C* 点的应力幅度为 415.1MPa。*C* 点的应力为(–225.2+415.1) MPa=189.9MPa。

由于 *C*—*D* 的应变幅度大于 *B*—*C* 的应变幅度，因此 *C* 点到 *D* 点的历程并不处于一条迟滞回线上，即不能把 *C*—*D* 间的应变范围直接代入循环应力-应变曲线方程来求 *D* 点的应力值。循环 *B*—*C* 的应变幅度 0.0024，*C* 点的最大应力为 189.9MPa。

根据材料的记忆特性，D 点的应力应通过 A 到 D 的应变幅度计算。应变幅度为 0.003 –(–0.0025)=0.0055。在由 A 点开始的迟滞回线上，A 点的应力幅度为 622.2MPa，那么 D 点的应力为(321.1–622.2) MPa= –301.1MPa。

D 点到 E 点的应变幅度为–0.0025–0.0014=0.0039。在以 D 点为起始点的迟滞回线曲线上，这表示 D 点应力幅度 540.1MPa，因此 E 点的应力为(–301.1+540.1) MPa=239MPa。

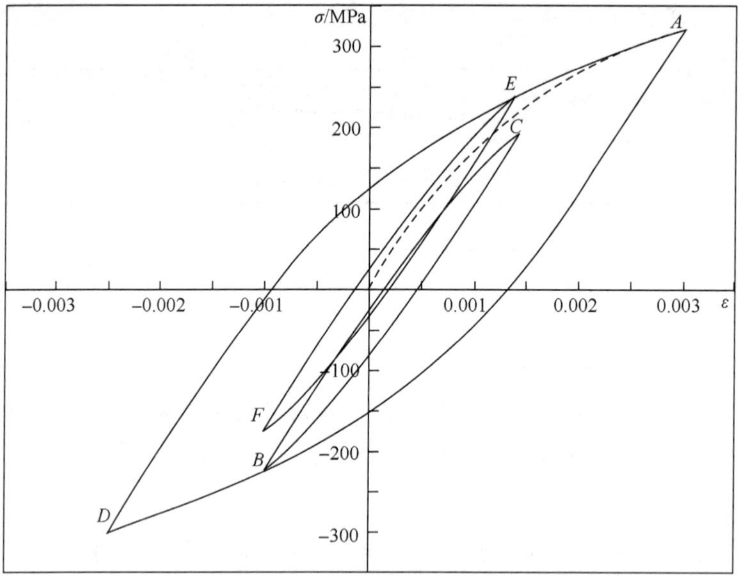

图 7.11 局部应力应变响应解

E 点到 F 点的应变幅度为 0.0014–(–0.001)=0.0024。在以 E 点为起始点的迟滞回线曲线上，应力幅度为 415.1MPa，F 点的应力为(239.1–415.1) MPa= –176MPa。

从 F 点到 A 点的应变曲线闭合了 E—F 环，它的应变幅度为 0.0024，最大应力为 E 点 239.1MPa。根据材料的记忆特性，A 点的应力可通过以 D 点为起始点的迟滞回线计算，D 点到 A 点的应变幅度是 0.0055，A 点的应力为 321.1MPa。载荷-时间历程中的最大闭合环为 A—D—A。其应变幅度 0.0055，A 点的最大应力为 321.1MPa。

所形成的三个循环如图 7.11 所示，承受此局部应变历程零件的疲劳损伤可以通过 Manson-Coffin 应变-寿命关系式或者平均应力修正 Smith-Watson-Topper 公式来计算。通过 Manson-Coffin 关系式迭代运算得到的结果如表 7.2 所示，其裂纹形成均值寿命为 $1/(1.170\times10^{-5})$=85500 块，即这个应变载荷-时间历程重复加载 85500 回后零件疲劳破坏。而通过 Smith-Watson-Topper 公迭代运算得到的结果如表 7.3 所示，其裂纹形成均值寿命为 $1/(1.273\times10^{-5})$=78500 块。

表 7.2　基于 Manson-Coffin 应变-寿命关系式的损伤计算结果

封闭环	应变 $\Delta\varepsilon$	$2N_f$	损伤 $1/N_f$
B—C	0.0024	1.437×10^{7}	1.392×10^{-7}
E—F	0.0024	1.437×10^{7}	1.392×10^{-7}
A—D	0.0055	1.751×10^{5}	1.142×10^{-3}
		总损伤	1.170×10^{-5}

表 7.3　基于 Smith-Watson-Topper 关系式的损伤计算结果

封闭环	$\sigma_{\max}\Delta\varepsilon/2$	$2N_f$	损伤 $1/N_f$
B—C	189.9×0.0012	2.135×10^{7}	9.366×10^{-8}
E—F	239×0.0012	8.012×10^{6}	2.496×10^{-7}
A—D	321.1×0.00275	1.614×10^{5}	1.239×10^{-5}
		总损伤	1.273×10^{-5}

通过以上例子可以发现，两个应变点 C 和 E 有相同的局部应变值，但具有不同的最大应力(C 点应力 189.9MPa，E 点应力值为 239MPa)，这在应变-时间历程图中是反映不出来的，但在迟滞回线中可以清楚表现出来(图 7.11)。

循环 B—C 和 E—F 有相同的应变幅度，应变-寿命分析计算时两者有相同的损伤。而考虑平均应力修正时，循环 E 到 F 损伤较大。由图 7.11 可看出，循环 B—C 有一个正的平均应变，但却有一个负的平均应力。因此，最大应变值前后的小循环的平均应力是不同的，导致损伤也不同。

参 考 文 献

[1] Basquin O H. The exponential law of endurance tests. ASTM Proc., 1910, 10:625-630.

[2] 王德俊. 疲劳强度设计理论与方法. 沈阳: 东北工学院出版社, 1992.

[3] 徐灏. 疲劳强度. 北京: 高等教育出版社, 1988.

[4] 尚德广, 王德俊. 多轴疲劳强度. 北京: 科学出版社, 2007.

[5] Fatigue Theory Reference Manual. Safe Technology Limited, 2002.

第 8 章　疲劳裂纹扩展寿命的估算

结构零部件在交变载荷的作用下，由于材料中的损伤积累，会产生疲劳裂纹。随着裂纹扩展后的长度增加，裂纹会造成更大的应力集中，与此同时裂纹扩展速率也会增大，导致结构的强度减小。最后，当结构的强度不足以承受最大载荷时，就会发生疲劳破坏。因此零件的疲劳总寿命 N 等于裂纹形成寿命 N_i 和裂纹扩展寿命 N_p 之和，即

$$N = N_i + N_p \tag{8.1}$$

根据应力和寿命关系的 S-N 曲线，可以看出，材料的屈服强度和抗拉强度越高，疲劳寿命应该越长。但采用高强度材料后，发现结构疲劳断裂现象反而增多。经过大量的研究表明，脆性断裂事故均是由宏观裂纹扩展引起的。在实际零构件中，这种以微裂纹、夹杂、气孔、疏松、未焊透等形式表现出来的裂纹可能是由冶金、铸造、锻造和焊接引起的，也可能是在加工过程中或热处理过程中产生的，往往难以避免。

在传统的连续介质力学中，认为材料是均匀的，连续的，而断裂力学认为材料或零件中存在着裂纹或类似裂纹的缺陷。当外载作用时，裂纹尖端附近会产生弹性应力场，这样的应力场可以用被称为应力强度因子 K 的参数来描述。当应力强度因子达到临界值 K_c 时，裂纹达到了扩展的临界尺寸，零件就发生脆性断裂。

当裂纹尺寸小于临界裂纹尺寸，则在循环载荷作用下裂纹尺寸逐渐增大，直到裂纹达到临界尺寸时才产生断裂。初始裂纹尺寸扩展到临界裂纹尺寸的所承受循环数被称为疲劳裂纹扩展寿命。如果用应力强度因子与裂纹扩展寿命建立关系，则可以预测疲劳裂纹扩展寿命。

8.1　应力强度因子

1. 裂纹的三种基本类型

根据受力情况，裂纹可以分为 I 型、II 型和III型三种类型。I 型是张开型裂纹，II 型是由平面内剪切所造成的滑开型裂纹，III型由平面外剪切所造成的撕开型裂纹。三种类型的裂纹受力情况如图 8.1 所示，I 型张开型裂纹是受垂直于裂纹面的拉力的作用，II 型滑开型裂纹是受平行于裂纹面而垂直于裂纹前缘的剪应力的作用，III型撕开型裂纹受既平行于裂纹面又平行于裂纹前缘的剪应力的作用。

大多数的问题都以用以上一种或者几种组合形式，但Ⅰ型裂纹是实际分析中最常见到的类型，其应力强度因子用 K_I 表示，断裂韧性用 K_{IC} 表示。

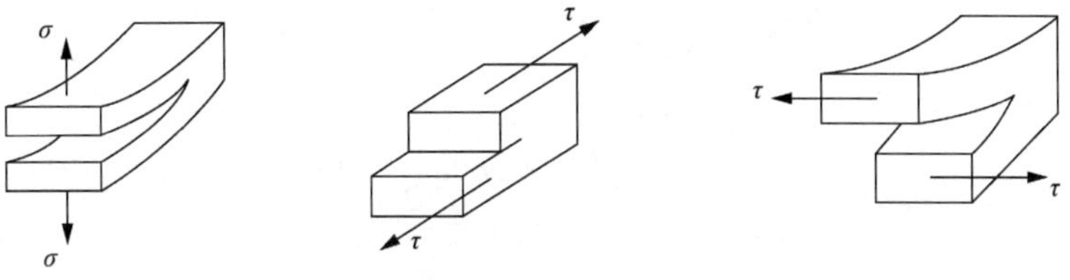

图 8.1　裂纹的三种基本类型

2. 应力强度因子

一无限大板，中心裂纹有长 $2a$ 穿透裂纹，如图 8.2 所示，板边受二向均匀应力 σ 作用，其中的裂纹属于Ⅰ型裂纹，裂纹尖端 A 点的应力场与应变场为

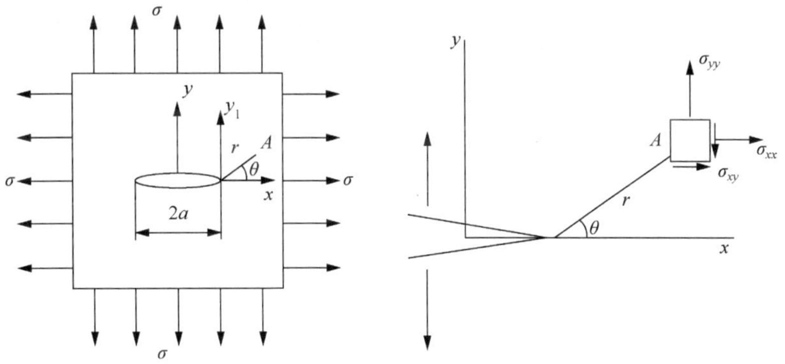

图 8.2　裂纹尖端的应力

$$\sigma_x = \frac{K_I}{\sqrt{2\pi r}}\cos\frac{\theta}{2}\left(1-\sin\frac{\theta}{2}\sin\frac{3\theta}{2}\right) \tag{8.2}$$

$$\sigma_y = \frac{K_I}{\sqrt{2\pi r}}\cos\frac{\theta}{2}\left(1+\sin\frac{\theta}{2}\sin\frac{3\theta}{2}\right) \tag{8.3}$$

$$\tau_{xy} = \frac{K_I}{\sqrt{2\pi r}}\sin\frac{\theta}{2}\cos\frac{\theta}{2}\cos\frac{3\theta}{2} \tag{8.4}$$

$$\tau_{xz} = \tau_{yz} = 0 \tag{8.5}$$

$$\sigma_z = 0 \quad \text{（平面应力情况）} \tag{8.6}$$

$$\sigma_z=\mu(\sigma_x+\sigma_y) \quad \text{（平面应变情况）} \tag{8.7}$$

$$u=\frac{K_{\mathrm{I}}}{4G}\sqrt{\frac{r}{2\pi}}\left[(2k-1)\cos\frac{\theta}{2}-\cos\frac{3\theta}{2}\right] \tag{8.8}$$

$$v=\frac{K_{\mathrm{I}}}{4G}\sqrt{\frac{r}{2\pi}}\left[(2k+1)\sin\frac{\theta}{2}-\sin\frac{3\theta}{2}\right] \tag{8.9}$$

$$w=0 \quad \text{（平面应变情况）} \tag{8.10}$$

$$w=-\int\frac{\mu}{E}(\sigma_x+\sigma_z)\mathrm{d}z \quad \text{（平面应力情况）} \tag{8.11}$$

其中，r、θ 为裂尖附近点的极坐标；u、v、w 为位移分量；σ_x、σ_y、σ_z、τ_{xy}、τ_{yz}、τ_{xz} 为应力分量；G 为剪切弹性模量；μ 为泊松比；E 为弹性模量。

$$k=\begin{cases}3-4\mu & \text{（平面应变情况）}\\ \dfrac{3-4\mu}{1+\mu} & \text{（平面应力情况）}\end{cases} \tag{8.12}$$

从上面的式子可见，裂尖附近的应力场和应变场都可以用应力强度因子 K_{I} 来确定。K_{I} 反映了裂纹尖端附近区域的应力场和应变场的强弱程度，用它代表应力场的强度的物理量，其表达形式如下：

$$K_{\mathrm{I}}=Y\sigma\sqrt{\pi a} \tag{8.13}$$

其中，σ 为名义应力；a 为裂纹尺寸；Y 为形状系数。K_{I} 单位为 $\mathrm{MPa}\sqrt{\mathrm{m}}$ 或 $\mathrm{N/m}^{\frac{3}{2}}$。

8.2 断裂韧性与断裂判据

1. 断裂判据

在裂纹尖端，由于应力趋于无穷大，无法用其建立强度判据。而应力强度因子是一个代表应力场强度的有限量，因此用其建立强度判据是合理的。

由于工程中 I 型裂纹最危险，用其建立的断裂判据为

$$K_{\mathrm{I}}\leqslant K_{\mathrm{IC}} \tag{8.14}$$

其中，K_{IC} 为材料平面应变断裂韧性，表示材料裂纹尖端的 K_{I} 达到某一临界值 K_{IC} 时，就失稳扩展。

2. 断裂韧性与厚度的关系

板的厚度较薄时，裂纹尖端处于平面应力状态，裂纹不易扩展，所以其断裂韧性值 K_C 较高，一般用 K_C 表示平面应力的断裂韧性。如图 8.3 所示，当厚度增加，裂尖逐渐变成平面应变状态，形成三向拉应力状态，使材料变脆，造成断裂韧性降低。当在某一厚度值时达到最低值，称为平面应变断裂韧性 K_{IC}。由于 K_{IC} 是 K_C 的下限值，所以用 K_{IC} 建立判据是偏于安全的。

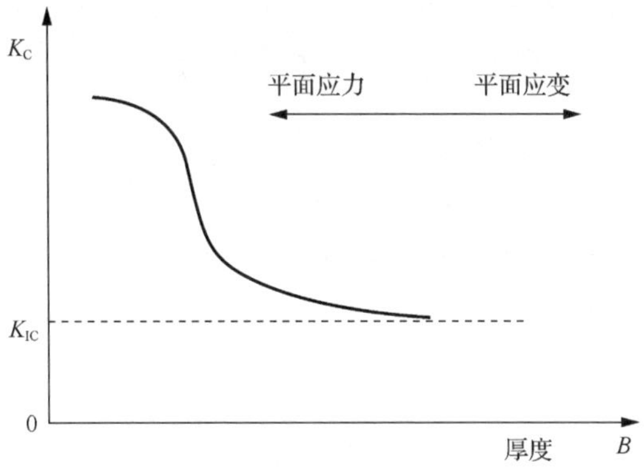

图 8.3　断裂韧性与厚度的关系

3. 复合型判据

对于Ⅰ-Ⅱ复合型，其判据为

$$K_{\mathrm{I}} + K_{\mathrm{II}} = K_{\mathrm{IC}} \tag{8.15}$$

对于Ⅰ-Ⅲ复合型，其判据为

$$\sqrt{K_{\mathrm{I}}^2 + \frac{K_{\mathrm{III}}^2}{1-2\mu}} = K_{\mathrm{IC}} \tag{8.16}$$

对于Ⅰ-Ⅱ-Ⅲ复合型，判据为

$$\sqrt{(K_{\mathrm{I}} + K_{\mathrm{II}})^2 + \frac{K_{\mathrm{III}}^2}{1-2\mu}} = K_{\mathrm{IC}} \tag{8.17}$$

其中，μ 为泊松比。

8.3　裂纹尖端塑性区尺寸及 K_{I} 的塑性修正

应力强度因子所建立脆性判据，仅适用于理想的线弹性体，实际上裂尖会出现塑性区(或屈服区)，当塑性区远小于裂纹尺寸的情况下(小范围屈服)，K_{I} 应加以修正，仍可用脆性判据。

1. 塑性区尺寸大小的确定

平面应力下，裂尖屈服区边界的极坐标方程为

$$r=\frac{K_{\mathrm{I}}^2}{2\pi\sigma_{\mathrm{s}}^2}\cos^2\left(\frac{\theta}{2}\right)\left[1+3\sin^2\left(\frac{\theta}{2}\right)\right] \tag{8.18}$$

由上式所画出裂纹尖端塑性区形状和尺寸，如图 8.4 所示的实线，曲线上各点相当于应力等屈服极限。

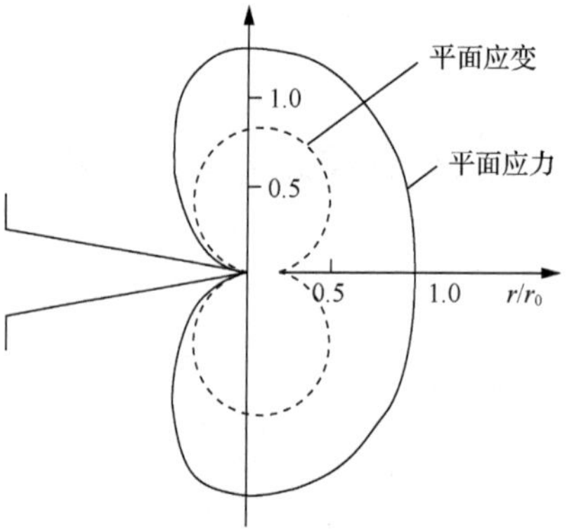

图 8.4　裂纹尖端塑性区形状和尺寸示意图

当 $\theta=0$ 时，$r=r_0$，

$$r_0=\frac{K_{\mathrm{I}}^2}{2\pi\sigma_{\mathrm{s}}^2} \tag{8.19}$$

平面应变下，裂尖屈服区边界的极坐标方程为

$$r=\frac{K_{\mathrm{I}}^2}{2\pi\sigma_{\mathrm{s}}^2}\cos^2\left(\frac{\theta}{2}\right)\left[(1-2\mu)^2+3\sin^2\left(\frac{\theta}{2}\right)\right] \tag{8.20}$$

由上式所画出裂纹尖端塑性区形状和尺寸，如图 8.4 所示中的虚线，曲线上各点相当于应力等于屈服极限。

当 $\theta = 0$ 时，$r=r_0$，取 $\mu = 0.3$，

$$r_0 = 0.16 \frac{K_{\mathrm{I}}^2}{2\pi\sigma_{\mathrm{s}}^2} \tag{8.21}$$

可见平面应力下的塑性尺寸比平面应变状态下要大得多。原因是平面应变状态下，沿厚度方向产生的拉应力，使之在三拉伸应力状态下，材料不易屈服而变脆。

如果取一厚板为研究对象，可以发现厚度中心约束大，处于平面应变状态；表面约束极小，处于平面应力状态，其裂纹尖端塑性区沿厚板厚度方向的变化见图 8.5。

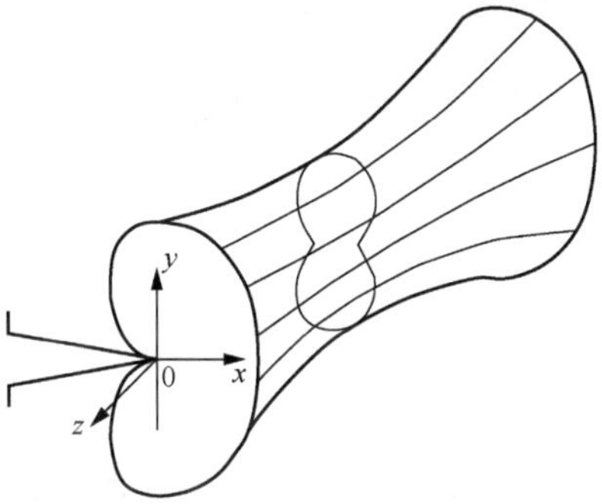

图 8.5　裂纹尖端塑性区沿厚板厚度方向的变化示意图

2. 塑性变形后引起应力松弛后的塑性区尺寸

平面应力情况下，应力松弛后，$\theta = 0$ 时，塑性区的尺寸为

$$R = \frac{K_{\mathrm{I}}^2}{\pi\sigma_{\mathrm{s}}^2} = 2r_0 \tag{8.22}$$

即塑性区的尺寸扩大了一倍，是原来的二倍。

平面应变情况下，应力松弛后，$\theta = 0$ 时，塑性区的尺寸为

$$R = \frac{K_{\mathrm{I}}^2}{\pi\sigma_{\mathrm{s}}^2}(1-2\mu)^2 = 2r_0 \tag{8.23}$$

可以看出即无论是在平面应力还是在平面应变状态下，考虑塑性区松弛影响，塑性区尺寸都扩大了一倍。

3. 考虑塑性区的影响时的应力强度因子修正

平面应力情况下：

$$K_{\mathrm{I}}=\frac{Y\sigma\sqrt{\pi a}}{\sqrt{1-\frac{Y^2}{2}\left(\frac{\sigma}{\sigma_{\mathrm{s}}}\right)^2}} \tag{8.24}$$

扩大系数为$\dfrac{1}{\sqrt{1-\frac{Y^2}{2}\left(\frac{\sigma}{\sigma_{\mathrm{s}}}\right)^2}}$。

平面应变情况下：

$$K_{\mathrm{I}}=\frac{Y\sigma\sqrt{\pi a}}{\sqrt{1-\frac{Y^2}{4\sqrt{2}}\left(\frac{\sigma}{\sigma_{\mathrm{s}}}\right)^2}} \tag{8.25}$$

扩大系数为$\dfrac{1}{\sqrt{1-\frac{Y^2}{4\sqrt{2}}\left(\frac{\sigma}{\sigma_{\mathrm{s}}}\right)^2}}$。

8.4　疲劳裂纹扩展速率

疲劳裂纹扩展分为三个阶段，即微裂纹扩展阶段、宏观裂纹扩展阶段和最后失稳扩展阶段，对应疲劳裂纹扩展区为Ⅰ区、Ⅱ区和Ⅲ区，如图 8.6 所示。Ⅰ区为裂纹门槛区，裂纹不扩展或扩展速率很低；Ⅱ区为疲劳裂纹的亚临界扩展区；

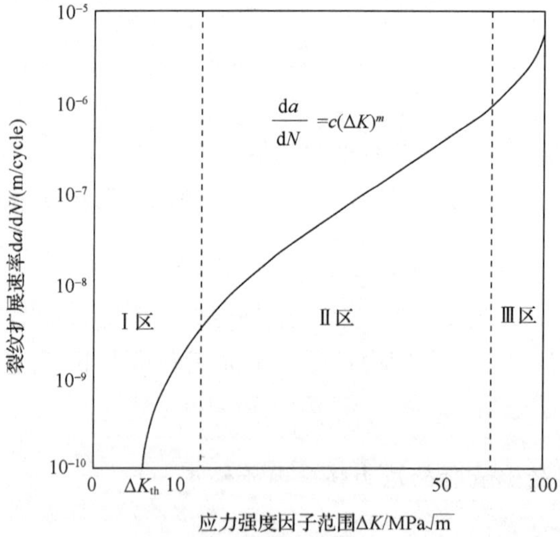

图 8.6　疲劳裂纹扩展速率曲线

Ⅲ区为接近于最后断裂的失稳扩展区。在循环应力作用下，通常初始裂纹由 a_i 扩展到临界值 a_c 时的过程称为疲劳裂纹的亚临界扩展。

大量实验表明：ΔK 是控制裂纹扩展速率的主要参量。如果用 $\frac{da}{dN}$ 表示循环应力每循环一次裂纹长度的平均增量，Paris 经研究后，提出如下经验公式：

$$\frac{da}{dN}=C(\Delta K)^m \tag{8.26}$$

其中，c、m 取决于材料的常数。对于结构钢 m 一般在 2~7 之间。

Forman 考虑平均应力强度因子及临界值 K_c 的影响，于 1967 年提出 Forman 修正公式：

$$\frac{da}{dN}=\frac{C(\Delta K)^m}{(1-R)K_c-\Delta K} \tag{8.27}$$

其中，$R=K_{min}/K_{max}$ 考虑了平均应力强度因子的影响；K_c 为平面应力断裂韧性，平面应变时为 K_{Ic}。

8.5　影响疲劳裂纹扩展速率的因素

1. 应力的影响

平均应力越大，裂纹扩展速率 da/dN 越大，如图 8.7 所示。在平均应力为压应力时，裂纹扩展速率 da/dN 大大下降。因此可采用喷丸、辊压、表面淬火等强化工艺来降低裂纹扩展速率，从而提高裂纹扩展寿命。

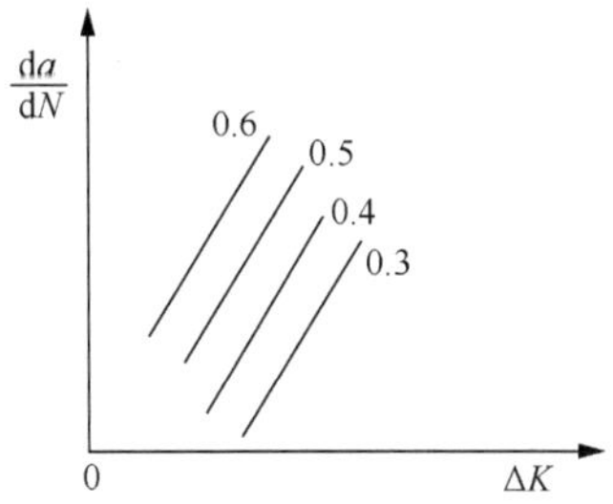

图 8.7　平均应力对裂纹扩展速率的影响

2. 超载的影响

当零件突然承受高的拉伸载荷时，会使裂纹尖端产生大的塑性区，导致裂纹扩展速率下降，因此拉伸过载会使裂纹扩展出现延缓现象，如图 8.8 所示。

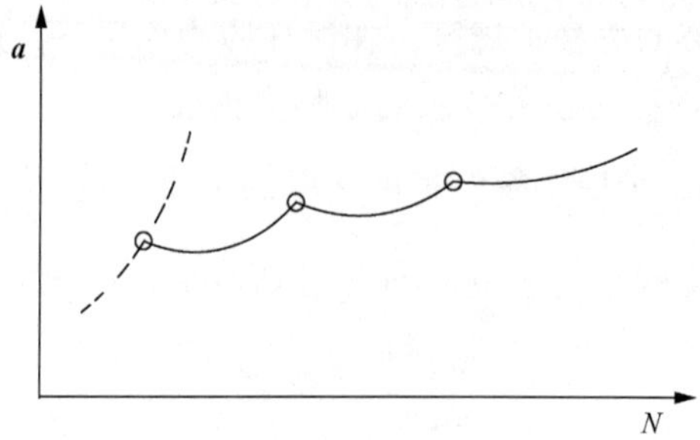

图 8.8　拉过载对裂纹扩展速率的影响

3. 加载频率的影响

如图 8.9 所示，当加载频率加大时，裂纹扩展速率会出现降低的现象。

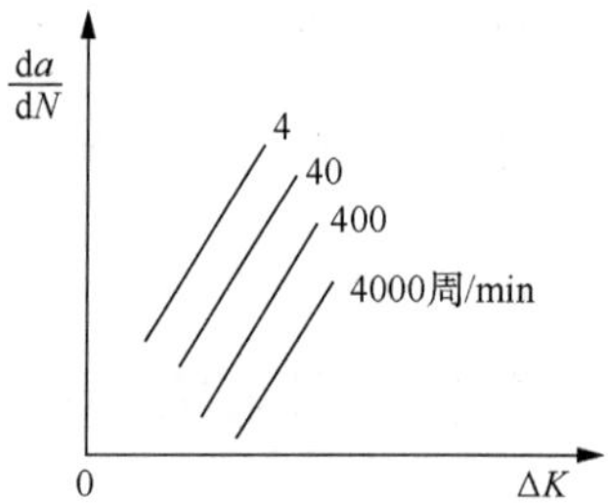

图 8.9　加载频率对裂纹扩展速率的影响

8.6　裂纹扩展寿命的估算

估算疲劳裂纹扩展寿命时，需要知道初始裂纹尺寸、临界裂纹尺寸、裂纹尖端的应力强度因子表达式和裂纹扩展速率的数学表达式。

1. 初始裂纹尺寸的确定

确定初始裂纹尺寸 a_0 一般采用无损探伤技术检测，所测出的尺寸即为 a_0，为原始缺陷的上限。如果测不出来，初始裂纹尺寸可取为仪器灵敏度的尺寸[1]。

2. 临界裂纹尺寸的确定

确定 a_c 的原则有两条：一是零件的净截面应力要小于或等于材料的抗拉强度，二是零件中裂纹尖端的应力强度因子 $K_I \leqslant K_{IC}$（或 K_C）。取两种情况下的最小裂纹尺寸为临界裂纹尺寸 a_c。

3. 扩展寿命估算

应用 Paris 公式：

$$\frac{\mathrm{d}a}{\mathrm{d}N}=C(\Delta K)^m$$

变形后得

$$\mathrm{d}N=\frac{\mathrm{d}a}{C(\Delta K)^m}$$

对上式进行积分，取初始裂纹尺寸和临界裂纹尺寸为上下界可计算出疲劳裂纹扩展寿命：

$$\int_0^{N_\mathrm{c}}\mathrm{d}N=\int_{a_0}^{a_\mathrm{c}}\frac{\mathrm{d}a}{C(\Delta K)^m} \tag{8.28}$$

应用 Forman 公式，即考虑了平均应力强度因子为

$$\int_0^{N_\mathrm{c}}\mathrm{d}N=\int_{a_0}^{a_\mathrm{c}}\frac{(1-R)K_\mathrm{C}-\Delta K}{C(\Delta K)^m}\mathrm{d}a \tag{8.29}$$

其中，a_0 为初始尺寸；a_c 为临界尺寸；N_c 为由 a_0 扩展到 a_c 时的寿命。

将 $\Delta K=Y\Delta\sigma\sqrt{\pi a}$ 代入上面公式，可得裂纹扩展寿命。

对于恒幅应力寿命的估算，由 Paris 公式：

$$\begin{aligned}\frac{\mathrm{d}a}{\mathrm{d}N}&=C(\Delta K)^m\\&=C(Y\Delta\sigma\sqrt{\pi a})^m\\&=CY^m(\Delta\sigma)^m\pi^{\frac{m}{2}}a^{\frac{m}{2}}\\&=CY^m\pi^{\frac{m}{2}}(\Delta\sigma)^m a^{\frac{m}{2}}\\&=C_1(\Delta\sigma)^m a^{\frac{m}{2}}\end{aligned}$$

令 $C_1=CY^m\pi^{\frac{m}{2}}$，当 $m\neq2$ 时，有

$$N_\mathrm{c}=\frac{a_\mathrm{c}^{1-\frac{m}{2}}-a_0^{1-\frac{m}{2}}}{\left(1-\frac{m}{2}\right)C_1(\Delta\sigma)^m} \tag{8.30}$$

当 $m=2$ 时，有

$$N_c = \frac{\ln \dfrac{a_c}{a_0}}{C_1(\Delta\sigma)^2} \tag{8.31}$$

对于 Forman 公式，当 $m \neq 2$，$m \neq 3$ 时，有

$$N_c = \frac{(1-R)K_C}{CY^m \pi^{\frac{m}{2}}(\Delta\sigma)^m} \cdot \frac{2}{m-2}\left[a_c^{1-\frac{m}{2}} - a_0^{1-\frac{m}{2}}\right] - \frac{1}{CY^{(m-1)}\pi^{\frac{m-1}{2}}(\Delta\sigma)^{(m-1)}} \cdot \frac{2}{3-m}\left[a_c^{\frac{3-m}{2}} - a_0^{\frac{3-m}{2}}\right] \tag{8.32}$$

当 $m = 2$ 时，有

$$N_c = \frac{(1-R)K_C}{CY^2\pi(\Delta\sigma)^2}\ln\frac{a_c}{a_0} - \frac{2}{CY\pi^{1/2}(\Delta\sigma)}(a_c^{1/2} - a_0^{1/2}) \tag{8.33}$$

当 $m = 3$ 时，有

$$N_c = -\frac{2(1-R)K_C}{CY^3\pi^{3/2}(\Delta\sigma)^3}(a_c^{-1/2} - a_0^{-1/2}) - \frac{1}{CY^2\pi(\Delta\sigma)^2}\ln\frac{a_c}{a_0} \tag{8.34}$$

变幅应力下疲劳裂纹扩展寿命估算，可采用分段积分求得。对于变幅载荷，可通过雨流循环计数生成全循环统计直方图。对于直方图的一次重复即走过一个载荷块，裂纹扩展能够计算出来(一个载荷块对应的裂纹扩展量)，因而就能得出裂纹扩展至下一个指定长度所需的载荷块的数量。当块长很小时，这种方法通过多次重复计算能够获得裂纹长度增量。图 8.10 是一个裂纹扩展曲线的例子。

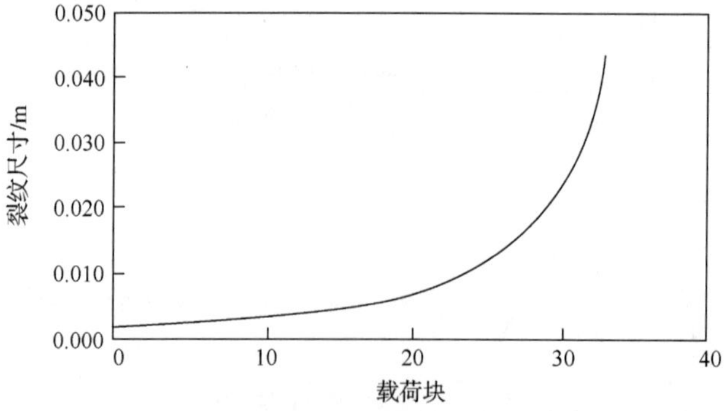

图 8.10　裂纹扩展计算曲线

考虑裂纹扩展延缓和应力循环中的压缩载荷对裂纹扩展的影响，会使这一计算过程复杂化。拉应力过大将会引起裂纹扩展延缓，即经过大的拉应力，裂纹扩

展速率将会减小，甚至拉应力足够大，扩展可能会完全停止。裂纹扩展延缓的程度随着过载应力的增大而增加，它是裂纹尖端塑性区尺寸的函数，而压缩过载载荷则会使裂纹扩展变快。

研究者提出一些模型将裂纹扩展延缓的影响考虑到裂纹扩展计算当中去，如 Wheeler 模型通过对 Paris 方程中的常数 c 进行了修正，引入由实验得到的“延缓系数” C_i，则裂纹扩展延缓模型为

$$\frac{\mathrm{d}a}{\mathrm{d}N}=C_i c\left(\Delta K\right)^m \tag{8.35}$$

其中，C_i 是裂纹长度、塑性区尺寸和经验形状系数的函数。

裂纹扩展延缓模型在应用时仍然存在相当多的问题，因为大多数模型认为，在出现过载峰之后，裂纹扩展延缓效应立刻达到最大。而实验结果表明，由于过载导致产生塑性变形区，当裂纹扩展到大约塑性区尺寸四分之一时，裂纹扩展延缓效应才达到最大。此外，一些试验结果表明，在经受大的拉应力之后，裂纹扩展将会变快。

例题 8.1：某一板状零件，如图 8.11 所示，其中部有一长度为 $2a$ = 42mm 的透裂纹，所受载荷 $\Delta\sigma=100\mathrm{MPa}$ 从材料的断裂韧性计算出临界裂纹长度尺寸 $a_{\mathrm{c}}=225\mathrm{mm}$，由试验得出 $\frac{\mathrm{d}a}{\mathrm{d}N}=2\times10^{-10}\Delta K^3(\mathrm{mm/cycle})$，试估算零件的疲劳寿命和经 5000 次循环后的裂纹尺寸，并问此时零件是否安全？

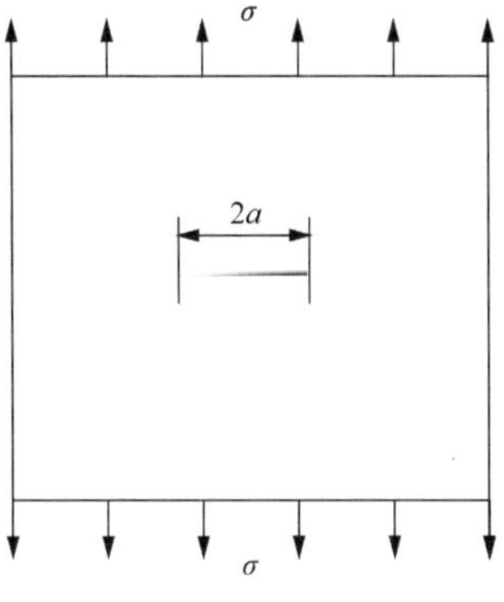

图 8.11　中心穿透裂纹

解：

根据裂纹的位置及尺寸，查得应力强度因子系数 $Y=1$，则

$$\Delta K=Y\Delta\sigma\sqrt{\pi a}=100\sqrt{\pi a}\mathrm{MPa}\sqrt{\mathrm{m}}$$

那么

$$\frac{\mathrm{d}a}{\mathrm{d}N}=2\times10^{-10}\Delta K^{3}=2\times10^{-4}\pi^{\frac{3}{2}}a^{\frac{3}{2}}(\mathrm{m/cycle})$$

即

$$\mathrm{d}N=\frac{a^{-\frac{3}{2}}}{2\times10^{-4}\pi^{\frac{3}{2}}}\mathrm{d}a$$

两边积分得寿命：

$$N=\frac{1}{2\times10^{-4}\pi^{\frac{3}{2}}}\int_{a_0}^{a_c}a^{-\frac{3}{2}}\mathrm{d}a=\frac{1}{2\times10^{-4}\pi^{\frac{3}{2}}}\int_{0.021}^{0.225}a^{-\frac{3}{2}}\mathrm{d}a=8606\text{循环}$$

将 5000 次循环代入裂纹扩展速率方程中得

$$5000=\frac{1}{2\times10^{-4}\pi^{\frac{3}{2}}}\int_{0.021}^{a}a^{-\frac{3}{2}}\mathrm{d}a$$

解得

$$a=0.059\mathrm{m}$$

由于其尺寸小于临界裂纹尺寸，故此时零件是安全的。

例题 8.2[2]：一宽大承力钢板，如图 8.12 所示，承受单向循环应力作用。其承受最大应力 $\sigma_{\max}=200\mathrm{MPa}$ ，最小应力 $\sigma_{\min}=-50\mathrm{MPa}$ 。钢板的机械性能：抗拉强度 $\sigma_{\mathrm{b}}=670\mathrm{MPa}$ ，屈服强度 $\sigma_{\mathrm{s}}=630\mathrm{MPa}$ ，弹性模量 $E=207\mathrm{GPa}$ ，断裂韧性 $K_{\mathrm{c}}=104\mathrm{MPa}\sqrt{\mathrm{m}}$ ，门槛应力强度因子范围 $\Delta K_{\mathrm{th}}=6.5\mathrm{MPa}\sqrt{\mathrm{m}}$ 。该钢板边缘有一穿透裂纹，其长度 $a_0=0.5\mathrm{mm}$ 。试确定其裂纹扩展寿命，并讨论其断裂韧性及初始裂纹长度对寿命的影响。

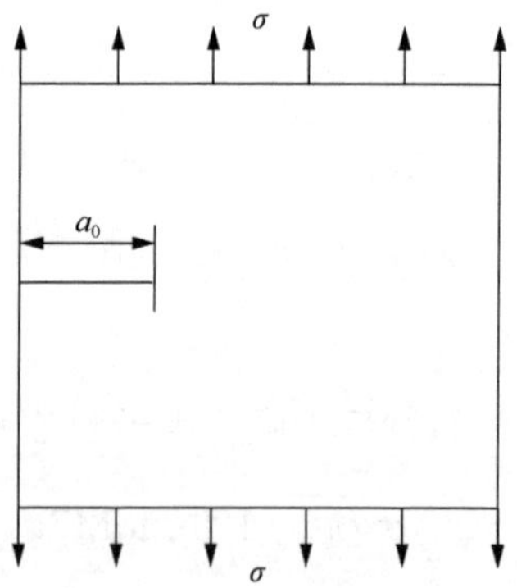

图 8.12　边缘穿透裂纹

解：

根据裂纹的位置及尺寸，查得应力强度因子系数 $Y=1.1215$。将初始裂纹长度代入应力强度因子范围表达式中，判断应力强度因子范围是否达到门槛值应力强度因子，即判断裂纹是否扩展。

$$\Delta K = Y\Delta\sigma\sqrt{\pi a} = 1.1215\times(200+50)\sqrt{\pi\times 0.0005} = 11.11\mathrm{MPa}\sqrt{\mathrm{m}}$$

由于 $\Delta K = 11.11\mathrm{MPa}\sqrt{\mathrm{m}} > \Delta K_{\mathrm{th}}$，则裂纹能够扩展。

为了确定裂纹扩展寿命，需要确定临界裂纹尺寸 a_{c}。根据裂纹扩展失稳扩展是的断裂韧性值，由应力强度因子表达式确定其临界裂纹尺寸：

$$a_{\mathrm{c}} = \frac{1}{\pi}\left(\frac{K_{\mathrm{c}}}{Y\sigma_{\max}}\right)^2 = \frac{1}{\pi}\left(\frac{104}{1.1215\times 200}\right)^2 = 0.068\mathrm{m}$$

由试验或相关手册查得该材料疲劳裂纹扩展速率公式中的材料常数，$C=6.9\times 10^{-12}$，$m=3$，即

$$\frac{\mathrm{d}a}{\mathrm{d}N} = C(\Delta K)^m = 6.9\times 10^{-12}(\Delta K)^3$$

由于钢板承受–50MPa 的很小压应力，可认为对裂纹扩展影响不大，允许忽略不计。这样应力范围为 200MPa，由式(8-30)，并考虑 $C_1 = CY^m\pi^{\frac{m}{2}}$，得

$$N_{\mathrm{c}} = \frac{a_{\mathrm{C}}^{1-\frac{m}{2}} - a_0^{1-\frac{m}{2}}}{\left(1-\frac{m}{2}\right)C_1(\Delta\sigma)^m} = \frac{0.068^{1-\frac{3}{2}} - 0.0005^{1-\frac{3}{2}}}{\left(1-\frac{3}{2}\right)(6.9\times 10^{-12})\times 1.1215^3\times\pi^{\frac{3}{2}}(200)^3}$$

$$= 189000 \text{ 循环}$$

讨论：

假设断裂韧性再增大一倍和减小一半，即 $K_{\mathrm{c}} = 208\mathrm{MPa}\sqrt{\mathrm{m}}$、$K_{\mathrm{c}} = 52\mathrm{MPa}\sqrt{\mathrm{m}}$。由此确定相应的临界裂纹长度分别为 272mm 和 17mm。根据上式可分别计算出裂纹扩展寿命分别为 198000 和 171000 循环。这说明将断裂韧性增大一倍或减少一半，将会使临界裂纹长度增大 4 倍和减少到 1/4，但疲劳裂纹扩展寿命的变化却不到 10%，即变化很小。然而，当初始裂纹长度由 0.5mm 增加到 2.5mm，发现裂纹扩展寿命只有 75000 循环。

这说明，为了获得较长的裂纹扩展寿命，必须尽量减少裂纹的初始尺寸。而材料断裂韧性的变化，尽管会引起临界裂纹长度的变化，但对疲劳裂纹扩展寿命

影响不大。然而在实际破损安全设计中，还是希望选用高断裂韧性的材料，这样会使零件断裂前的裂纹长度较大，便于安全检测，容易发现裂纹，以便及时维修或更换。

8.7　疲劳短裂纹扩展

8.7.1　短裂纹现象

Person[3]在 1975 年首先发现了短(小)裂纹现象。在名义应力强度因子范围 ΔK 相等的条件下，长度为 0.006~0.5mm 的表面短裂纹的扩展速率比长度为几十毫米的长裂纹快 100 倍，并且短裂纹在低于长裂纹扩展门槛值下仍能扩展，如图 8.13。因此，如果直接用由长裂纹试验得到的裂纹扩展数据来估算短裂纹阶段的疲劳寿命，则会导致偏于危险的寿命估算结果。Suresh 和 Ritchie[4]对短裂纹大致做了如下分类：①微观组织短裂纹(MSC)；②力学短裂纹；③物理短裂纹(PSC)。

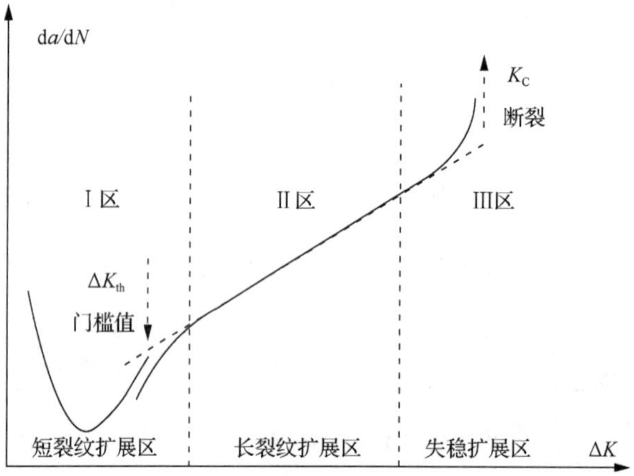

图 8.13　裂纹扩展的不同阶段

研究发现，短裂纹行为异常主要表现如下：①在相同的名义驱动力下，短裂纹具有比长裂纹高得多的扩展速率。②在进入长裂纹阶段之前，短裂纹具有先减速后加速的扩展特征。③在裂尖应力强度因子低于长裂纹应力强度因子门槛值时，短裂纹仍能扩展。

产生短裂纹扩展减速这一反常现象的主要原因如下：①晶界对短裂纹尖端引起的滑移有阻碍作用。②短裂纹扩展到相邻晶粒时需要足够的塑性应变能。③当短裂纹穿过晶界进入相邻晶粒时，由于晶界的取向不同，从而引起裂纹的走向发生转折，使裂纹尖端的驱动力发生明显的变化。

短裂纹问题实质上是由于不能唯一地用断裂力学参量来描述具有各种不同尺

寸的疲劳裂纹扩展而出现的。与可用线弹性断裂力学(LEFM)解释的长裂纹行为相比，短裂纹行为在 MSC 阶段受微观结构影响强烈，线弹性断裂力学中关于材料均匀性与各向同性的假设均不成立。而在物理短裂纹阶段，裂纹尖端塑性区范围相对裂纹尺寸较大，不符合小范围屈服假设。所以长、短裂纹失去了相似性，表现出行为差异。

8.7.2　短裂纹扩展机制

在微观组织短裂纹 MSC 阶段，裂纹扩展受到微观组织结构影响，裂纹扩展速率在若干个晶粒尺度范围内上下波动。除了晶界的阻碍作用之外，还有来自夹杂物、二相粒子的影响。在整个 MSC 阶段，每当裂纹尖端扩展到晶界时，裂纹扩展速率就会减缓甚至停止扩展。一旦穿越晶界，便会加速扩展至下一个晶界，如此反复。

造成短裂纹效应的原因主要是短裂纹的扩展机制和闭合机制与长裂纹不同。Elber[5, 6]首先发现了裂纹闭合现象，在对带裂纹的 2024-T3 铝合金薄板进行柔度变化试验时，其认为在裂纹尖端的尾迹部分存在一个残余塑性变形区域。由于这个变形区域的存在使得裂纹面之间的实际张开位移减小，从而使裂纹面提前接触，导致裂纹扩展的有效“驱动力”减小。由于裂纹闭合效应的存在，裂纹尖端实际有效的应力强度因子范围与名义的 ΔK 之间存在较大的差别。Suresh 和 Ritchie[7,8]等人根据引发裂纹闭合效应的不同原因对裂纹闭合进行了总结与分类，如图 8.14 所示，分为四种类型：

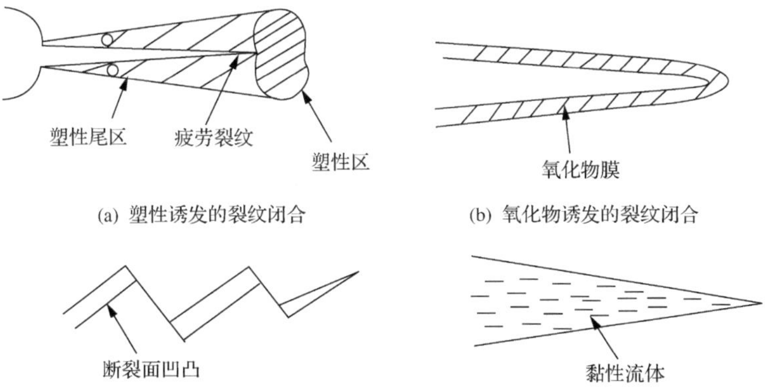

(a) 塑性诱发的裂纹闭合　(b) 氧化物诱发的裂纹闭合

(c) 粗糙度诱发的裂纹闭合　(d) 流体诱发的裂纹闭合

图 8.14　裂纹闭合类型

(1) 塑性诱发的裂纹闭合：在裂纹尖端尾迹存在残余的塑性变形区域，使得裂纹张开位移减小，裂纹面提前接触，从而造成裂纹扩展“驱动力”下降。

(2) 氧化物诱发的裂纹闭合：由于断裂面氧化使裂纹内部产生氧化层，当氧化层厚度与门槛值处的裂纹尖端张开位移的尺寸相当时，氧化物诱发的裂纹闭合对近门槛值区域裂纹扩展有较大影响。

(3)粗糙度诱发的裂纹闭合：相对的两裂纹面之间凹凸的不连续接触使裂纹闭合程度提高。这一闭合机制可以解释微观组织对裂纹扩展的影响。

(4)黏性流体诱发的裂纹闭合：渗入裂纹内的黏性流体影响裂纹扩展速率。

短裂纹尖端尾迹区域的尺寸较小，裂纹闭合程度较低，裂纹有效应力强度因子范围较大，裂纹扩展速率较高。长裂纹闭合程度较高，裂纹的有效应力强度因子范围与名义ΔK之间相差较大。因此，使用名义ΔK来描述裂纹扩展规律而不考虑裂纹闭合效应，必然会造成短裂纹异常现象。

在裂纹闭合机制的研究中，塑性诱发裂纹闭合得到了广泛的应用。Dugdale[9]提出了条带屈服模型，来确定塑性区的尺寸。该模型认为裂纹尖端塑性区的尺寸大小与垂直于裂纹面的远场应力σ和作用在长度为R的塑性区上的屈服应力σ_{ys}相关，如图 8.15 所示。因此，裂纹的有效长度可以表示为

$$2a = 2(c + R) \tag{8.36}$$

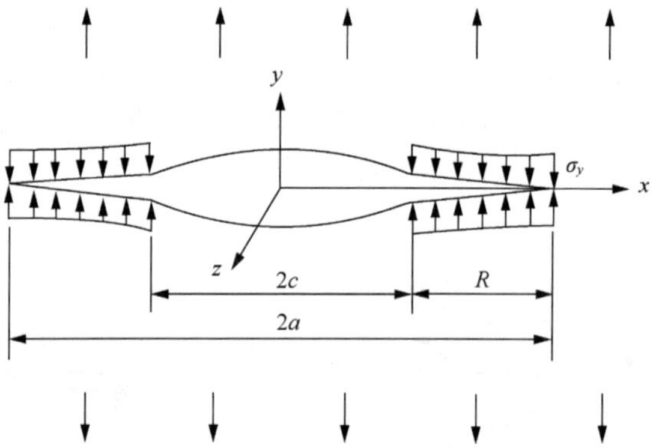

图 8.15 Dugdale 条带屈服模型

Newman[10, 11]利用有限元模拟分析物理短裂纹阶段的塑性诱发闭合现象，发现随着裂纹长度的增加，短裂纹的尖端尾迹区域闭合程度也会提高，使得有效的裂纹扩展驱动力下降。Newman 基于 Dugdale 塑性区模型，考虑了裂纹扩展过程中在裂纹尖端尾迹残留的塑性变形对短裂纹张开应力的影响，提出了裂纹闭合模型与裂纹张开应力σ_{op}的计算方法。该模型基于恒幅加载，假设在最大载荷σ_{max}和最小载荷σ_{min}的作用下，裂纹受力与张开位移如图 8.16 所示。图中阴影区域表示材料处于塑性状态。裂纹扩展过程由 3 个区域组成：①假想裂纹长度为$a+\rho$的线弹性区；②尺寸为ρ的塑性区；③沿裂纹表面的残余塑性区。区域①可以作为弹性连续介质来处理，区域②和③是由许多理想的塑性杆元件组成，杆元件流动应力为σ_0。当卸载到最小应力时，裂纹面闭合，杆单元相互接触产生接触应力。当

裂纹面完全张开时，载荷增量($\sigma_{op}-\sigma_{min}$)对应的应力强度因子与接触应力所对应的应力强度因子相等，因此可以求出裂纹张开应力σ_{op}。

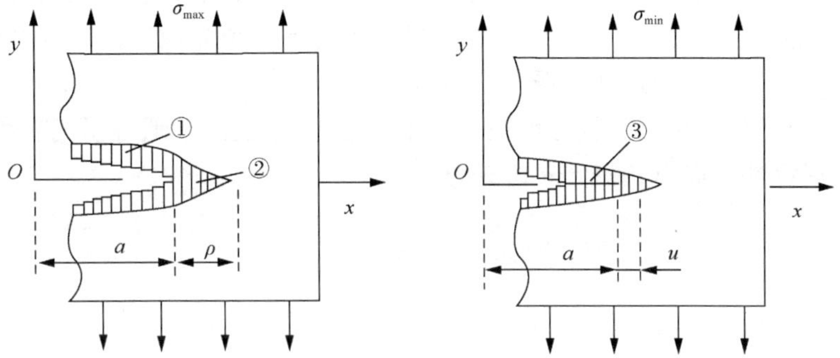

(a) 最大应力　　(b) 最小应力

图 8.16　Newman 裂纹闭合模型

8.7.3　基于短裂纹扩展速率模型

许多研究表明，短裂纹阶段的扩展寿命占总疲劳寿命的很大部分。对疲劳短裂纹扩展规律和扩展机理的研究，有助于更为准确的预测构件的疲劳寿命。在描述短裂纹扩展的物理数学模型中，Miller 等[12, 13]基于微观断裂力学的 Brown-Hobson 模型等提出了两个短裂纹扩展率方程，一个包含微观结构参量，对应于微观结构短裂纹(MSC)阶段；另一个通过连续介质力学分析获得，用弹性参量加以表示，对应于物理短裂纹(PSC)扩展阶段。两个方程计算得到的短裂纹扩展速率均高于使用 LEFM 方法预测的结果，形式如下：

$$\begin{cases} \dfrac{\mathrm{d}a_s}{\mathrm{d}N}=A(\Delta\sigma)^{\alpha}(d-a) \\ \dfrac{\mathrm{d}a_s}{\mathrm{d}N}=B(\Delta\varepsilon)^{\beta}a-C \end{cases} \tag{8.37}$$

其中，d 为材料微观结构障碍尺度；C 为物理短裂纹 PSC 阶段扩展速率门槛值。

Navarro 和 Rios[14]提出了基于位错理论的模型，通过考虑由于晶界阻塞而产生的裂尖滑移带来定量描述微观结构组织对短裂纹扩展的障碍作用。该模型认为短裂纹扩展速率与裂尖滑移带处的塑性位移相关：

$$\frac{\mathrm{d}a}{\mathrm{d}N}=B(\Delta\phi)^{b} \tag{8.38}$$

其中，$\Delta\phi$ 为最大应力和最小应力时的裂尖塑性位移的范围；B、b 为材料常数。

该公式描能够描述短裂纹扩展过程中出现的减速、加速这一趋势。裂纹的扩展速率受沿滑移带扩展的裂纹尖端塑性位移控制。当裂纹尖端扩展到晶界时，裂纹扩展受到阻碍而减速。当裂纹穿越晶界进入到下一个晶粒后，裂纹加速扩展，整个扩展过程表现为周期性、振荡式向前发展。

Dowling[15]较早地将 J 积分的概念用于描述短裂纹行为，通过研究光滑试件表面裂纹扩展特性，提出 J 积分表达式为

$$\Delta J = 2\pi\beta_S^2\left[\Delta W_e + f(n)\Delta W_p\right]a \tag{8.39}$$

其中，ΔW_e 为弹功密度；ΔW_p 为塑性功密度；β_S 为表面缺陷形状修正系数；$f(n)$ 为循环塑性硬化指数函数。

8.7.4　基于短裂纹扩展的寿命预测

疲劳总寿命由裂纹萌生寿命、短裂纹扩展阶段寿命和长裂纹扩展阶段寿命组成。尽管已有许多研究提出了包括长裂纹和短裂纹在内的扩展模型，但是其本质仍是将疲劳损伤这一连续性过程分为不同的阶段。对于疲劳过程中不同的阶段，用不同的模型加以描述，如图 8.17 所示。在传统的疲劳寿命预测方法中，对于裂纹萌生寿命，采用疲劳累积损伤理论；而对于裂纹扩展寿命则采用断裂力学理论。但两个阶段之间的界限不好确定，因此不能很好地将两个阶段衔接起来，对于疲劳全寿命预测造成了困难。由于裂纹检测技术提高，裂纹萌生寿命所占比例越来越小，且裂纹常常萌生于材料微观缺陷处，如夹杂质点团或孔洞，因此运用统一的理论方法来预测疲劳全寿命是可行的。

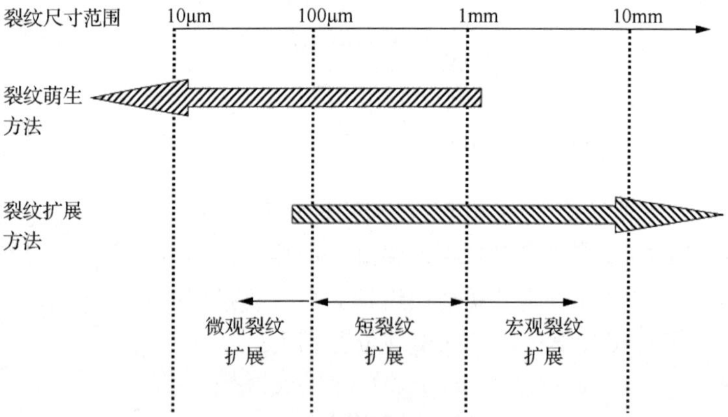

图 8.17　裂纹萌生与扩展的不同分析方法

因此，用统一的理论来估算疲劳裂纹形成和扩展寿命，发展疲劳全寿命计算方法已成为疲劳研究中的一个重要方向。疲劳寿命由裂纹萌生寿命、小裂纹扩展寿命和长裂纹扩展寿命组成。由于裂纹检测技术提高，裂纹萌生寿命所占比例越来越小，所以用小裂纹扩展寿命 N_{SP} 和长裂纹扩展寿命 N_{LP} 来近似代表全寿命是可行的，其全寿命计算方法原理如图 8.18 所示[16]，即总寿命为

$$N_{total} = N_i + (N_{SP} + N_{LP}) = N_i + N_p \tag{8.40}$$

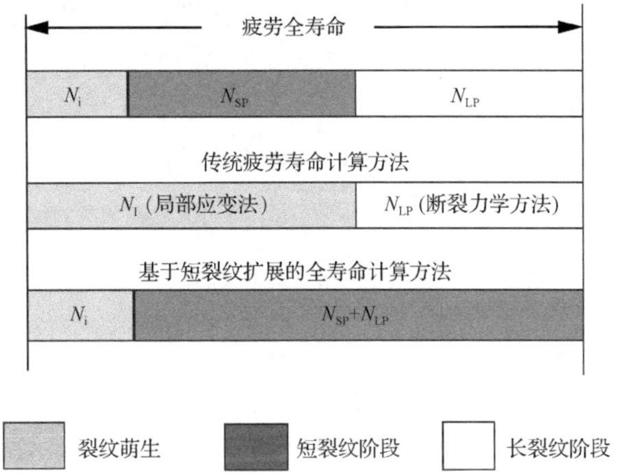

图 8.18　全寿命计算方法

吴学仁、Newman 等[17, 18]依据裂纹闭合模型，考虑到塑性诱发的裂纹闭合对裂纹扩展有效驱动力的影响，建立了基于长裂纹扩展的 $\mathrm{d}a/\mathrm{d}N$-ΔK_{eff} 关系。把断裂力学的ΔK 分析与裂纹闭合概念结合起来，应用于自然萌生的小裂纹和长裂纹的扩展，并对起源于材料初始缺陷的裂纹扩展分析预测了疲劳全寿命。

裂纹闭合效应对长裂纹扩展速率的影响可以通过 Elber 公式描述：

$$\Delta K_{eff} = K_{max} - K_{op} = U\Delta K \tag{8.41}$$

$$U = \frac{\sigma_{max} - \sigma_{op}}{\sigma_{max} - \sigma_{min}} \tag{8.42}$$

$$\frac{\mathrm{d}a}{\mathrm{d}N} = C(\Delta K_{eff})^n \tag{8.43}$$

$$N_P = \int_{a_i}^{a_f} \frac{\mathrm{d}a}{C(\Delta K_{eff})^m} \tag{8.44}$$

裂纹张开应力的计算采用 Newman 的裂纹闭合模型：

$$\sigma_{op}/\sigma_{max} = A_0 + A_1R + A_2R^2 + A_3R^3 \qquad (R \geqslant 0) \tag{8.45}$$

$$\sigma_{op}/\sigma_{max} = A_0 + A_1R \qquad (R < 0) \tag{8.46}$$

初始裂纹尺寸的选择可以通过对材料微观缺陷的平均尺寸如夹杂质点团或孔洞来确定的或选择等效初始裂纹尺寸法(EIFS)。1976 年 Kitagawa 和 Takahashi[19]指出，存在一临界裂纹尺寸 a_0，当实际裂纹长度 $a<a_0$ 时，ΔK_{th} 随裂纹长度减小而降低，可以用疲劳极限来描述门槛值条件，当 $a>a_0$ 时，ΔK_{th} 为一定值，与裂纹尺寸无关，见图 8.19。

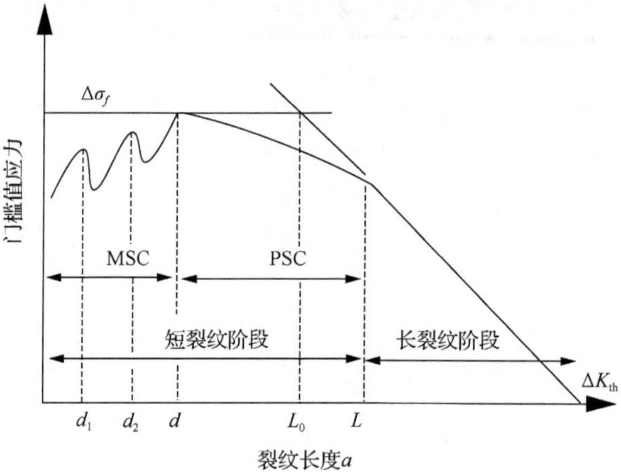

图 8.19　Kitagawa-Takahashi 曲线

临界裂纹尺寸 a_0 可以按 Haddad 和 Topper[20]方法计算：

$$a_0 = \frac{1}{\pi}\left(\frac{\Delta K_{th}}{\Delta\sigma_f Y}\right)^2 \tag{8.47}$$

其中，ΔK_{th} 为门槛值应力强度因子范围；$\Delta\sigma_f$ 为疲劳极限；Y 为形状系数。

参 考 文 献

[1] 王德俊. 疲劳强度设计理论与方法. 沈阳: 东北工学院出版社, 1992.

[2] 徐灏. 疲劳强度. 北京: 高等教育出版社, 1988.

[3] Person S. Initiation of fatigue crack in commercial aluminium alloys and the subsequently propagation of very short crack. Engineering Fracture Mechnaics, 1975, 7: 235-247.

[4] Suresh S, Ritchie R O. Propagation of short fatigue cracks. International Metals Reviews, 1984, 29(6): 445-475.

[5] Elber W. Fatigue crack closure under cyclic tension. Engineering Fracture Mechnaics, 1970, 2: 37-45.

[6] Elber W. The significance of crack closure. Damage Tolerance in Aircraft Structures, Special Tech. Publication 486, Philadelphia: American Society for Testing and Materials, 1971: 230-242.

[7] Suresh S. A geometric model for fatigue crack closure induced by fracture surface roughness. Metallurgic Transactions A, 1982, 13A: 1627-1631.

[8] Suresh S, Ritchie R O. Near-threshold fatigue crack propagation: A perspective on the role of crack closure// Dvaidson D L, Suresh S. Fatigue Crack Growth Threshold Concepts, 1984: 227-261.

[9] Dugdale D S. Yielding of steel sheets containing slits, Journal of the Mechanics & Physics of Solids, 1960, 8: 100-104.

[10] Newman J C. A nonlinear fracture mechanics approach to the growth of small cracks// Behavior of Short Crack in Airframe Components, Proceedings 328, 1983, 6: 1-6, 20.

[11] Newman C J. A crack closure model for predicting fatigue crack growth under aircraft spectrum loading //Chang J B. Methods and Models for Predicting Fatigue Crack Growth under Random Loading. ASTM ST P 748, 1989: 53- 84.

[12] Miller K J, de los Rios E R. The Behaviour of Short Fatigue Cracks. London: Mechanical Enginering Publication, 1986: 491-511.

[13] Miller K J, Mohammed H J, Brown M W, et al. Small Fatigue Cracks. Warrendale: A Publication of The Metallurgical Society, 1986: 639-656.

[14] Navarro A, de los Rios E R. A model for short fatigue crack propagation with an interpretation of the short-long crack transition. Fatigue and Fracture of Engineering Materials and Structures, 1987, 10 (2): 169-186.

[15] Dowling N E. Cyclic stress-strain and plastic deformation aspects of fatigue crack growth. ASTM STP637, 1977, 97-121.

[16] Lawrence F V. Total fatigue life prediction methods, SAE Technical Paper, 1998, Earthmoving Industry Conference and Exposition. 1020-1029. SAE, No. 981505.

[17] 吴学仁, 刘建中. 基于小裂纹理论的航空材料疲劳全寿命预测. 航空学报, 2006, 27(12): 219-226.

[18] Newman J C, Phillips E P, Swain M H. Fatigue life prediction methodology using small crack theory. International Journal of Fatigue, 1999, 21: 109-119.

[19] Kitagawa H, Takahashi S. Applicability of fracture mechanics to vary small cracks or cracks in early stage// Proceedings of the 2nd international conference on mechanical behavior of materials. OH, USA: ASM International, 1976; 627-631.

[20] Haddad M H, Topper T H, Smith K N. Prediction of nonpropagating cracks. Engineering Fracture Mechnaics, 1979, 11: 573-584.

第 9 章　疲劳强度可靠性设计

9.1　引　　言

20 世纪 30 年代以后，随着科学技术的高速发展，电子电气等设备越来越复杂，所包含的元件也越来越多，但人们随之发现，要保证设备正常使用，发挥其正常功能越来越困难，这就促使人们去研究如何保持产品功能而不致失效有关的各种问题，由此逐渐形成了可靠性研究的科学体系。30 年代就已经开始了可靠性的研究，主要围绕飞机失效进行研究，随后发展到结构设计中的可靠性研究。我国结构可靠性研究工作开展较晚，从 60 年代开始研究，70 年代和 80 年代得到了很大发展。目前已应用到航空航天、机械工业、电力工业、核工业、船舶、建筑、计算机等各个领域。

9.2　可靠性的定义

可靠性是产品在规定条件下和规定时间内，完成规定功能的能力。它可由可靠度来定量描述。可靠度是产品在规定条件下和规定时间内，完成规定功能的概率。因此研究可靠性首先要对整个系统可靠度进行研究，然后寻求提高可靠度的最佳途径。

9.2.1　可靠性设计的基本内容

可靠性设计是一门综合运用多种学科知识的工程技术学科，基本内容有以下几个方面。

(1) 根据产品设计要求，确定采用什么可靠性指标，并确定可靠性指标及其量值。

(2) 进行可靠性预测。开始设计时，运用以往的可靠性数据资料，计算机械系统可靠性特征量，并进行详细设计。在不同阶段，可靠性预测反复进行几次。

(3) 对可靠性指标进行合理分配。首先将可靠性指标分配到各个子系统，判断是否合理再进行改进，将改进设计后的可靠性指标分配到各个子系统，然后进一步分配到各个零件。

(4) 把规定的可靠度直接设计到零件中去。

9.2.2　可靠性特征量

如果用 R 表示可靠度，则其值是一个概率，且 $0 \leqslant R \leqslant 1$。如 N 台机器，在规定的条件下工作到某一给定的时间有 n 台失效，则可靠度 R 的估计值为

$$\bar{R}=\frac{N-n}{N} \tag{9.1}$$

可靠度 R 是针对一定时间而言的，时间 t 不同，可靠度 R 值就会不一样。因此，可靠度的估计值是时间 t 的函数，记为 $\bar{R}(t)$。可靠度记为 $R(t)$ 称为可靠度函数。

设 N 个产品从开始工作到任意时刻 t 的失效数为 $n(t)$，则可靠度函数为

$$R(t) \approx \frac{N-n(t)}{N} \tag{9.2}$$

当产品出厂时，$t=0$，失效数量 $n(0)=0$，则 $R(0)=1$。使用到最后总是全部失效的，即 $n(\infty)=N$，那么 $R(\infty)=0$。因此，可靠度函数 $R(t)$ 是在 $[0,\infty)$ 区间内的非增函数，取值范围为 $0 \leqslant R(t) \leqslant 1$。

9.2.3　失效特征量

1. 失效概率密度函数

一批产品，失效(或故障)实际是随机的。随机抽取 N 个样品，在规定的条件下试验，用直方图来统计分析，如图 9.1 所示，即把数据按其大小排列，各区间长度相等 Δt，统计每个区间内失效数据的个数，如第 i 个区间内出现的失效频数 Δn_i，则失效频率为 $\Delta n_i / N$。

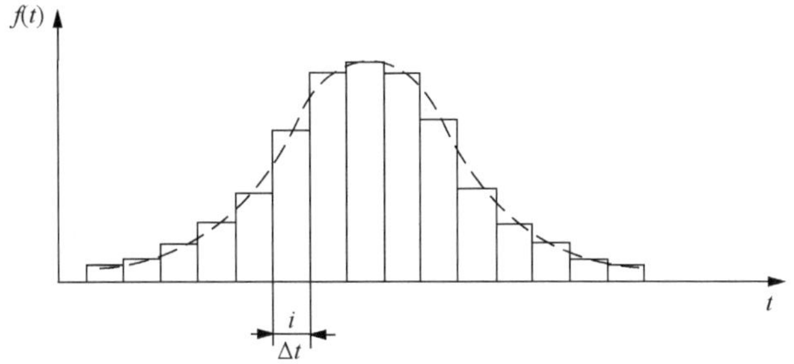

图 9.1　失效概率密度函数

设第 i 个区间时间间隔 Δt 内的失效频率记为 $f(t_i)\Delta t$，则 $f(t_i)=\dfrac{\Delta n_i/N}{\Delta t}$，即 $f(t_i)=\dfrac{\Delta n_i}{\Delta t N}$，称为第 i 区间内的平均失效密度，表示这段时间间隔内平均单位时

间的失效频率。直方图中，每一区间的直方面积表示该区间的响应频率，所有直方面积的总和等于 1。

当分组越来越细，即当 $N\to\infty$ 、$\Delta t\to 0$ 时直方图变成一条光滑的曲线，即为失效概率密度分布曲线。失效概率密度函数可用数学表达式 $f(t)$ 表示。因为曲线下的面积等于 1，因此可用 $\int_0^\infty f(t)\mathrm{d}t=1$ 表示，即随机变量(失效时间)在取值范围 $[0,\ \infty)$ 内的概率等于 1。

失效时间 ξ 在任意一点 t 附近，如 $[t,\ t+\Delta t]$ 取值的概率为

$$P(t\leqslant\xi\leqslant t+\Delta t)\approx f(t)\Delta t \tag{9.3}$$

其中，$f(t)$ 为失效时间 ξ 在 t 时刻的取值的概率大小。

ξ 落在任意有限区间［a,b］内的概率为

$$P(a\leqslant\xi\leqslant b)=\int_a^b f(t)\mathrm{d}t \tag{9.4}$$

2. 不可靠度及累积失效分布函数

估计从 0 到任意时刻 t_i 的累积失效概率为

$$F(t)=P(0\leqslant\xi\leqslant t_i)=\int_0^{t_i} f(t)\mathrm{d}t \tag{9.5}$$

其中，$F(t)$ 必是 $[0,\infty)$ 区间内的非降函数，取值范围 $0\leqslant F(t)\leqslant 1$ 。

对式(9.5)微分，则

$$f(t)=\frac{\mathrm{d}F(t)}{\mathrm{d}t} \tag{9.6}$$

累积失效分布函数 $F(t)$ 表示失效时间 ξ 在时间 t 以内的失效概率，即

$$F(t)=P(\xi\leqslant t) \tag{9.7}$$

失效时间 ξ 在［a,b］内的概率为 $F(t)$ 在 b、a 两点的差值。

$$P(a\leqslant\xi\leqslant b)=\int_a^b f(t)\mathrm{d}t=F(b)-F(a) \tag{9.8}$$

因为可靠度与失效概率的关系为 $R=1-F$，那么

$$R(t)=1-F(t)=1-\int_0^t f(t)\mathrm{d}t=\int_t^\infty f(t)\mathrm{d}t \tag{9.9}$$

可得

$$f(t) = -\frac{\mathrm{d}R(t)}{\mathrm{d}t} \tag{9.10}$$

$f(t)$、$F(t)$、$R(t)$之间的关系如图 9.2 所示，产品在规定时间 t 内的累积失效率就是$f(t)$在$\xi \leqslant t$的区间内的面积。

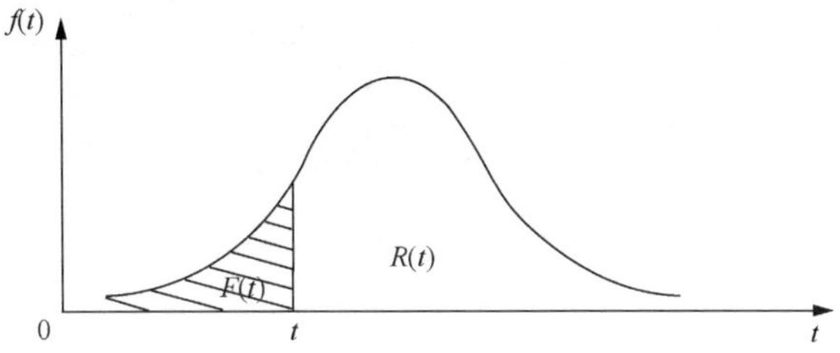

图 9.2　$f(t)$、$F(t)$、$R(t)$之间的关系示意图

从图中可以看出，$R(t)$与$F(t)$是互补的，在$\xi > t$的区间内的面积就是$R(t)$。

累积失效概率$F(t)$称为不可靠度，即产品在规定的条件下和规定的时间内失效的概率。一般用下式来估计：

$$F(t) \approx \frac{n(t)}{N} \tag{9.11}$$

3. 失效率 λ 及失效函数

N 个产品，从开始工作到任意 t 时刻的失效数为 $n(t)$，这时还可以继续工作的产品数为$N - n(t)$。又过Δt时间后，又有$\Delta n(t) = n(t+\Delta t) - n(t)$个产品失效。当$N \to \infty, \Delta t \to 0$时，有

$$\begin{aligned}\lambda(t) &= \lim_{\substack{N\to\infty \\ \Delta t\to 0}} \frac{n(t+\Delta t) - n(t)}{[N - n(t)]\Delta t} \\ &= \lim_{\substack{N\to\infty \\ \Delta t\to 0}} \frac{\dfrac{n(t+\Delta t) - n(t)}{N}}{\left[1 - \dfrac{n(t)}{N}\right]\Delta t} \\ &= \lim_{\Delta t\to 0} \frac{F(t+\Delta t) - F(t)}{[1 - F(t)]\Delta t} \\ &= \frac{1}{R(t)}\frac{\mathrm{d}F(t)}{\mathrm{d}t} \\ &= \frac{f(t)}{R(t)}\end{aligned} \tag{9.12}$$

上式表示该产品的瞬时失效率。由于失效率是 t 的函数，因此记为 $\lambda(t)$，称为失效率函数。失效率降低，则可靠性提高。由式 9.12，可得

$$\begin{aligned}\lambda(t)&=\frac{\mathrm{d}(F(t))}{R(t)}\\&=\frac{\mathrm{d}(1-R(t))}{R(t)}\\&=-\frac{R'(t)}{R(t)}\end{aligned}\tag{9.13}$$

由于

$$\int\frac{R'(t)}{R(t)}\mathrm{d}t=\int\frac{1}{R(t)}\mathrm{d}(R(t))=\ln R(t)$$

代入式(9.13)得

$$R(t)=\mathrm{e}^{-\int_0^t\lambda(t)\mathrm{d}t}\tag{9.14}$$

$\lambda(t)$ 单位用时间的百分数来表示，常用单位有每小时或每 f 小时的百分比，如 10^{-5}/h。

4. 平均寿命 MTTF 和 MTBF

平均寿命 MTTF(mean time to failure)指从开始使用到发生故障的工作时间的期望值，即为平均无故障时间(是对发生故障就不能修理的零部件或系统而言)。

平均寿命 MTBF(mean time between failure)指两次故障之间产品工作时间的期望值(是对可修复产品而言)。

$$\begin{aligned}\mathrm{MTTF}&=\int_0^{\infty}tf(t)\mathrm{d}t\\&=-\int_0^{\infty}t\frac{dR(t)}{dt}\mathrm{d}t\\&=-\int_0^{\infty}t\mathrm{d}R(t)\\&=-tR(t)\big|_0^{\infty}+\int_0^{\infty}R(t)\mathrm{d}t\end{aligned}\tag{9.15}$$

代入边界条件：t=0，$R(0)$=1；t=∞，$R(\infty)$=0。并将式(9.14)代入得

$$\begin{aligned}\mathrm{MTTF} &= \int_0^{\infty} R(t)\mathrm{d}t \\ &= \int_0^{\infty} \mathrm{e}^{-\int_0^t \lambda(t)dt}\mathrm{d}t\end{aligned} \tag{9.16}$$

5. 可靠寿命，中位寿命与特征寿命

可靠寿命 t_r 为可靠度等于给定值 r 时的寿命，r 称为可靠水平，且 $r = R(t_r)$。若 $R(t)$ 为已知，则 $t_r = R^{-1}(r)$ 。中位寿命是 R=0.5 时的可靠寿命 $t_{0.5}$ ，即 $R(t_{0.5}) = 0.5$ 。特征寿命是 $R = \mathrm{e}^{-1}$ 时可靠寿命 $t_{\mathrm{e}^{-1}}$ ，即 $R(t_{e^{-1}}) = \mathrm{e}^{-1}$ 。

9.3　可靠性常用概率分布

1. 伯努利试验和二次分布

伯努利试验：在相同的条件下，某一随机事件独立地重复 n 次试验，而每次试验只有两种不同的结果，且试验中事件发生的概率不变，这种重复的系列试验称伯努利试验。

n 次试验中，随机事件出现的次数为一个随机变量 x，它每次发生的概率为 p，不出现的概率为 q=1–p。

设在 n 次试验中出现的次数为 r，则这样的组合数将有 C_n^r，而每个组合的概率为 $p^r q^{n-r}$，那么事件发生的概率为

$$P_n(x) = \mathrm{C}_n^r p^r q^{n-r} \quad (x=r) \tag{9.17}$$

式中，C_n^r 正好是二次项式系数，所以称该随机事件发生的概率服从二次分布。其累积分布函数为

$$P(r) = \sum_{r=0}^{R} \mathrm{C}_n^r p^r q^{n-r} \quad (r \leqslant k) \tag{9.18}$$

根据累积函数分布的性质得

$$\sum_{r=0}^{n} P_n(x=r) = \sum_{r=0}^{n} \mathrm{C}_n^r p^r q^{n-r} = 1 \tag{9.19}$$

二次分布是离散型随机事件中的一种分布，其均值为

$$\mu = np$$

标准差为

$$\sigma = \sqrt{npq}$$

工程问题中随机事件包含两种可能性情况(合格和不合格，成功和失败，可靠和不可靠)者甚多，因此二项分布不仅用于产品的可靠性抽样检验，还可用于可靠性试验和可靠性设计等各个方面。

2. 泊松分布

泊松分布也是离散型随机变量，是描述在给定时间内发生的平均次数为常数时事件发生次数的概率分布，表达式为

$$P(x = r) = \frac{\mu^r \mathrm{e}^{-\mu}}{r!} \tag{9.20}$$

表示事件发生 r 次的概率，其中 μ 为事件发生次数的均值，它不随时间变化而改变。当试验 n 很大，而每次试验事件发生的概率 P 很小，泊松分布是二次分布很好的近似。

泊松分布的均值和方差都是 μ，其累积分布函数为

$$p(r \leqslant k) = \sum_{r=0}^{k} \frac{\mu^r \mathrm{e}^{-\mu}}{r!} \tag{9.21}$$

3. 正态分布

正态分布是一个基本的概率分布，也是最常用的一种分布，其概率密度函数为

$$f(x) = \frac{1}{\sigma\sqrt{2\pi}} \mathrm{e}^{-\frac{(x-\mu)^2}{2\sigma^2}} \tag{9.22}$$

累积分布函数为

$$F(x) = \frac{1}{\sigma\sqrt{2\pi}} \int_{-\infty}^{x} \mathrm{e}^{-\frac{(x-\mu)^2}{2\sigma^2}} \mathrm{d}x \tag{9.23}$$

正态分布可记为 $N(\mu,\ \sigma)$，它是一种对称分布，均值 μ 决定分布曲线的位置，标准差 σ 决定正态分布的形状。

当 $\mu=0$、$\sigma=1$ 时，称随机变量 X 服从标准正态分布，如图 9.3 所示，记为 $N(0,\ 1)$，其概率密度函数为

$$f(z)=\frac{1}{\sqrt{2\pi}}\mathrm{e}^{-\frac{z^2}{2}} \tag{9.24}$$

累积分布函数为

$$F(z)=\frac{1}{\sqrt{2\pi}}\int_{-\infty}^{z}\mathrm{e}^{-\frac{z^2}{2}}\mathrm{d}z \tag{9.25}$$

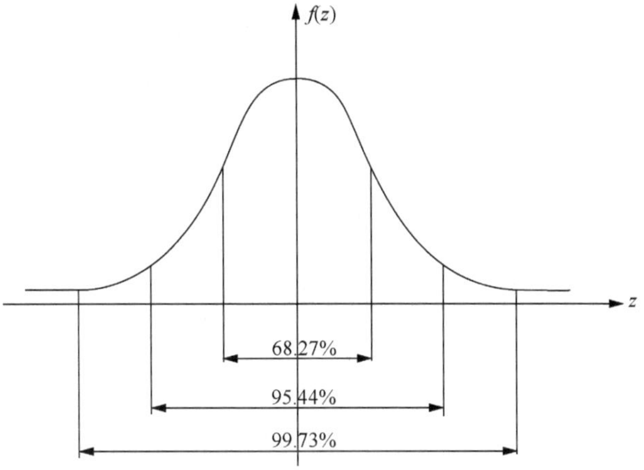

图 9.3　正态分布

$F(z)$ 值可用标准正态分布面积表查得，非标准正态分布可经过变量置换，化为标准正态分布。令 $z=\frac{x-\mu}{\sigma}$，代入式(9.23)：

$$F(x)=\frac{1}{\sqrt{2\pi}}\int_{-\infty}^{\frac{x-\mu}{\sigma}}\mathrm{e}^{-\frac{z^2}{2}}\mathrm{d}z=\phi\left(\frac{x-\mu}{\sigma}\right)$$

或

$$P\left(x_1<Z<x_2\right)=\frac{1}{\sigma\sqrt{2\pi}}\int_{x_1}^{x_2}\mathrm{e}^{-\frac{(x-\mu)^2}{2\sigma^2}}\mathrm{d}x=\frac{1}{\sqrt{2\pi}}\int_{\frac{x_1-\mu}{\sigma}}^{\frac{x_2-\mu}{\sigma}}\mathrm{e}^{-\frac{z^2}{2}}\mathrm{d}z$$

$$=\phi\left(\frac{x_2-\mu}{\sigma}\right)-\phi\left(\frac{x_1-\mu}{\sigma}\right)$$

这样，非标准正态分布的累积概率值都可看成是标准正态分布的累积概率值，即 $f(z)$ 曲线下面的面积 $F(z)$ 或 $\phi(z)$。

4. 对数正态分布

随机变量 X 的自然对数 $y=\ln x$ 服从正态分布，称 X 服从对数正态分布。因为随机变量的取值点总是大于零，$f(x)$ 向右倾斜不对称，所以对数正态分布是描述不对称随机变量的一种常用的分布。材料的疲劳强度和寿命，系统的修复时间等都可以用对数正态分布拟合。其概率密度函数与概率分布函数分别为

$$f(x)=\frac{1}{x\sigma_y\sqrt{2\pi}}\mathrm{e}^{-\frac{1}{2}\left(\frac{y-\mu_y}{\sigma_y}\right)^2} \tag{9.26}$$

$$F(x)=\int_0^x\frac{1}{x\sigma_y\sqrt{2\pi}}\mathrm{e}^{-\frac{1}{2}\left(\frac{y-\mu_y}{\sigma_y}\right)^2}\mathrm{d}x\text{，}x>0 \tag{9.27}$$

其中，μ_y、σ_y 分别为 $y=\ln x$ 的均值和标准差。对数正态分布的均值、标准差分别为

$$\mu_x=E(X)=\mathrm{e}^{\left(\mu_y+\frac{\sigma_y{}^2}{2}\right)}$$

$$\sigma_x=\sqrt{D(X)}=\mu_x\left(\mathrm{e}^{\sigma_y{}^2}-1\right)^{\frac{1}{2}}$$

由于 $y=\ln x$ 为正态分布，令 $Z=\dfrac{\ln x-\mu_y}{\sigma_y}$，便可应用标准正态分布表，则可查出累积概率 $F(Z)$。

5. 韦布尔分布

韦布尔分布是一种含有三参数或两参数的分布，其概率密度函数与概率分布函数分别为

$$f(x)=\frac{B}{\eta}\left(\frac{x-\gamma}{\eta}\right)^{\beta-1}\mathrm{e}^{-\left(\frac{x-\gamma}{\eta}\right)^{\beta}} \tag{9.28}$$

$$F(x)=1-\mathrm{e}^{-\left(\frac{x-\gamma}{\eta}\right)^{\beta}} \tag{9.29}$$

其中，β 为形状参数；η 为尺度参数；γ 为位置参数。

当 γ=0 时，称为两参数韦布尔分布。其概率密度函数为

$$f(x)=\frac{\beta}{\eta}\left(\frac{x}{\eta}\right)^{\beta-1}\mathrm{e}^{-\left(\frac{x}{\eta}\right)^{\beta}} \tag{9.30}$$

累积分布函数为

$$F(x)=1-\mathrm{e}^{-\left(\frac{x}{\eta}\right)^{\beta}} \tag{9.31}$$

三参数韦布尔分布的数学期望和方差分别为

$$\mu=\gamma+(\eta-\gamma)\Gamma\left(1+\frac{1}{\beta}\right) \tag{9.32}$$

$$\sigma^2=(\eta-\gamma)^2\left[\Gamma\left(1+\frac{2}{\beta}\right)-\Gamma^2\left(1+\frac{1}{\beta}\right)\right] \tag{9.33}$$

两参数韦布尔分布的数学期望及方差分别为

$$\mu=\eta\Gamma\left(1+\frac{1}{\beta}\right) \tag{9.34}$$

$$\sigma^2=\eta^2\left[\Gamma\left(1+\frac{2}{\beta}\right)-\Gamma\left(1+\frac{1}{\beta}\right)\right] \tag{9.35}$$

6. 指数分布

指数分布可以看作为 $\beta=1$、$\gamma=0$ 的韦布尔分布的特例，如图 9.4 所示。它描述产品偶然失效期的寿命分布，此时失效率与时间无关，保持为定值。

概率密度函数：

$$f(t)=\lambda\mathrm{e}^{-\lambda t} \tag{9.36}$$

累积分布函数：

$$F(t)=1-\mathrm{e}^{-\lambda t} \tag{9.37}$$

均值：

$$\mu=\int_0^{\infty}t\lambda\mathrm{e}^{-\lambda t}\mathrm{d}t=\frac{1}{\lambda} \tag{9.38}$$

方差：

$$\sigma^2 = \frac{1}{2\lambda^2} \tag{9.39}$$

指数分布的可靠度为

$$R(t) = e^{-\lambda t} \tag{9.40}$$

其中，失效率 $\lambda = \frac{1}{M - BF} =$ 常数。

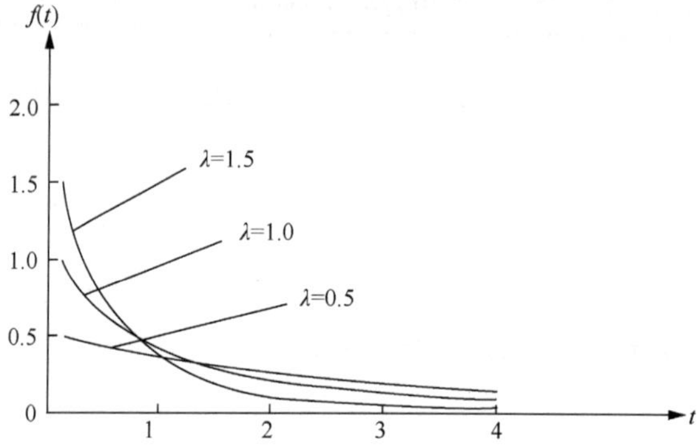

图 9.4　指数分布

9.4　应力-强度干涉模型

机械零件的强度计算法，一般采用安全系数法：

$$n_{计} = \frac{\sigma_{lim}}{[\sigma]} \geqslant [n] \tag{9.41}$$

其中，$[\sigma]$为许用应力；σ_{lim}为材料的极限应力，对静强度其值一般为材料的屈服强度σ_s，对动疲劳强度，其值为疲劳极限；$[n]$为安全系数。

实际上，强度条件式中的各个量都不是确定量，而是服从于一定分布规律的随机变量。因此从概率论的和数理统计的观点来研究机械强度问题，便成为发展机械强度计算理论及方法的一个重要途径。

强度概率计算法的基本出发点认为零件材料的强度δ是服从于概率密度函数$f(\delta)$的随机变量。而作用于零件危险截面上的工作应力S是服从于概率密度函数$f(S)$的随机变量。按式(9.41)设计出的属于安全的零件或构件，具有以下几种强度-应力关系：

(1) 两概率密度曲线 $f(S)$ 和 $f(\delta)$ 不重叠。如图 9.5 所示，工作应力 S 大于零件强度 δ 是不可能事件，即工作应力大于零件强度的概率等于零。

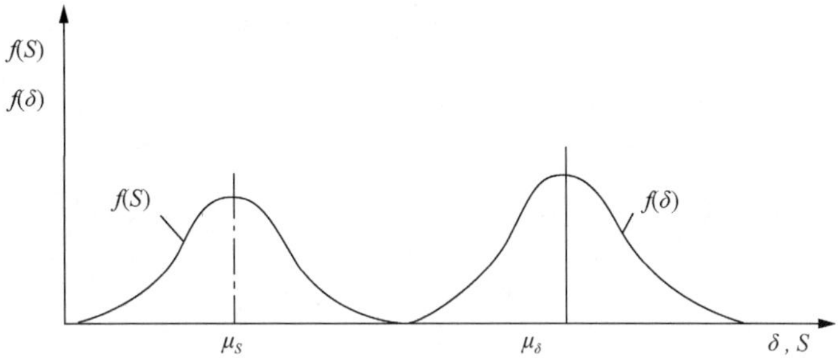

图 9.5　应力与强度的概率分布不干涉

如用安全系数的概念来表达，则计算安全系数小于 1 的概率等于零。

$$P(S > \delta) = 0 \tag{9.42}$$

$$P(n_{计} < 1) = 0 \tag{9.43}$$

这样的强度-应力关系的机械零件是安全的。

(2) 两概率密度曲线 $f(S)$ 和 $f(\delta)$ 曲线有相互重叠的部分。如图 9.6 所示，虽然 $\mu_S < \mu_\delta$，但不能保证工作应力在任何情况下都不大于零件强度。即工作应力大于零件强度的概率大于零。

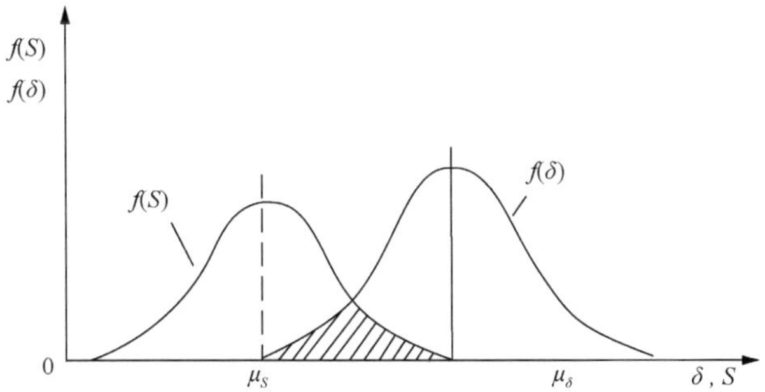

图 9.6　应力与强度的概率分布干涉

以均值计算安全系数：$n_{计} = \mu_\delta / \mu_S$ 是大于 1 的，但安全系数 $n_{计}$ 大于 1 的概率是小于 1 的，即 $n_{计}$ <1 的概率也不等于零，即

$$P\left(n_{计} > 1\right) < 1 \tag{9.44}$$

$$P\left(n_{计} < 1\right) > 0 \tag{9.45}$$

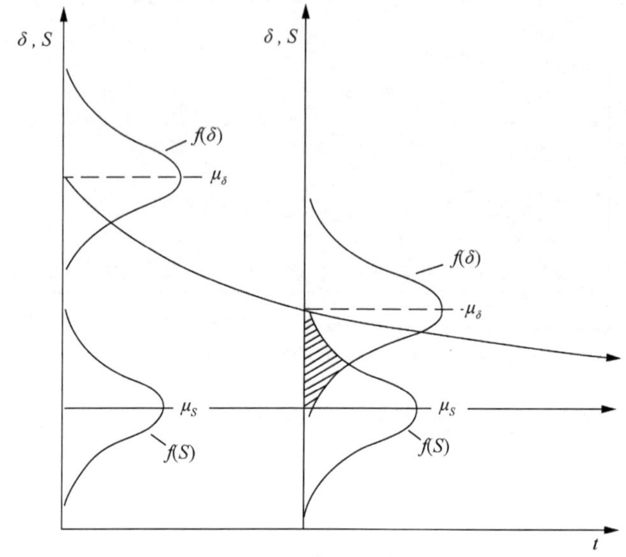

图 9.7　应力-强度干涉模型

(3) 在循环载荷作用下，机械零件的强度将随时间的增加而衰减。强度-应力关系如图 9.7 所示[2, 3]。t=0 时，$f(S)$ 和 $f(\delta)$ 不重叠或重叠区不大。随着时间的增加(或应力循环次数增加)，零件的承载能力降低，$f(S)$ 和 $f(\delta)$ 重叠区增加，导致强度破坏概率增加，最终导致疲劳破坏。

传统的安全系数，实质上是以均值计算安全系数，即 $n_{计} = \mu_\delta / \mu_S$，实际上不一定安全。因此确定零件的实际安全程度，应找出 $f(S)$ 和 $f(\delta)$，然后应用概率论及数理统计理论来计算零件破坏的概率，从而可以求得零件的可靠度。通常可采用以下两种方法计算可靠度。

1. 概率密度函数联合积分法

将图 9.6 放大加以研究，如图 9.8 所示，向下的曲线为 $f(S)$ 分布的右尾，向上的曲线为 $f(\delta)$ 分布的左尾。假设失效应力为 S_1，那么强度大于应力是不会发生的。将失效控制应力 S_1 在区间[S_1–dS/2，S_1+dS/2]内取值，那么失效控制应力 S_1 落在宽度为 dS 的区间内的概率等于该小区间所决定的单元面积 A_1：

$$P\left[\left(S_1 - \mathrm{d}S/2\right) \leqslant S \leqslant \left(S_1 + \mathrm{d}S/2\right)\right] = f(S_1)\mathrm{d}S = A_1 \tag{9.46}$$

而强度 δ 大于应力 S_1 的概率用图中的面积 A_2 来表示，即

$$P(\delta > S_1) = \int_{S_1}^{\infty} f(\delta)\mathrm{d}\delta = A_2 \tag{9.47}$$

考虑到 $f(S_1)\mathrm{d}S$ 与 $\int_{S_1}^{\infty} f(\delta)\mathrm{d}\delta$ 是两个独立的随机事件。由概率乘法定理，两独立事件同时发生的概率是两事件单独发生的概率乘积。由于在应力 S_1 右侧 $\delta > S_1$，因此 $f(S_1)\mathrm{d}S$ 与 $\int_{S_1}^{\infty} f(\delta)\mathrm{d}\delta$ 的乘积即为应力 S 在 $\mathrm{d}S$ 小区间内不引起失效的概率，即为可靠度 $\mathrm{d}R$：

$$\mathrm{d}R = f(S_1)\mathrm{d}S \cdot \int_{S_1}^{\infty} f(\delta)\mathrm{d}\delta \tag{9.48}$$

把 S_1 变为随机变量 S，即对应零件所有可能的应力值 S，那么强度 δ 均大于应力 S 的概率，即可靠度 R 为

$$R = \int_{-\infty}^{\infty} f(S)\left[\int_{S}^{\infty} f(\delta)\mathrm{d}\delta\right]\mathrm{d}S \tag{9.49}$$

式(9.49)有时难于积分，常采用近似的数值计算方法求 R 的值。

由于可靠度与失效概率为 $R=1-F$，且

$$\int_{-\infty}^{S} f(\delta)\mathrm{d}\delta + \int_{S}^{\infty} f(\delta)\mathrm{d}\delta = 1 \tag{9.50}$$

由式(9.49)可以得到相应的失效概率或不可靠度：

$$\begin{aligned} F &= 1 - \int_{-\infty}^{\infty} f(S)\left[\int_{S}^{\infty} f(\delta)\mathrm{d}\delta\right]\mathrm{d}S \\ &= 1 - \int_{-\infty}^{\infty} f(S)\left[1 - F_\delta(S)\right]\mathrm{d}S \\ &= \int_{-\infty}^{\infty} F_\delta(S) \cdot f(S)\mathrm{d}S \end{aligned} \tag{9.51}$$

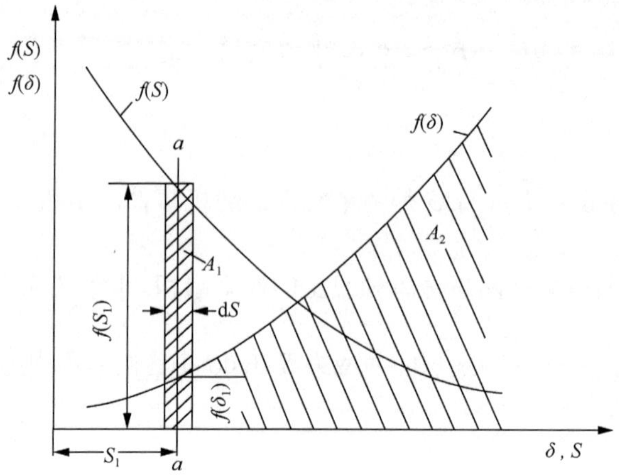

图 9.8　应力-强度分布干涉[1]

2. 强度与应力之差的概率密度函数积分法

如果令强度差 $z' = \delta - S$，因为 δ、S 为随机变量，则 z' 也为一随机变量,也称为干涉随机变量。

确定零件破坏的概率，也就是随机变量 z' 小于零的概率 $P(z'<0)$，如 $f(S)$ 和 $f(\delta)$ 均为已知，即可找到 z' 的概率密度函数 $P(z')$，则 $P(z'<0)=\int_{-\infty}^{0} P(z')\mathrm{d}z'$。

当 δ、S 均为正态分布的随机变量时，$z' = \delta - S$ 也为正态分布，其均值和均方差分别为

$$\mu_{z'} = \mu_\delta - \mu_S \tag{9.52}$$

$$\sigma_{z'} = \sqrt{{\sigma_\delta}^2 + {\sigma_S}^2} \tag{9.53}$$

z' 的概率密度函数 $P(z')$ 为

$$P(z') = \frac{1}{\sigma_z' \sqrt{2\pi}} \mathrm{e}^{-\frac{1}{2}\left(\frac{z'-\mu_{z'}}{\sigma_{z'}}\right)^2} \tag{9.54}$$

令 $t = \dfrac{z'-\mu_{z'}}{\sigma_{z'}}$，则零件破坏的概率为

$$P(z'<0) = \int_{-\infty}^{0} \frac{1}{\sigma_{z'}\sqrt{2\pi}} \mathrm{e}^{-\frac{1}{2}\left(\frac{z'-\mu_{z'}}{\sigma_{z'}}\right)^2} \mathrm{d}z'$$

$$P(z'<0)=P(t<-\frac{\mu_z}{\sigma_{z'}})=\frac{1}{\sqrt{2\pi}}\int_{-\infty}^{-\frac{\mu_{z'}}{\sigma_{z'}}}\mathrm{e}^{-\frac{t^2}{2}}\mathrm{d}t \tag{9.55}$$

再令 $z_R=\frac{\mu_{z'}}{\sigma_{z'}}$，则

$$P(z'<0)=P\left(t<-z_R\right)=\frac{1}{\sqrt{2\pi}}\int_{-\infty}^{-z_R}\mathrm{e}^{-\frac{t^2}{2}}\mathrm{d}t \tag{9.56}$$

由此式可查标准正态分布表，可获得其值。

如果强度 δ 服从 $N\left(\mu_\delta,\sigma_\delta\right)$，其概率密度函数为 $f(\delta)$；应力 S 服从 $N\left(\mu_S,\sigma_S\right)$，其概率密度函数 $f(S)$，那么

$$z_R=\frac{\mu_\delta-\mu_S}{\sqrt{\sigma_\delta^2+\sigma_S^2}} \tag{9.57}$$

则由下式即可计算出可靠度数量指标：

$$R=1-P(z'<0)=1-\int_{-\infty}^{-z_R}\frac{1}{\sqrt{2\pi}}\mathrm{e}^{-\frac{t^2}{2}}\mathrm{d}t=\int_{-z_R}^{\infty}\frac{1}{\sqrt{2\pi}}\mathrm{e}^{-\frac{t^2}{2}}\mathrm{d}t \tag{9.58}$$

考虑到强度 δ 与应力 S 计算方法有一定的误差和零件的重要性程度，需要强度有一定的储备。把 μ_S 扩大到 n 倍，作为零件实际载荷的极限状态，则

$$z_R=\frac{\mu_\delta-n\mu_S}{\sqrt{\sigma_\delta^2+\sigma_S^2}} \tag{9.59}$$

其中，n 为强度储备系数，其值一般可取 1.1~1.25。

z_R 代入可靠度计算公式，可求出零件考虑强度储备后的 R 值，并要满足 $R\geqslant[R]$，$[R]$ 为许用可靠度，综合各种因素确定。

9.5　疲劳寿命可靠性

9.5.1　等幅应力作用下零件的疲劳寿命及可靠度

1. 疲劳寿命服从对数正态分布

在对称等幅交变应力作用下的试件或零件，其疲劳寿命一般符合对数正态分布，其概率密度函数为

$$f(N)=\frac{1}{N\sigma_{N'}\sqrt{2\pi}}\mathrm{e}^{-\frac{1}{2}\left(\frac{\ln N-\mu_{N'}}{\sigma_{N'}}\right)^2} \tag{9.60}$$

其中，$N'=\ln N$。

零件在使用寿命(工作循环数)达到 N_1 时的失效概率为

$$\begin{aligned}P\left(N\leqslant N_1\right)=P\left(N'\leqslant N_1'\right)&=\int_{-\infty}^{N_1'}\frac{1}{\sigma_{N'}\sqrt{2\pi}}\mathrm{e}^{-\frac{1}{2}\left(\frac{N'-\mu_{N'}}{\sigma_{N'}}\right)^2}\mathrm{d}N'\\&=\int_{-\infty}^{Z_1}f(z)\mathrm{d}z=\phi(Z_1)\end{aligned} \tag{9.61}$$

其中，z 为标准正态变量；

$$Z_1=\frac{N_1'-\mu_{N'}}{\sigma_{N'}}=\frac{\ln N_1-\mu_{\ln N}}{\sigma_{\ln N}} \tag{9.62}$$

则可靠度为

$$R(N)=1-\Phi\left(Z_1\right) \tag{9.63}$$

例题 9.1：某一零件在恒幅对称循环交变应力 $S_a=600\mathrm{MPa}$ 下工作，已知零件达到破坏的循环次数服从对数正态分布，$\mu_{N'}=10.647$、$\sigma_{N'}=0.292$。求零件工作到 17000 次循环时的可靠度。

解：

由已知：N_1=17000 次，则

$$N'=\ln N_1=\ln 17000=9.740968623$$

将 $\mu_{N'}=10.647$、$\sigma_{N'}=0.292$ 代入，则标准正态变量为

$$Z_1=\frac{N_1'-\mu_{N'}}{\sigma_{N'}}=\frac{\ln N_1-\mu_{\ln N}}{\sigma_{\ln N}}=\frac{9.740968623-10.648}{0.292}=-3.11$$

可得出可靠度为

$$R(N=17000)=1-\Phi\left(-3.11\right)=1-0.0009354=0.9990646$$

2. *疲劳寿命服从韦布尔分布*

常用三参数韦布尔分布，其概率密度函数为

$$f(N)=\frac{b}{N_T-N_0}\left(\frac{N-N_0}{N_T-N_0}\right)^{b-1}\mathrm{e}^{-\left(\frac{N-N_0}{N_T-N}\right)^b} \tag{9.64}$$

其中，N_0 为最小寿命(位置参数)；N_T 为特征寿命($R=\mathrm{e}^{-1}=36.8\%$时的寿命)；b 为形状参数。

当寿命为 N 时，其破坏概率或分布函数为

$$F(N)=\begin{cases}1-\mathrm{e}^{-\left(\frac{N-N_0}{N_T-N_0}\right)^b} &, N\geqslant N_0\\ 0 &, N<N_0\end{cases} \tag{9.65}$$

则零件的可靠度为

$$R(N)=\begin{cases}\mathrm{e}^{-\left(\frac{N-N_0}{N_T-N_0}\right)^b} &, N\geqslant N_0\\ 0 &, N<N_0\end{cases} \tag{9.66}$$

即可得到零件在工作循环次数达 N 时的可靠度。

平均寿命：

$$\mu_N=N_0+\left(N_T-N_0\right)\Gamma\left(1+\frac{1}{b}\right)$$

寿命均方差：

$$\sigma_N=\left(N_T-N_0\right)\left[\Gamma\left(1+\frac{2}{b}\right)-\Gamma^2\left(1+\frac{1}{b}\right)\right]^{1/2}$$

可靠寿命：

$$N_R=N_0+(N_T-N_0)[\ln R]^{1/b}$$

计算以上各参数，需先求出 N_0、N_T、b 的估计值。一般用图解法或解析法，可参考有关资料确定。

9.5.2　多级变幅应力作用下的零件在给定寿命时的可靠度

利用损伤的等效概念，可用将前一级应力所造成的损伤转化到下一级应力水平下的等效损伤。如三级等幅变应力在第一个应力幅 S_{a_1} 和平均应力 S_{m_1} 下作用 n_1 次，在第二个应力幅 S_{a_2} 和平均应力 S_{m_2} 下作用 n_2 次，在第三个应力幅 S_{a_3} 和平均

应力S_{m_3}下作用n_3次。如果其疲劳寿命为对数正态分布，则分布参数的均值分别为$\mu_{N_1'}$、$\mu_{N_2'}$、$\mu_{N_3'}$。标准差分别为$\sigma_{N_1'}$、$\sigma_{N_2'}$、$\sigma_{N_3'}$。通过标准正态变量z_1、z_2、z_3。利用等效损伤的概念逐级换算，可得出$n = n_1 + n_2 + n_3$工作循环时的可靠度。其计算过程如下。

(1)计算z_1：

$$z_1 = \frac{\ln n_1 - \mu_{N_1'}}{\sigma_{N_1'}}$$

(2)第 1 级折算到第 2 级的变量循环数$n_{1\mathrm{eq}}$：

$$n_{1\mathrm{eq}} = \ln^{-1}(z_1\sigma_{N_2'} + \mu_{N_2'})$$

(3)计算z_2：

$$z_2 = \frac{\ln(n_{1\mathrm{eq}} + n_2) - \mu_{N_2'}}{\sigma_{N_2'}}$$

(4)第 1、2 级折算到第 3 级的当量循环数$n_{1,2\mathrm{eq}}$：

$$n_{1,2\mathrm{eq}} = \ln^{-1}(z_2\sigma_{N_3'} + \mu_{N_3'})$$

(5)计算z_3：

$$z_3 = \frac{\ln(n_{1,2\mathrm{eq}} + n_3) - \mu_{N_3'}}{\sigma_{N_3'}}$$

(6)按上述方式逐步进行，直到完成所有应力水平的工作循环数。

(7)由最后一级的应力水平求得z_n，然后计算可靠度R：

$$R = \int_{z_n}^{\infty} f(z)\mathrm{d}z = 1 - \int_{-\infty}^{z_n} f(z)\mathrm{d}z = 1 - \Phi(z_n)$$

其中，$\Phi(z_n)$可由z_n值查标准正态分布数值表获得。

参 考 文 献

[1] 徐灏. 疲劳强度. 北京: 高等教育出版社, 1988.

[2] 张鄂. 现代设计方法. 北京: 科学出版社, 2007.

[3] 刘维信. 机械可靠性设计. 北京: 清华大学出版社, 1996.

第 10 章　多 轴 疲 劳

10.1　多轴疲劳的概念

如果单纯从所受应力状态来分析，疲劳大体上可分为单轴疲劳和多轴疲劳。单轴疲劳是指材料或零件在单向循环载荷作用下所产生的失效现象，这时零件只承受单向正应力(应变)或单向切应力(应变)。如只承受单向拉-压循环应力、弯曲循环应力或扭转循环应力。

多轴疲劳是指多向应力或应变作用下的疲劳，也称为复合疲劳。多轴疲劳损伤发生在多轴循环加载条件下，加载过程中有两个或三个应力(或应变)分量独立地随时间发生周期性变化。这些应力(应变)分量的变化可以是同相位的、按比例的，也可以是非同相、非比例的。

服役中的各种航空航天飞行器、压力容器、核电站、发电厂以及交通运输工具中的一些主要零部件通常承受复杂的多轴比例与多轴非比例交互循环载荷的作用。早期处理复杂应力状态下的多轴疲劳问题时，利用静强度理论将多轴问题等效成单轴状态，然后利用单轴疲劳理论处理复杂的多轴疲劳问题，这样的处理方法在处理比例加载下的多轴疲劳问题时是有效的。但实际工程结构和设备的重要结构零部件，很多是在非比例多轴加载作用下服役。由于非比例加载下的疲劳行为远不同于单轴或比例多轴疲劳加载下的特性，尤其在非比例变幅加载下，不能像单轴加载情况那样进行简单的循环计数，因此单纯利用传统的单轴疲劳理论来预测其疲劳损伤将会产生很大的困难。

10.2　多轴循环应力应变关系

单轴循环应力应变关系可由 Osgood-Ramberg 方程给出[1]，但对于多轴循环应力应变关系, 则显得比较复杂，尤其在多轴非比例加载下，应力不仅与应变有关，而且与其加载路径有关。在预测多轴疲劳寿命过程中，仅依靠应变寿命关系往往得不到较精确的预测结果，只有找出多轴循环应力应变响应关系，才能够更准确地估算多轴疲劳寿命。近二十年来，多轴循环本构理论受到学者们的广泛重视，并得到了很大发展。多数多轴循环本构理论比较复杂，一般是利用塑性增量理论，如双面模型和多面模型[2-4]，通过假设几个超曲面的演化和定义一个非比例度来模拟多轴循环应力应变响应。

10.2.1 循环变形基础

一个完整多轴循环塑性模型应考虑以下变形特性：①等向强化，能描述材料强度的变化；②随动强化，能描述包辛格效应和材料的记忆特性；③循环蠕变或棘轮效应，在存在平均应力的应力控制变形过程中能描述每个循环中平均塑性应变的增加；④平均应力松弛，能够描述在存在平均应变的应变控制变形中平均应力的松弛现象；⑤非比例循环强化，能够描述非比例加载过程中塑性区内应力发生增大的现象。能够考虑这些特性的模型通常很复杂且包含有大量的材料常数，这些常数必须经过试验测试才能确定。实际应用中，为了简化，通常允许忽略以上一个或几个变形特性。

1. 等向强化

等向强化是利用屈服面以材料中所作塑性功的大小为基础，在尺寸上的扩张来描述由于塑性应变而引起的材料强度的增加。对 Mises 屈服准则来说，屈服面在所有方向均匀扩张。以拉扭加载为例，图 10.1 显示了等向强化中的应力-应变响应特性。加载 1 点时开始发生塑性流动，由于塑性变形时的位错相互作用导致材料出现加工硬化现象。继续加载到 2 点后卸载到零然后再加载，材料将在新的应力点 2 处屈服，并且塑性变形将继续沿着原来的应力应变路径进行，材料“记忆”了原来的加载路径，即所谓的“材料的记忆特性”。当加载继续到 3 点时，等向硬化把 $\sigma_{eq}^{(3)}$ 作为材料新的屈服强度。如果对材料进行压缩加载，那么屈服发生在应力为 $-\sigma_{eq}^{(3)}$ 的 4 点。在塑性变形过程中屈服曲面向各个方向扩展，但形状不变并且屈服曲面中心不变。

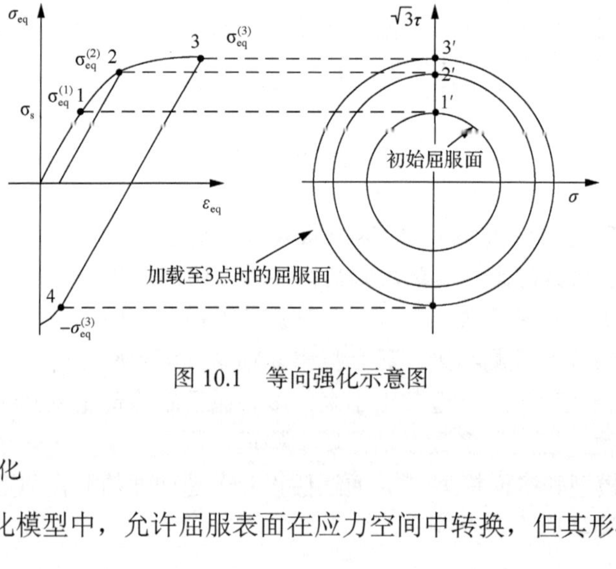

图 10.1 等向强化示意图

2. 随动强化

在随动强化模型中，允许屈服表面在应力空间中转换，但其形状和尺寸保持不变，即屈服面的大小保持不变而仅在屈服的方向上移动，当某个方向的屈服应力升高时，其相反方向的屈服应力应该降低。图 10.2 为随动强化示意图，材料由 1 点开始屈服进入塑性阶段，在 2 点的应力为 $\sigma_{eq}^{(2)}$。塑性变形致使屈服面发生移动。卸载使其应力为零然后再加载，因为只在塑性应变下屈服面才发生变化，所以这一过程屈服面不会有任何附加变化。在相同方向重新加载，材料将会在 2 点处屈服，这与等向强化模型的情况相一致。但当压缩时反向屈服会发生在 3 点，其应力为 $\sigma_{eq}^{(3)} = \sigma_{eq}^{(2)} - 2\sigma_s$。屈服曲面的移动可由向量 α 来描述。

在多轴塑性变形的随动强化中，屈服面在应力空间中的转换可由随动强化规则来定义。图 10.3 表示 von Mises 屈服面在应力空间 $\sigma - \sqrt{3}\pi$ 中的情况，其屈服曲面中心由向量 α 确定，当前应力状态由 σ 描述。当有效应力与屈服应力相等时，σ 处于屈服曲面上。

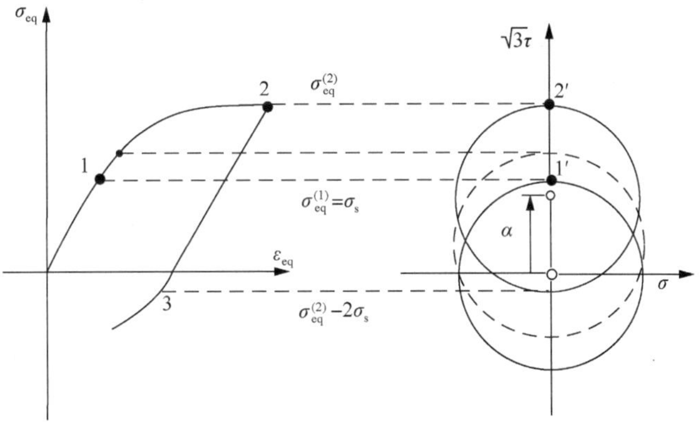

图 10.2　随动强化示意图

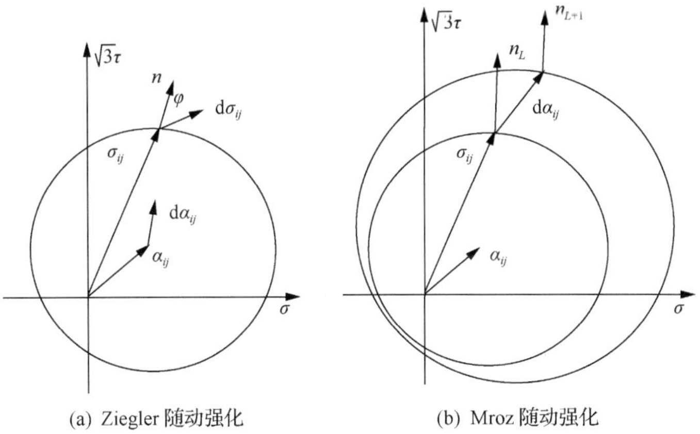

图 10.3　随动强化规则示意图

定义在屈服面的σ处法向向量为 $\boldsymbol{n}$，应力增量$\mathrm{d}\sigma$与 $\boldsymbol{n}$ 的夹角为φ。如果$\cos(\varphi)<0$，应变的改变朝向屈服曲面的中心，加载将仅仅为弹性；如果$\cos(\varphi)=0$，加载呈中立，尽管轴向应力和剪应力在改变，但有效应力和应变仍旧不变；如果$\cos(\varphi)>0$，将发生塑性加载，屈服曲面将发生变化。

Ziegler 硬化法则如图 10.3(a)所示，其中屈服曲面中心平移的方向由 $\boldsymbol{n}$ 来表示，该硬化法则的数学表达式为

$$\mathrm{d}\alpha_{ij}=\mathrm{d}\mu\left(\sigma_{ij}-\alpha_{ij}\right) \tag{10.1}$$

其中，$\mathrm{d}\alpha_{ij}$是屈服曲面中心的平移量；$\mathrm{d}\mu$为一个标量值，$\mathrm{d}\mu$值可由应力点保持在屈服曲面上的这个条件来确定。

Mroz 随动强化硬化法则如图 10.3(b)所示，该法则应用较为广泛。它假设存在一系列屈服曲面，屈服曲面的中心沿着连接当前应力点和具有相同外法线方向的下一屈服曲面上应力点的矢量方向上平行移动。该硬化法则的数学表达式为

$$\mathrm{d}\alpha_{ij}=\mathrm{d}\mu\left(\sigma_{ij}^{L+1}-\sigma_{ij}^{L}\right) \tag{10.2}$$

其中，σ_{ij}^{L}为当前应力点；σ_{ij}^{L+1}是具有相同外法线方向的下一屈服曲面上的应力点。对于各种多轴应力应变路径，结合 Mroz 随动硬化法则的循环塑性模型能够较好地预测材料的多轴循环应力应变关系。

在循环加载过程中无论是控制应力还是控制应变，随动强化都会产生稳定的循环响应。图 10.4 为单轴等幅拉压应变循环下的随动强化模型，可以看出经过第一个应变循环后就可以达到稳定的应力响应。在循环稳定前，实际材料可同时显示随动和等向强化的一些特性。循环稳定后，它们只显示随动强化。如果忽略瞬时的影响，假定材料是循环稳定的，在多轴疲劳分析过程中只使用随动强化模型即可。

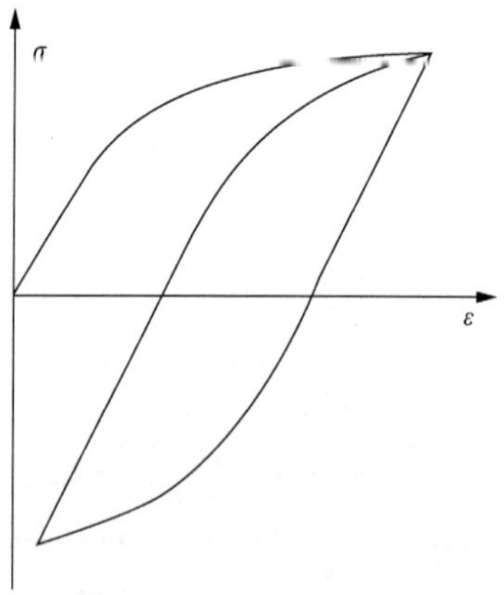

图 10.4 单轴下的随动强化示意图

3. 非比例循环强化

非比例是用来描述循环加载过程中主应变轴发生旋转的加载路径，非同相加载就是非比例加载的一个例子。材料在这样的加载过程中会表现出在单轴或任何比例加载中都不存在附加的循环强化现象。图 10.5 是拉扭非同相加载的情况。

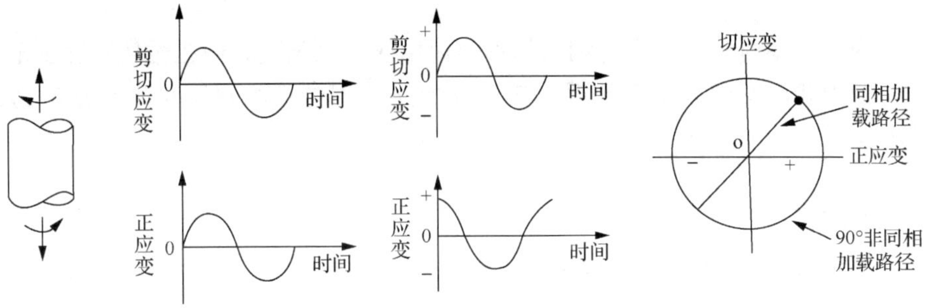

图 10.5　拉扭同相与非同相加载[5]

由以上比例（或同相）加载与非比例（或非同相）加载所得到的循环稳定的等效应力-应变曲线画在同一图中（图 10.6），从第四章 4.8 节中的试验结果可知，90° 非同相加载路径能够产生最大的非比例强化。与单轴或比例加载相比，非比例附加强化的程度取决于微观结构和滑移系统。强化的程度也依赖于加载历史，对任何其他非比例加载路径，其循环应力-应变曲线均介于比例与 90° 非比例应力-应变曲线之间。

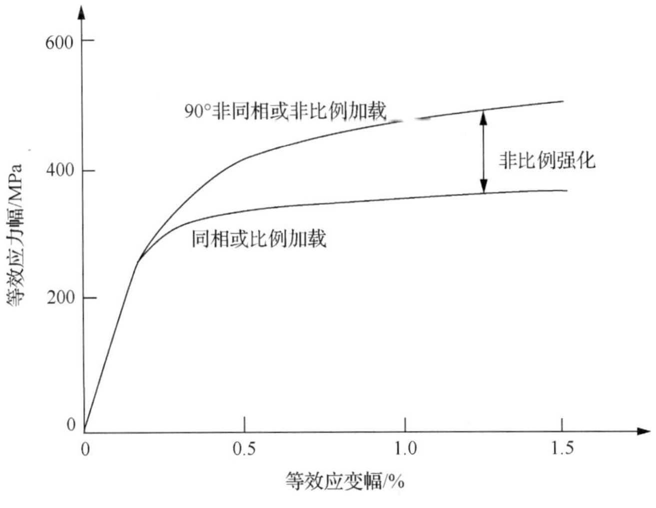

图 10.6　比例与非比例循环应力-应变曲线

10.2.2　多轴循环塑性模型

一个完整的循环塑性模型由屈服函数、流动法则和硬化法则三部分组成。屈服函数是描述产生塑性流动的应力组合函数，流动法则是用来描述塑性变形过程中应力和塑性应变之间的关系，硬化法则是用来描述由于塑性应变导致屈服曲面的变化特性。

在弹性范围内中，应力可利用胡克定律由应变来确定。但在循环塑性变形过程中，应力和应变则取决于加载历史，一般是利用塑性增量理论来确定应力或应变。

1. 屈服函数

通常使用 von Mises 和 Tresca 屈服准则作为屈服函数。由于求解方便，von Mises 屈服函数应用更为广泛些，von Mises 屈服面的函数表达式为

$$F=\sigma_x^2+\sigma_y^2+\sigma_z^2-\sigma_x\sigma_y-\sigma_y\sigma_z-\sigma_z\sigma_x+3\tau_{xy}^2+3\tau_{yz}^2+3\tau_{zx}^2-\sigma_{\mathrm{s}}^2=0 \tag{10.3}$$

2. 流动法则

描述应力和应变增量之间关系需要用本构方程来描述，这样的本构方程被称为流动法则。该法则主要基于 Drucker 的正交性假设，即在塑性变形过程中塑性应变增量向量 $\mathrm{d}\varepsilon_{ij}^{\mathrm{p}}$ 垂直于屈服曲面，可表示为

$$\mathrm{d}\varepsilon_{ij}^{\mathrm{p}}=\mathrm{d}\lambda\frac{\partial F}{\partial\sigma_{ij}} \tag{10.4}$$

式中，标量 $\mathrm{d}\lambda$ 由下式给出：

$$\mathrm{d}\lambda=\frac{1}{H}\frac{\dfrac{\partial F}{\partial\sigma_{kl}}\mathrm{d}\sigma_{kl}}{\dfrac{\partial F}{\partial\sigma_{mn}}\dfrac{\partial F}{\partial\sigma_{mn}}} \tag{10.5}$$

其中，H 为应力-应变曲线的正切模量，代入式(10.4)，则流动法为

$$\mathrm{d}\varepsilon_{ij}^{\mathrm{p}}=\frac{1}{H}\frac{\partial F}{\partial\sigma_{ij}}\frac{\dfrac{\partial F}{\partial\sigma_{kl}}\mathrm{d}\sigma_{kl}}{\dfrac{\partial F}{\partial\sigma_{mn}}\dfrac{\partial F}{\partial\sigma_{mn}}} \tag{10.6}$$

对于拉扭加载，等式(10.4)为

$$\begin{cases} \mathrm{d}\varepsilon_x^{\mathrm{p}} = \mathrm{d}\lambda \dfrac{\partial F}{\partial \sigma_x} \\ \mathrm{d}\gamma_{xy}^{\mathrm{p}} = \mathrm{d}\lambda \dfrac{\partial F}{\partial \tau_{xy}} \end{cases} \tag{10.7}$$

如果使用 von Mises 屈服函数，则上式为

$$\begin{cases} \mathrm{d}\varepsilon_x^{\mathrm{p}} = 2\sigma_x \mathrm{d}\lambda \\ \mathrm{d}\gamma_{xy}^{\mathrm{p}} = 6\tau_{xy} \mathrm{d}\lambda \end{cases} \tag{10.8}$$

标量 $\mathrm{d}\lambda$ 为

$$\mathrm{d}\lambda = \frac{1}{H} \frac{\sigma_x \mathrm{d}\sigma_x + 3\tau_{xy} \mathrm{d}\tau_{xy}}{3\sigma_x^2 + 18\tau_{xy}^2} \tag{10.9}$$

从上式可以看出 $\mathrm{d}\lambda$ 取决于材料常量 H 和当前的应力状态。材料常量 H 可由单轴应力-塑性应变曲线的斜率求得。在单轴状态下：

$$\mathrm{d}\varepsilon_x^{\mathrm{p}} = \frac{1}{H} \frac{\sigma_x \mathrm{d}\sigma_x}{3\sigma_x^2} 2\sigma_x = \frac{2}{3H} \mathrm{d}\sigma_x \tag{10.10}$$

变形后为

$$H = \frac{2}{3} \frac{\mathrm{d}\sigma_x}{\mathrm{d}\varepsilon_x^{\mathrm{p}}}$$

如果用 E_{p} 表示材料应力-塑性应变曲线的斜率，即为塑性模量：

$$E_{\mathrm{p}} = \frac{\mathrm{d}\sigma_x}{\mathrm{d}\varepsilon_x^{\mathrm{p}}}$$

则

$$H = \frac{2}{3} E_{\mathrm{p}} \tag{10.11}$$

利用 Osgood-Ramberg 应力-塑性应方程：

$$\varepsilon=\frac{\sigma}{E}+\left(\frac{\sigma}{K'}\right)^{\frac{1}{n'}}$$

可导出 H 为

$$H=\frac{2}{3}K'n'\left(\frac{\sigma}{K'}\right)^{\frac{n'-1}{n'}} \tag{10.12}$$

其中，K'、n' 分别为单轴循环强度系数和循环硬化指数。

在拉扭加载下，可以利用一系列内含的屈服曲面的演化来描述应力-应变关系。如图 10.7 所示，每一个屈服面圆都代表一个恒定应变强化常数 H，开始时这些面圆是同心的，随后由于随动强化这些圆在不改变形状下的前提下可以平行移动。在开始加载到 1 点的过程中，变形在纯弹性范围内，应力和应变之间的关系可由胡克定律来确定。超过 1 点开始发生塑性变形，塑性应力应变关系用式(10.7)来确定，其中 $\mathrm{d}\lambda$ 由式(10.9)给出。如果单轴疲劳常数 K'、n' 和屈服极限 σ_s 均为已知，利用式(10.12)可得到材料常量 H。

在 1 点和 2 点之间发生塑性变形(图 10.7(a))，内部的第一个屈服曲面开始激活并发生平动。当加载超过 2 点到 3 点的过程中，激活第二个屈服曲面。反向加载时，弹性过程持续到 5 点后开始产生塑性变形，这时内部的第一个屈服曲面又一次被激活，继续反向加载，再次激活第二个屈服曲面，其过程与正向加载类似。屈服曲面之间，H 值是常量，这样会形成一个折线形的等效应力-应变(σ_{eq}-ε_{eq})迟滞回线。

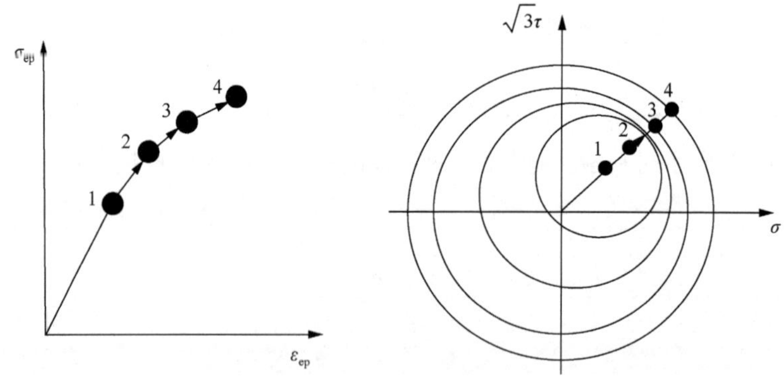

(a)

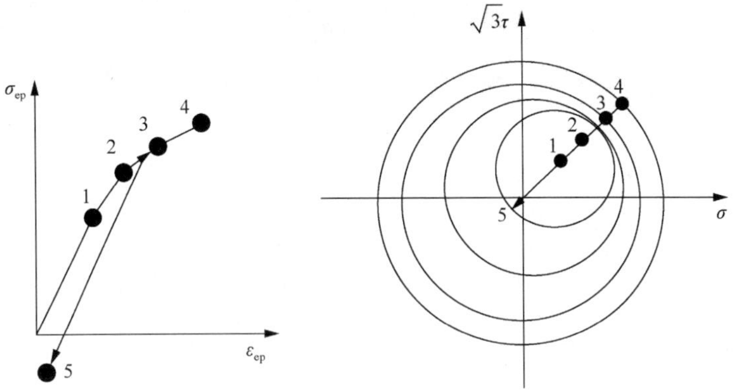

(b)

图 10.7　等效应力应变关系模拟过程中屈服面的演化

3. 硬化法则

硬化法则是描述由于塑性应变作用导致屈服曲面如何发生变化。分析中一般可以取屈服曲面随塑性应变膨胀，即等向强化，或取屈服曲面发生变形，即随动强化。也有些更复杂的模型，允许屈服曲面改变形状。可以将等向硬化和随动强化相结合考虑模型的瞬态效应，如应变硬化和软化，棘齿和应力松弛。

一般情况下，硬化法则可写成如下形式：

$$F = f\left(\sigma_{ij} - \alpha_{ij}\right) + y\left(\bar{\varepsilon}^{\mathrm{p}}\right) = 0 \tag{10.13}$$

其中，α_{ij} 是一张量，也叫背应力，是用来定义屈服曲面中心运动；$y\left(\bar{\varepsilon}^{\mathrm{p}}\right)$ 是与屈服面有关的塑性应变的函数；$f(\bullet)$ 是 von Mises 屈服函数。当 $y\left(\bar{\varepsilon}^{\mathrm{p}}\right)$ 恒等于 σ_{s}^2 时，强化为随动的；当 $\alpha_{ij} = 0$ 时，强化完全等向的。

10.2.3　多轴比例循环加载下循环应力应变关系

单轴循环应力应变关系由 Osgood-Ramberg 方程可知：

$$\frac{\Delta\varepsilon}{2} = \frac{\Delta\sigma}{2E} + \left(\frac{\Delta\sigma}{2K'}\right)^{\frac{1}{n'}} \tag{10.14}$$

其中，K'、n' 分别为单轴循环强度系数和循环应变硬化指数；E 为弹性模量。

对于多轴循环加载，试验研究表明[3,4]，材料屈服面的扩张或收缩标志着材料的硬化或软化。因此对于多轴比例加载，可以将多轴塑性应变与应力的关系写成如下形式：

$$\varepsilon_{ij}^{\mathrm{p}} = F\left(\sigma_{\mathrm{eq}}\right) S_{ij} \tag{10.15}$$

其中，S_{ij} 为应力偏量；σ_{eq} 为等效应力，其形式分别为

$$S_{ij} = \sigma_{ij} - \frac{1}{3}\sigma_{kk}\delta_{ij} \tag{10.16}$$

$$\sigma_{\mathrm{eq}} = \left(\frac{3}{2}S_{ij}S_{ij}\right)^{\frac{1}{2}} \tag{10.17}$$

式(10.15)写成幅度的形式为

$$\Delta\varepsilon_{ij}^{\mathrm{p}} = F\left(\Delta\sigma_{\mathrm{eq}}\right)\Delta S_{ij} \tag{10.18}$$

从上式可以看出，如果函数 $F(\Delta\sigma_{\mathrm{eq}})$ 为已知，即可得到多轴循环应力应变关系。试验研究表明，多轴比例加载下的等效循环应力应变关系与单轴加载情况是一致的，即可由单轴得出的循环应力应变关系描述比例加载下的等效应力-应变曲线，则

$$\frac{\Delta\varepsilon_{\mathrm{eq}}}{2} = \frac{\Delta\sigma_{\mathrm{eq}}}{2E} + \left(\frac{\Delta\sigma_{\mathrm{eq}}}{2K'}\right)^{\frac{1}{n'}} \tag{10.19}$$

或

$$\frac{\Delta\varepsilon_{\mathrm{eq}}^{p}}{2} = \left(\frac{\Delta\sigma_{\mathrm{eq}}}{2K}\right)^{\frac{1}{n}}$$

其中，

$$\Delta\varepsilon_{\mathrm{eq}}^{\mathrm{p}} = \left(\frac{2}{3}\Delta\varepsilon_{ij}^{\mathrm{p}}\Delta\varepsilon_{ij}^{\mathrm{p}}\right)^{\frac{1}{2}} \tag{10.20}$$

$$\Delta\sigma_{\mathrm{eq}} = \left(\frac{3}{2}\Delta S_{ij}\Delta S_{ij}\right)^{\frac{1}{2}} \tag{10.21}$$

$$\Delta S_{ij} = \Delta\sigma_{ij} - \Delta\sigma_{kk}\,\delta_{ij}/3 \tag{10.22}$$

由式(10.19)~式(10.22)可得多轴塑性应变分量与偏应力范围之间的关系：

$$\Delta\varepsilon_{ij}^{\mathrm{p}} = 3\frac{\left(\Delta\sigma_{\mathrm{eq}}\right)^{\frac{1-n'}{n'}}}{\left(2K'\right)^{\frac{1}{n'}}}\Delta S_{ij} \tag{10.23}$$

从上式可以看出，式(10.18)中的函数 $F(\Delta\sigma_{\mathrm{eq}})$ 为

$$F\left(\Delta\sigma_{\text{eq}}\right)=3\frac{\left(\Delta\sigma_{\text{eq}}\right)^{\frac{1-n'}{n'}}}{\left(2K'\right)^{\frac{1}{n'}}} \tag{10.24}$$

该函数的变化影响着多轴应力应变关系。

对于多轴弹性应变范围分量可由推广的胡克定律给出：

$$\Delta\varepsilon_{ij}^{\text{e}}=\left(1+\nu\right)\frac{\Delta\sigma_{ij}}{E}-\nu\Delta\sigma_{kk}\frac{\delta_{ij}}{E} \tag{10.25}$$

由式(10.23)与式(10.25)两式相加即可得到多轴比例加载下的循环应力应变在稳定状态下的关系：

$$\Delta\varepsilon_{ij}=\frac{\Delta\sigma_{ij}\left(1+\nu\right)}{E}-\frac{\nu\Delta\sigma_{kk}\delta_{ij}}{E}+3\frac{\left(\Delta\sigma_{\text{eq}}\right)^{\frac{1-n'}{n'}}}{\left(2K'\right)^{\frac{1}{n'}}}\Delta S_{ij} \tag{10.26}$$

其中，ν 为泊松比。

10.2.4　多轴非比例循环加载下循环应力应变关系

20 世纪 70 年代末，Lamba 对 OFHC 铜在非比例循环加载下的研究发现，在相同的最大等效塑性应变幅下，非比例路径下的循环强化程度远大于比例路径下的循环强化，这就是所谓的非比例循环附加强化。已有研究表明，非比例循环附加强化是降低疲劳寿命的主要原因，这种附加强化已被许多学者的工作所证实。Ohashi 等[6]指出，建立在单轴循环基础上的本构方程不能预测多轴非比例循环加载下的材料性能。在非比例循环加载下的强化不能仅由简单测量应变矢的最大值、应变路径的弧长、塑性应变路径的弧长或塑性功来解释。

对于单轴用 Osgood-Ramberg 关系来描述其循环应力应变关系：

$$\frac{\Delta\varepsilon}{2}=\frac{\Delta\sigma}{2E}+\left(\frac{\Delta\sigma}{2K'}\right)^{\frac{1}{n'}}$$

其中，K' 为单轴循环强度系数；n' 为单轴循环应变硬化指数。

对多轴比例循环加载，一般由下列等效关系来描述：

$$\frac{\Delta\varepsilon_{\text{eq}}}{2}=\frac{\Delta\sigma_{\text{eq}}}{2E}+\left(\frac{\Delta\sigma_{\text{eq}}}{2K'}\right)^{\frac{1}{n'}}$$

$\Delta\varepsilon_{eq}$、$\Delta\sigma_{eq}$ 一般为 von Mises 等效应力应变。

对多轴非比例加载，目前主要存在两种方法来描述其本构关系：

1) 修正循环强度系数法

Kanazawa 等[7]认为，在非比例循环加载下，由于应力主轴和应变主轴不断旋转，产生更多的交滑移，考虑位错积塞及交互影响而产生强化的机制，定义了一个旋转因子来表示非比例度，但在计算中需要附加一个修正系数来建立循环本构关系。由于循环应变硬化指数 n' 在非比例下变化较小，可以忽略不计，则可利用修正循环强度系数 K' 来考虑非比例附加强化。实际应用中可定义一个旋转因子或非比例度来描述非比例加载下的循环强度系数 K'_{nonp} ，一般采用如下表达式：

$$K'_{\text{nonp}} = (1+gF)K'_{\text{prop}} = (1+gF)K' \tag{10.27}$$

其中，K'、K'_{prop} 分别为单轴和比例循环加载下的循环强度系数，对一般金属材料二者一般是相等的，即 $K' = K'_{\text{prop}}$ ； g 为交叉硬化系数，可由由多轴试验(圆形路径)确定； F 为旋转因子或非比例度。

旋转因子可定义如下[7]：

$$F = \frac{\text{与最大剪应变面成45°的剪切应变幅}}{\text{最大剪切应变幅}}$$

$$= \left[\frac{\lambda^2+(1+\nu)^2-\sqrt{(1+\nu)^2-\lambda^2+2\lambda(1+\nu)\cos\phi}}{\lambda^2+(1+\nu)^2+\sqrt{(1+\nu)^2-\lambda^2+2\lambda(1+\nu)\cos\phi}}\right]^{\frac{1}{2}} \tag{10.28}$$

对于同向加载，由于主平面与最大剪切平面成 45°，所以 $F=0$。对于 $\phi=90°$ 非比例圆形加载路径下，$\lambda = \dfrac{\gamma_a}{\varepsilon_a} = 1+\nu$，各面上的剪切应变幅相等，$F=1$。

2) 双面屈服模型法

双面屈服模型的原理是假设两个超曲面，即屈服面和极限面，通过它们的演化来反映材料的流动特性和硬化或软化特性，进而进行预测多轴循环应力应变关系。

总的应变张量增量 $d\varepsilon_{ij}^{T}$ 被分解为弹性与塑性两部分：

$$d\varepsilon_{ij}^{T} = d\varepsilon_{ij}^{e} + d\varepsilon_{ij}^{p} \tag{10.29}$$

对各向同性且与率无关的材料，由弹性本构方程(广义胡克定律)建立应力增量和弹性应变增量张量之间的关系：

$$
\mathrm{d}\varepsilon_{ij}^{\mathrm{e}} = \frac{1+\nu}{E}\left[\mathrm{d}\sigma_{ij} - \frac{\nu}{1+\nu}\mathrm{d}\sigma_{kk}\delta_{ij} \right] \tag{10.30}
$$

为了得到应力增量张量 $\mathrm{d}\sigma_{ij}$ 与塑性应变增量张量 $\mathrm{d}\varepsilon_{ij}^{\mathrm{p}}$ 的关系，需要三个假设：①屈服面和极限面；②相应的流动规则；③硬化规则。

屈服面特指弹性区域，而极限面是来描述非线性材料强化，当有效应力达到极限面时发生完全的塑性流动。屈服面与极限面一般由 von Mises 来定义，如图 10.8 所示，即

$$
\text{屈服面：} \quad f = \frac{3}{2}(S_{ij} - \alpha_{ij})(S_{ij} - \alpha_{ij}) - {\sigma_{\mathrm{s}}}^2 \tag{10.31}
$$

$$
\text{极限面：} \quad f_{\mathrm{L}} = \frac{3}{2}S_{ij}^{\mathrm{L}}S_{ij}^{\mathrm{L}} - (\sigma_{\mathrm{s}}^{\mathrm{L}})^2 \tag{10.32}
$$

式中，S_{ij}、S_{ij}^{L} 分别为屈服面和极限面的偏应力张量；σ_s、σ_s^{L} 分别为两个屈服面的半径；α_{ij} 为屈服面中心的位置张量，即背应力。

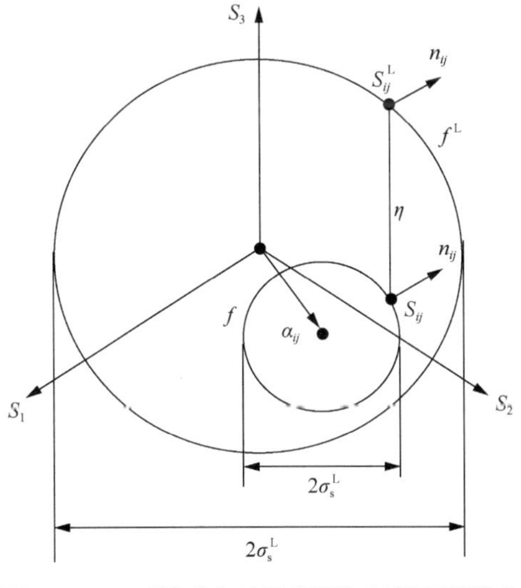

图 10.8 双面模型中的屈服面与极限面的演化

当材料屈服时，由正交流动规则定义塑性流动的增量方向，即为沿着垂直于屈服面的外法线方向。结合流动规则，定义弹性和塑性变形过程为：①如果当前应力状态严格控制在屈服面内侧，其过程为弹性。②如果当前应力在屈服面上，且应力增量点指向屈服面的正切平面的内侧，那么其过程为弹性，否则为塑性过程。

流动规则具体推导过程如下：

$$\mathrm{d}\varepsilon_{ij}^{\mathrm{p}}=\frac{1}{H}(n_{kl}\mathrm{d}\sigma_{kl})n_{ij} \tag{10.33}$$

其中，H 为硬化模量；n_{ij} 为垂直于屈服面单位外法线张量，即 $n_{ij}=\dfrac{\partial f/\partial S_{ij}}{\left|\partial f/\partial S_{ij}\right|}$。

根据 Mises 准则得

$$\frac{\partial f}{\partial S_{ij}}=3(S_{ij}-\alpha_{ij}) \tag{10.34}$$

$$\left|\frac{\partial f}{\partial S_{ij}}\right|=\sqrt{\frac{\partial f}{\partial S_{ij}}\frac{\partial f}{\partial S_{ij}}}=\sqrt{9(S_{ij}-\alpha_{ij})(S_{ij}-\alpha_{ij})}=\sqrt{6}\sigma_{\mathrm{s}}$$

则

$$n_{ij}=\frac{3(S_{ij}-\alpha_{ij})}{\sqrt{6}\sigma_{\mathrm{s}}}=\sqrt{\frac{3}{2}}\frac{S_{ij}-\alpha_{ij}}{\sigma_{\mathrm{s}}} \tag{10.35}$$

流动法则可写为

$$\begin{aligned}\mathrm{d}\varepsilon_{ij}^{\mathrm{p}}&=\frac{1}{H}\left(\frac{\partial f/\partial S_{kl}}{\left|\partial f/\partial S_{kl}\right|}\mathrm{d}\sigma_{kl}\right)\frac{\partial f/\partial S_{ij}}{\left|\partial f/\partial S_{ij}\right|}\\&=\frac{1}{H}\left[\frac{3(S_{kl}-\alpha_{kl})}{\sqrt{6}\sigma_{\mathrm{s}}}\mathrm{d}\sigma_{kl}\right]\frac{3(S_{ij}-\alpha_{ij})}{\sqrt{6}\sigma_{\mathrm{s}}}\\&=\frac{3}{2H\sigma_{\mathrm{s}}^{2}}[(S_{kl}-\alpha_{kl})\cdot\mathrm{d}\sigma_{kl}](S_{ij}-\alpha_{ij})\end{aligned} \tag{10.36}$$

单轴下，$S_{22}=S_{33}=-\dfrac{1}{2}S_{11}$，$\alpha_{22}=\alpha_{33}=-\dfrac{1}{2}\alpha_{11}$，则流动法则变为

$$\mathrm{d}\varepsilon_{11}^{\mathrm{p}}=\frac{2}{3H}\mathrm{d}\sigma_{11} \tag{10.37}$$

即为式(10.10)，其 H 可由式(10.12)求得。

双面模型中，假设硬化模量是由屈服面中心应力点 S_{ij} 与在极限面上具有相同外法线的对应应力点 S_{ij}^{L} 间距离 η 的函数。η 的表达式为

$$\eta=\sqrt{\frac{3}{2}(S_{ij}^{\mathrm{L}}-S_{ij})(S_{ij}^{\mathrm{L}}-S_{ij})} \tag{10.38a}$$

其中

$$S_{ij}^{\mathrm{L}} = \frac{\sigma_{\mathrm{s}}^{\mathrm{L}}}{\sigma_{\mathrm{s}}}(S_{ij} - \alpha_{ij}) \tag{10.38b}$$

最大距离为

$$\eta_{\max} = 2(\sigma_{\mathrm{s}}^{\mathrm{L}} - \sigma_{\mathrm{s}}) \tag{10.39}$$

如果归一化，则

$$D = \frac{\eta_{\max} - \eta}{\eta_{\max}} \tag{10.40}$$

D 从 0 到 1 之间变化，当初始屈服发生时 D 等于 0，对应单轴应力为

$$\sigma = \pm(2\sigma_{\mathrm{s}} - \sigma_{\mathrm{s}}^{\mathrm{L}}) \tag{10.41}$$

当达到极限面时，D 等于 1，其单轴应力为

$$\sigma = \pm\sigma_{\mathrm{s}}^{\mathrm{L}} \tag{10.42}$$

单轴应力与 D 关系如下：

$$\sigma = \pm[2(\sigma_{\mathrm{s}}^{\mathrm{L}} - \sigma_{\mathrm{s}})(D-1) + \sigma_{\mathrm{s}}^{\mathrm{L}}] \tag{10.43}$$

由式(10.11)、式(10.12)、式(10.38)和式(10.43)可推出推广的硬化模量为

$$H = \frac{2}{3}K'n'\left[\frac{12(\sigma_{\mathrm{s}}^{\mathrm{L}} - \sigma_{\mathrm{s}})(D-1) + \sigma_{\mathrm{s}}^{\mathrm{L}}}{K'}\right]^{\frac{n'-1}{n'}} \tag{10.44}$$

采用 Mroz 硬化规则来描述屈服面的瞬时转化，以避免与极限面迭交，屈服面中心的增量移动在应力空间中可由下式描述：

$$\mathrm{d}\alpha_{ij} = \mathrm{d}u(S_{ij}^{\mathrm{L}} - S_{ij}) \tag{10.45}$$

其中，$\mathrm{d}u$ 是一个正的标量。

由连续性条件，对屈服面进行微分：

$$\mathrm{d}f = \frac{\partial f}{\partial S_{ij}}\mathrm{d}S_{ij} + \frac{\partial f}{\partial \alpha_{ij}}\mathrm{d}\alpha_{ij} = 0 \tag{10.46}$$

由 von Mises 屈服准则得

$$\frac{\partial f}{\partial S_{ij}} = -\frac{\partial f}{\partial \alpha_{ij}} = 3(S_{ij} - \alpha_{ij}) \tag{10.47}$$

则连续性条件变为

$$\frac{\partial f}{\partial S_{ij}}(\mathrm{d}S_{ij}-\mathrm{d}\alpha_{ij})=0 \tag{10.48}$$

将式(10.45)代入式(10.47)中得

$$\mathrm{d}u=\frac{\dfrac{\partial f}{\partial S_{ij}}\mathrm{d}S_{ij}}{\dfrac{\partial f}{\partial S_{ij}}(S_{ij}^{\mathrm{L}}-S_{ij})} \tag{10.49}$$

将式(10.38b)、式(10.47)、式(10.49)代入式(10.45)中，导出描述屈服面移动的背应力张量为

$$\mathrm{d}\alpha_{ij}=\frac{(S_{ij}-\alpha_{ij})\mathrm{d}S_{ij}}{(S_{ij}-\alpha_{ij})[S_{ij}(\sigma_{\mathrm{s}}^{\mathrm{L}}-\sigma_{\mathrm{s}})-\alpha_{ij}\sigma_{\mathrm{s}}^{\mathrm{L}}]}[S_{ij}(\sigma_{\mathrm{s}}^{\mathrm{L}}-\sigma_{\mathrm{s}})-\alpha_{ij}\sigma_{\mathrm{s}}^{\mathrm{L}}] \tag{10.50}$$

Lee 等[8]利用上述双面屈服模型原理预测了缺口应力应变响应，具体预测计算过程可详见文献[8, 9]。

研究能够描述材料非比例循环本构行为的本构方程，是近十几年来国际上关于材料本构关系研究方面的一个热点，受到力学界和疲劳界广泛的重视，其重要的方面是描述材料在非比例循环加载下的附加强化。

McDowell 等[10, 11]为了反映非比例附加强化效应，定义了新的非比例度，并将其引入本构模型中。Ellyin 和 Xia[12]基于应力面和记忆面来描述强化规则，采用随动强化和各向同性强化的屈服面、最大等效应力记忆的极限面的双面本构模型，定义了一个将屈服面和记忆面的尺寸改变与在最大载荷下材料的切线模量曲线。为了考虑材料的非比例加载效应，引入非比例度定义，并对屈服面半径和切线模量进行了非比例度修正。关于引入非比例度的双面屈服模型的循环应力应变关系预测的详细过程可参考这些相关文献。

10.3　多轴疲劳破坏准则

早期对多轴疲劳破坏的研究，一般是基于一维应力状态的疲劳数据而得出经验公式，而对于多轴疲劳破坏机理却很少考察。研究者一般是将静强度理论推广到多轴疲劳中去，所提出的大量多轴疲劳破坏理论，大都是经验和半经验公式[13]。疲劳破坏准则基本上同静强度理论的“等效”描述相类似，将多轴应力应变效果用相当的单轴应力应变来描述，这样就出现了等效应力，等效应变的概念，其中应用最广的是 von Mises 准则与 Tresca 准则。

10.3.1　基于应力的疲劳破坏准则

在多轴高周疲劳研究中，Gough 等[14-17]早期研究者通过对圆试件进行弯扭疲劳试验后提出，对于脆性材料，应采用最大拉应力理论，而对于韧性材料，应采用 von Mises 或 Tresca 准则，并给出了椭圆方程准则：

$$\left(\frac{\sigma}{\sigma_e}\right)^2+\left(\frac{\tau}{\tau_e}\right)^2=1 \tag{10.51}$$

式中，σ_e 为疲劳极限。当 $\sigma_e/\tau_e=2$ 时，即为 Tresca 准则，而 $\sigma_e/\tau_e=\sqrt{3}$ 时，即为 von Mises 准则。

随后，Stanfield[18]也提出一个多轴疲劳破坏准则：

$$\tau_e=\tau_{max}+\lambda\sigma_n \tag{10.52}$$

其中，σ_n 为最大剪切应力所处平面上的法向应力。纯弯时，$\lambda=(2\tau_e/\sigma_e)^{-1}$。

1957 年，Findley[19]提出一个破坏准则：

$$\left(\frac{\sigma_n}{\sigma_e}\right)^{\frac{\sigma_e}{\tau_e}}+\left(\frac{\tau_{max}}{\tau_e}\right)^2=1 \tag{10.53}$$

从中可以看出，当 $\sigma_e/\tau_e=2$ 时，即为 Tresca 准则。

1974 年，Mcdiarmid[20]提出了如下准则：

$$\tau_{max}+\lambda{\sigma_n}^n=\tau_e \tag{10.54}$$

其中，$\lambda=(\tau_e-\sigma_e/2)/(\sigma_e/2)^n$，当 $\tau_e=\sigma_e/2$ 时，即为 Tresca 准则。

大量疲劳试验结果表明[21]，von Mises 准则可以有效地预估多轴高周疲劳寿命。

10.3.2　基于应变的疲劳破坏准则

在多轴低周疲劳研究中，Yokobori 等[22-24]提出了等效应变理论。这些等效应变包括最大剪应变[25, 26]、最大法向应变[27]、八面体剪应变[28]、von Mises 等效应变[24]、修正 von Mises 等效应变[29]以及最大总应变等[30]。

由于 Manson-Coffin 方程以塑性应变作为损伤参量来估算单轴拉压低周疲劳寿命，对许多材料已给出了令人满意的结果，因而早期多轴疲劳研究中，人们常常将单轴疲劳寿命判据推广到多轴疲劳中，其表达式如下：

$$\Delta\varepsilon_{\mathrm{eq}}/2 = K(2N_f)^j \tag{10.55}$$

其中，$\Delta\varepsilon_{\mathrm{eq}}$ 为等效应变范围，它可由上面所提到的应变准则中的等效应变来代替。

这种从静强度理论引用过来的方法称为等效应变法(等效应变估算寿命方法)。Sines 和 Ohgi[25]指出，不同的等效应变间的差异并不大，对于比例加载情况，它们是有效的，且简单实用。但等效应变与寿命之间的关系缺乏物理基础。等效应变将所有的应力状态采用同样的处理，对于多轴疲劳破坏是应力状态的函数，用这种方法来估算不同加载路径下构件的疲劳寿命，由于等效应变是相同的，原本疲劳寿命相差较大，却估算出相同的疲劳寿命，显然是不合理的。由于等效应变法既不能考虑应力与应变在变形过程中的相互影响，也不能反映加载路径等相关因素的影响，因而此方法不能用于非比例加载下的疲劳寿命估算。

10.3.3　循环塑性功的疲劳破坏理论

Garud[31]于 1981 年提出了塑性功理论，认为每循环塑性功 W_{c} 与疲劳寿命之间存在着幂指数关系，即

$$N_f = A W_{\mathrm{c}}^{r} \tag{10.56}$$

$$W_{\mathrm{c}} = \int_{\mathrm{cycle}} \sigma\,\mathrm{d}\varepsilon_{\mathrm{p}} + \tau\,\mathrm{d}\gamma^{\mathrm{p}} \tag{10.57}$$

其中，A、r 为材料常数。

这一观点主要借鉴于 Morrow[32]在 1965 年所提出的塑性功的累积是产生材料不可逆损伤进而导致疲劳破坏的主要原因这一概念而产生的。塑性功理论早期由 Morrow 提出后，Ostergren[33]将这一概念成功地描述了单轴疲劳。Garud 将其推广到多轴疲劳后，Jordan 等[34]将此理论修正后来预测非比例加载下的多轴疲劳寿命，取得了很好的效果。

Ellyin 等[35-40]提出了塑性应变能和总应变能理论，认为疲劳损伤是循环应变能密度的函数，其中较突出的 Ellyin 和 Kujawski 准则形式为

$$\Delta\sigma_{\mathrm{eq}}\Delta\varepsilon_{\mathrm{eq}} = K(2N_f)^c \tag{10.58}$$

其中，K、c 两参数可由单轴低周疲劳试验来得到。

该准则以破坏时多轴塑性形变功累积与单轴塑性形变功累积等效而得到的，其中采用了 von Mises 等效应力应变和幂指数本构关系。

塑性功理论尽管在某些情况下能够成功地描述疲劳问题，但 Fatemi 与 Socie[41]、

Leese[42]、Lee 和 Chiang[43]等认为，塑性功是标量，不能够反映多轴疲劳破坏机制。塑性功理论有三点不足：第一，用该法预测疲劳寿命时，需要精确的本构方程；第二，塑性功较小时难以进行寿命估算；第三，没有考虑平均应力和静水应力的影响。

10.3.4　临界平面法

1973 年 Brown 与 Miller 提出临界面法[44]，随后 Lohr 与 Ellison[45]于 1980 年也给出了一个类似的方法。该法要求确定破坏面及关于这个面上的应力与应变，因而具有一定的物理意义。该方法分两步进行：首先，计算出疲劳临界面上的应力应变历史；然后，将临界面位置的应力应变转化成累积的疲劳损伤。Brown 与 Miller 认为，疲劳裂纹扩展由两个参量控制，一个是最大剪应变，另一个是最大剪应变所在平面上的法向应变。他们认为裂纹第 I 阶段沿最大剪切面形成，第 II 阶段沿垂直于最大拉应变方向扩展，并把裂纹形成分两种情况。在组合拉伸与扭转中，主应变 ε_1 和 ε_3 平行于表面，裂纹沿着表面扩展称为 A 型(Case A)，对于正的双向拉伸应力，应变 ε_3 垂直于自由表面，裂纹在最大剪切应变面(自由面)上萌生进而沿纵深方向扩展称为 B 型(Case B)(图 10.9)。

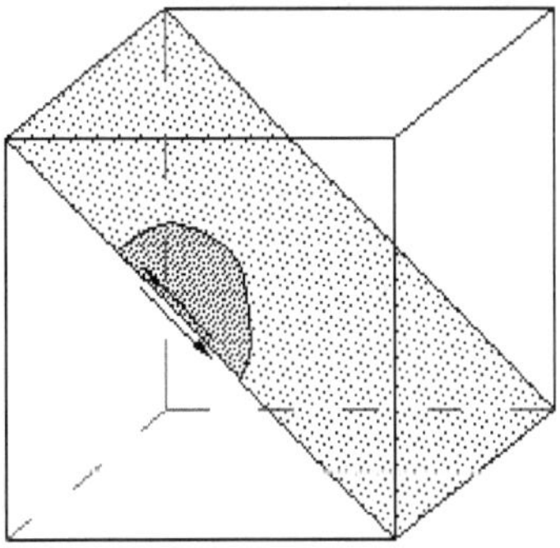

A 型裂纹

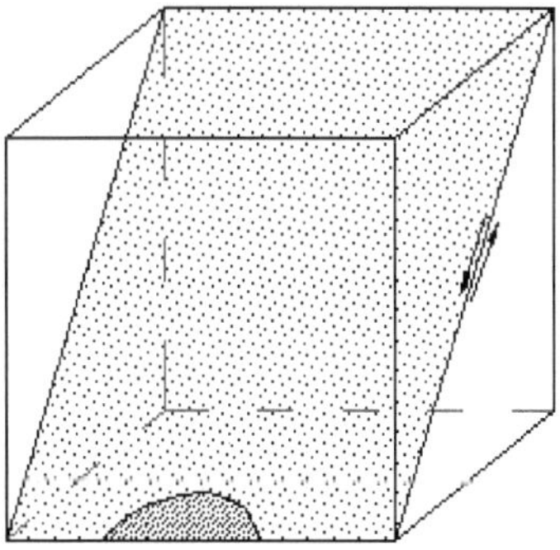

B 型裂纹

图 10.9　最大剪切和裂纹扩展方向的平面

Brown 和 Miller 准则是一系列等寿命曲线组成的 Γ -平面图来处理双轴疲劳数据，其表达形式为

$$\gamma_{\max} = f(\varepsilon_n) \tag{10.59}$$

该函数关系不确定，f 随寿命的不同而变化，而且与材料的泊松比有关。对于 A 型与 B 型两种不同类型裂纹扩展，在给定的材料和寿命下存在着两个不同的函数。

对于 A 型裂纹，Brown 和 Miller 得到如下关系式：

$$(\gamma_{\max}/2g)^j + (\varepsilon_n/h)^j = 1 \tag{10.60}$$

其中，g、h、j 是与寿命相关的经验系数。

对于 B 型裂纹，Tresca 准则给出偏于安全的疲劳寿命估算：

$$\gamma_{\max}/2 = C \tag{10.61}$$

这种临界面法的最大弱点是对每种材料需要大量的多轴低周疲劳数据作为预测寿命的基本依据。

为了避免上述的繁琐性，Kandi 等[46]于 1982 年提出另一种临界面方法，其准则形式为

$$\gamma_{\max} + S\varepsilon_n = C \tag{10.62}$$

其中，S 为单轴材料常数，可由单轴对称拉压低周疲劳试验得到。

由于临界面法考虑了多轴疲劳破坏机制，因而对实际寿命估算给出了较为满意的结果。后来，Miller 和 Brown[47]、Markinde 和 Neale[48]对该法做了进一步研究，提出用一个函数将临界面统一来表示：

$$g(\theta, N_f) = Kf_1(\theta)f_2(N_f) \tag{10.63}$$

其中，g 为从原点指向等寿命曲线的矢量；θ 为极角；K 为常数。

此外 Sakane 等[49,50]根据裂纹张开位移 COD 也提出了一种临界面法，其等效应变为

$$\varepsilon^* = \beta\varepsilon_1(2-\varphi)^m \begin{cases} -1 \leqslant \varphi \leqslant -0.5, m=-1, \beta=2.5 \\ -0.5 \leqslant \varphi \leqslant 1, m=-0.16, \beta=1.16 \end{cases} \tag{10.64}$$

其中，ε_1 为最大等效拉应变；$\varphi = \varepsilon_3/\varepsilon_1$，等效应变表示裂纹张开位移的强度，其临界面为最大主拉应变平面。

10.4　多轴低周疲劳损伤模型

对变幅多轴疲劳损伤计算，目前应用最多的是临界面法。临界面法认为疲劳破坏的主要原因是临界剪切面上的交变剪应变(应力)，但垂直于该平面的正应力对疲劳损伤也有贡献。在多轴循环载荷作用下所形成的典型起始裂纹有两种，即

Brown 和 Miller 所定义的 A 型和 B 型裂纹。A 型裂纹为浅长裂纹，裂纹沿着表面扩展。B 型裂纹为纵深裂纹，裂纹向深度方向扩展。在多轴疲劳损伤计算时要根据起始裂纹型式来选择不同的疲劳损伤参量，建立不同的临界面多轴疲劳损伤模型。

10.4.1　基于正应变或剪应变的多轴疲劳损伤模型

如果对临界面上的正应变进行循环计数，可采用基于正应变的临界面多轴疲劳损伤模型：

$$\frac{\Delta\varepsilon_{\max}}{2}=\frac{\sigma'_f}{E}(2N_f)^b+\varepsilon'_f(2N_f)^c \tag{10.65}$$

其中，$\Delta\varepsilon_{\max}$ 为经历最大正应变幅平面（定义为临界面）上的正应变范围；σ'_f、ε'_f、b、c 为单轴拉压加载下的疲劳材料常数；N_f 为疲劳寿命。

如果对临界面上的剪应变进行循环计数，则采用基于剪应变的剪切型模型来计算疲劳损伤，其损伤模型如下：

$$\frac{\Delta\gamma_{\max}}{2}=\frac{\tau'_f}{G}(2N_f)^{b'}+\gamma'_f(2N_f)^{c'} \tag{10.66}$$

其中，$\Delta\gamma_{\max}$ 为经历最大剪应变幅平面（定义为临界面）上的剪应变范围；τ'_f、γ'_f、b'、c' 为纯扭加载下的疲劳材料常数；N_f 为疲劳寿命。

10.4.2　Bannantine 模型[51]

Bannantine[51]将单轴的 Smith-Watson-Topper 损伤模型推广到多轴疲劳中，认为最大正应变幅平面上的正应变振幅和当前循环中的最大法向应力的乘积 $\frac{\Delta\varepsilon}{2}\sigma_{\mathrm{n\,max}}$ 作为多轴疲劳损伤参量，所建立的多轴疲劳损伤模型为

$$\frac{\Delta\varepsilon}{2}\sigma_{\mathrm{n\,max}}=\frac{\sigma'^2_f}{E}(2N_f)^{2b}+\sigma'_f\varepsilon'_f(2N_f)^{2c} \tag{10.67}$$

用上述模型计算疲劳损伤的步骤如下：①将应力和应变分解到一个可能的临界面上；②对正应变或剪应变谱进行常规的雨流计数及损伤计算；③对所有可能的临界面重复上述计算，获得各个临界面上的损伤值，取其最大值为最后的损伤结果。

10.4.3 Fatemi-Socie 模型[52]

Fatemi 与 Socie 将剪应变幅和最大正应力进行组合提出了一个多轴疲劳损伤参量，该损伤参量中外加一个多轴常数来考虑最大正应力与材料的屈服应力间的比值的影响，其损伤参量的形式如下：

$$\begin{aligned}\frac{\Delta\gamma}{2}\left(1+n\frac{\sigma_{\mathrm{n\,max}}}{\sigma_y}\right)=&\frac{1+\nu_{\mathrm{e}}}{E}\sigma_f'(2N_f)^b+\frac{n(1+\nu_{\mathrm{e}})}{2E\sigma_y}\sigma_f'^2(2N_f)^{2b}\\&+(1+\nu_{\mathrm{p}})\varepsilon_f'(2N_f)^c+\frac{n(1+\nu_{\mathrm{p}})}{2E\sigma_y}\sigma_f'\varepsilon_f'(2N_f)^{b+c}\end{aligned} \tag{10.68}$$

用 Fatemi-Socie 模型计算疲劳损伤时，先将应力和应变分解到最大剪切的临界面上，然后对剪应变谱进行雨流计数和疲劳损伤计算。对于变幅多轴载荷，对所有可能的临界面重复上述计算，获得各个临界面上的损伤累积值，取其最大的损伤累积值为最后的损伤计算结果。对于基于剪应变和 Fatemi-Socie 多轴疲劳损伤模型，除了 90°的临界面以外，最大的剪应变也可能与表面成 45°角，即材料以 B 型裂纹开裂。

10.4.4 Wang-Brown 模型[53, 54]

Wang-Brown 根据所提出的多轴计数循环方法，建议了一种多轴损伤模型，其模型的表达式如下：

$$\frac{\gamma_{\max}+S(\delta\varepsilon_{\mathrm{n}})}{1+\nu'+(1-\nu')S}=\frac{\sigma_f'-2\sigma_{\mathrm{n.mean}}}{E}(2N_f)^b+\varepsilon_f'(2N_f)^c \tag{10.69}$$

其中，$\gamma_{\max}$ 为一个加载历程中的剪切应变增量；$\delta\varepsilon_{\mathrm{n}}$ 为从起点至终点的连续历程区间中最大剪应变平面上的最大正应变变化量；S 为材料常数，可由多轴疲劳试验测得；ν' 为有效泊松比；$\sigma_{\mathrm{n.mean}}$ 是最大剪应变平面上的平均法向应力。经试验验证表明，该模型结合 Wang-Brown 的多轴循环计数方法来预测比例或非比例加载条件下的多轴疲劳寿命，取得了较好的效果。

10.4.5 统一型多轴疲劳损伤模型[55, 56]

文献[55]认为，临界面上的$\gamma_{\max}$、$\varepsilon_{\mathrm{n}}^*$是控制多轴疲劳损伤的两个参数，而$\varepsilon_{\mathrm{n}}^*$值是根据$\gamma_{\max}$的两个折返点间的$\varepsilon_{\mathrm{n}}$范围的大小来确定的。因而在多轴循环计数时，仅对临界面上的$\gamma_{\max}$进行循环计数，取出每个$\gamma_{\max}$的全循环后，计算出该$\gamma_{\max}$全

循环内 ε_n^* 值。由统一型疲劳损伤参量和寿命预测公式计算损伤，即

$$\Delta\varepsilon_{eq}^{cr}/2=\left[\varepsilon_n^{*2}+\frac{1}{3}(\Delta\gamma_{max}/2)^2\right]^{1/2} \tag{10.70}$$

$$\frac{\Delta\varepsilon_{eq}^{cr}}{2}=\frac{\sigma_f'}{E}(2N_f)^b+\varepsilon_f'(2N_f)^c \tag{10.71}$$

或

$$\Delta\gamma_{eq}^{cr}/2=\left[3\varepsilon_n^{*2}+(\Delta\gamma_{max}/2)^2\right]^{1/2} \tag{10.72}$$

$$\frac{\Delta\gamma_{eq}^{cr}}{2}=\frac{\tau_f'}{G}(2N_f)^{b'}+\gamma_f'(2N_f)^{c'} \tag{10.73}$$

其中，τ_f'、γ_f'、b'、c' 为纯扭循环加载下的疲劳材料常数；N_f 为疲劳寿命。

10.5 变幅多轴疲劳寿命预测方法

10.5.1 多轴循环计数方法

在多轴随机疲劳寿命估算中，如何进行多轴载荷的循环计数是非常重要的。在单轴疲劳研究中应用最广泛的是雨流计数法，在多轴变幅加载下仍可采用雨流计数法。按照失效机制，把主要在剪切面上萌生与扩展的裂纹情况称剪切破坏，其寿命预测模型称为剪切模型，这种破坏形式常存在于低周疲劳中。把主要在拉伸方向上裂纹扩展的裂纹情况称拉伸型破坏，其寿命预测模型被称为拉伸模型，其破坏形式在高周疲劳中常见较为常见。在循环载荷作用下，材料是形成拉伸型破坏还是形成剪切型破坏，是由材料类型和所受应变幅与应力状态所决定。

Bannantine[51]提出在不同平面上计循环数并将承受最大疲劳损伤的平面定义为临界平面。如果利用基于正应变的拉伸型疲劳损伤模型来计算疲劳损伤，可对临界面上的正应变进行循环计数。如果基于剪应变的剪切型模型来计算疲劳损伤，则对临界面上的剪应变进行循环计数。

Wang 与 Brown[53]提出一个基于等效应变的多轴循环计数方法。由于使用等效应变会使载荷谷值点的符号丢失，负的循环都折返到正的循环上。为解决这一问题，提出了一个相对等效应变的概念，定义一个加载历程(相当于半个循环)的起始转折点和终止转折点。在两个转折点之间,相对等效应变从零增加到最高点，基于单轴情况下的雨流计数法原理，只计数相对等效应变从零达到最高点

的半循环，对变幅多轴循环载荷历程进行循环计数。文献[57]以图 10.10 变幅多轴载荷下的载荷-时间历程为例说明了 Wang 与 Brown 循环计数过程，具体步骤如下：

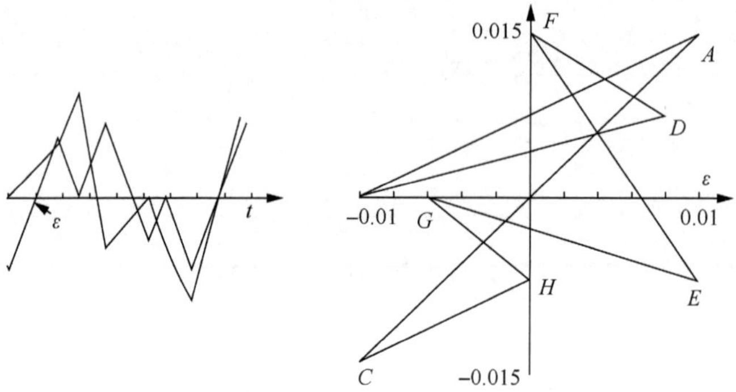

(a) 拉剪应变时间历程　　(b) 拉剪应变加载路径

图 10.10　变幅多轴载荷下的载荷-时间历程[57]

首先由已知的变幅多轴应变加载时间历程中的各分量 $\varepsilon_x(t)$、$\varepsilon_y(t)$、$\varepsilon_z(t)$、$\gamma_{xy}(t)$，计算等效应变时间历程 $\varepsilon_{\mathrm{eq}}(t)$ 。所计算的等效应变时间历程 $\varepsilon_{\mathrm{eq}}(t)$ 如图 10.11。开始循环计数时，首先确定循环历程中的最大或峰值等效应变点 M，等效应变值为 $\varepsilon_{\mathrm{eq}}^{\max}$ ，用此点作为第一个最大值参考点来整理载荷历程，确定开始与结束点，然后计算相对于峰值等效应变点的各点的相对值，即

$$\varepsilon_{\mathrm{eq}}^{\mathrm{r}}(t) = \varepsilon_{\mathrm{eq}}\left[\varepsilon_{ij}(t) - (\varepsilon_{\mathrm{eq}}^{\max})_{ij}\right] \tag{10.74}$$

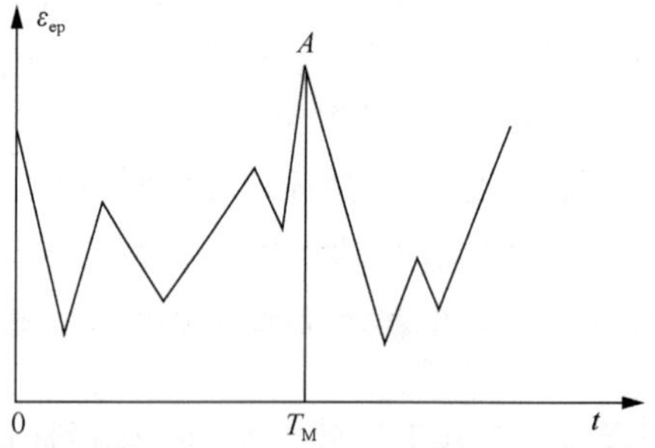

图 10.11　变幅多轴载荷下的等效应变时间历程

指定时刻 T_{M} 为起始时刻，其中时刻 T_{A} 对应于时刻 T_{M} 。利用各点的等效应变的相对值建立一个新的相对载荷-时间历程，如图 10.12(a)所示。新的相对载

荷-时间历程从 A 点开始，此处原为最大等效应变点，现为相对等效应变为零的起始点。相对等效应变从 A 点增加到 B 点，到此处开始下降，然后又上升经过与 B 点相对等效应变值相等的点 B^*，该点为相对于等效应变又开始增加的点。沿路径 $A—B—B^*—C$ 形成了一个加载历程，对应图 10.12(b) 中拉剪应变加载路径中的粗实线，则第一个加载历程被计数下来。计数过程中，在应变空间中循环是可以不连续的，但每部分数据只能被计数一次。

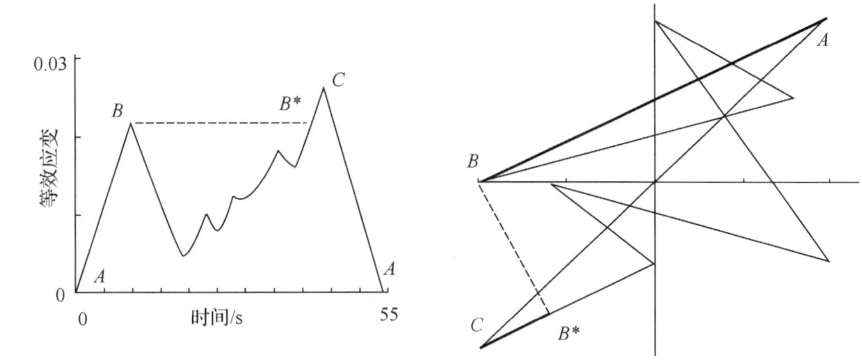

(a) 取出第一个加载历程时的相对等效应变时间历程　　(b) 拉剪应变加载路径

图 10.12　变幅多轴载荷下的第一个加载历程被计数过程[57]

对点 B 到点 B^* 间未计数数据，利用 B 点的等效应变作为最大值，按式(10.74)处理位于点 B 到点 B^* 间未计数的数据点，计算新的相对等效应变，得到取出第一个加载历程后余下的相对等效应变时间历程，如图 10.13(a)，则第二个加载历程 $B—D—D^*—E$ 被计数下来。

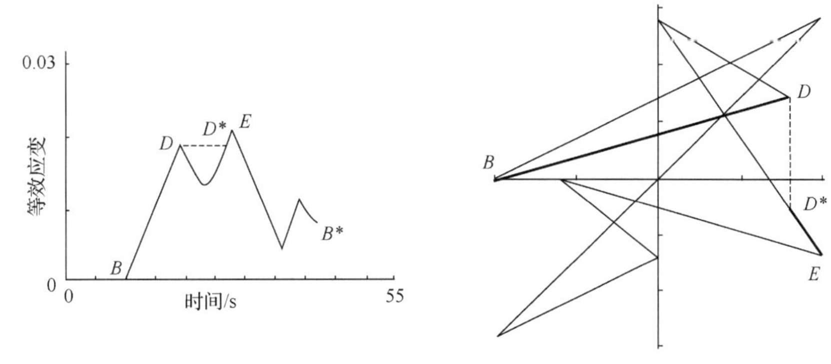

(a) 取出第二个加载历程时的相对等效应变时间历程　　(b) 拉剪应变加载路径

图 10.13　变幅多轴载荷下的第二个加载历程被计数过程[57]

沿 $B—D—D^*—E$ 所形成的第二个加载历程中，D 与 D^* 间的部分需要计数，

点 E 与点 B^*间的部分也需要计数。图 10.14(a)为首先考虑 D—D^*的情况。

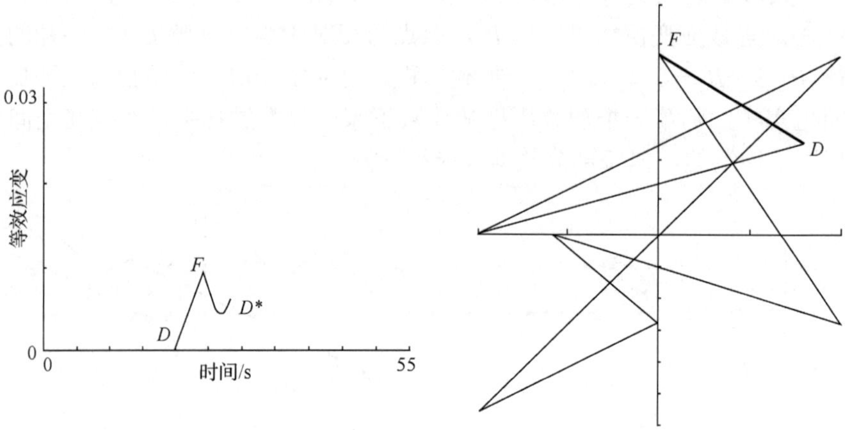

(a) 取出第三个加载历程时的相对等效应变时间历程　　(b) 拉剪应变加载路径

图 10.14　变幅多轴载荷下的第三个加载历程被计数过程[57]

D—F 构成了第三个加载历程，可以被计数出来。这里还有三段 E—B^*、F—D^*和 C—A 载荷历程的未被计数。此处在 F 点又定义新的相对等效应变，如图 10.15(a)所示，则第四个历程 F—D^*被计数出来。

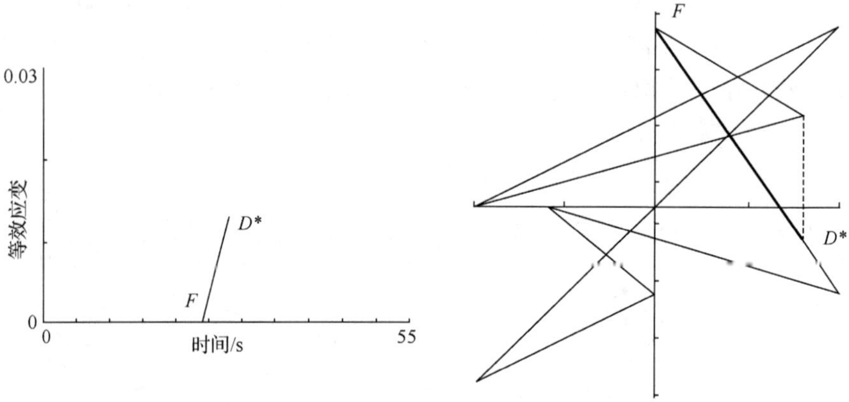

(a) 取出第四个加载历程时的相对等效应变时间历程　　(b) 拉剪应变加载路径

图 10.15　变幅多轴载荷下的第四个加载历程被计数过程[57]

计数的 E—B^*间的载荷历程，如图 10.16(a)所示，E—G 为第五个被计数下来的加载历程，余下来的部分为 G—B^*。

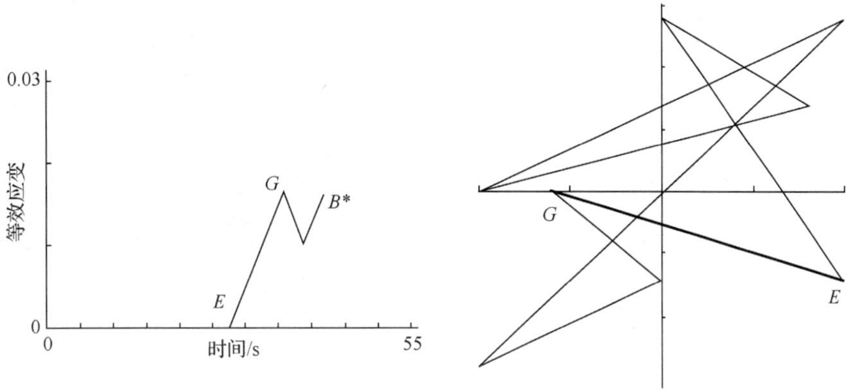

(a) 取出第五个加载历程时的相对等效应变时间历程　(b) 拉剪应变加载路径

图 10.16　变幅多轴载荷下的第五个加载历程被计数过程[57]

再使用 G 点作为最大等效应变计算新的相对等效应变，则第六个加载历程 G—H 被计数下来，如图 10.17(a)所示，余下部分为 H—B^*。

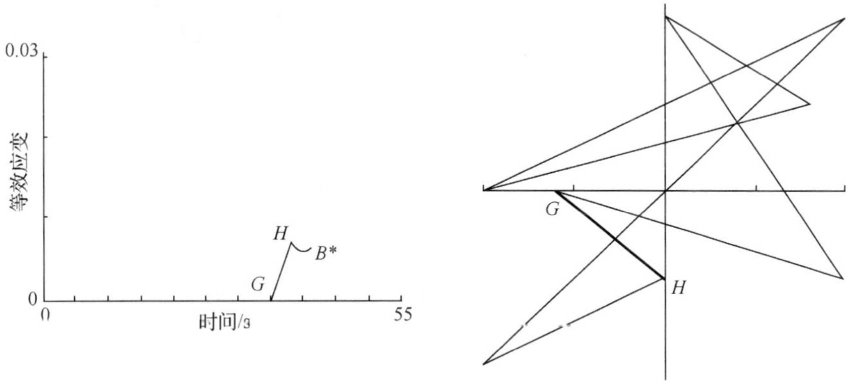

(a) 取出第六个加载历程时的相对等效应变时间历程　(b) 拉剪应变加载路径

图 10.17　变幅多轴载荷下的第六个加载历程被计数过程[57]

第七个被计数的加载历程为 H—B^*，如图 10.18 所示。注意此被计数的加载历程由路径 H—C 的一部分组成(图 10.10)。H—C 的另一部分用来构成第一个加载历程。

最后一个所计数的加载历程，即第八个加载历程是 C 点返回到开始点 A，即 C—A，如图 10.19。

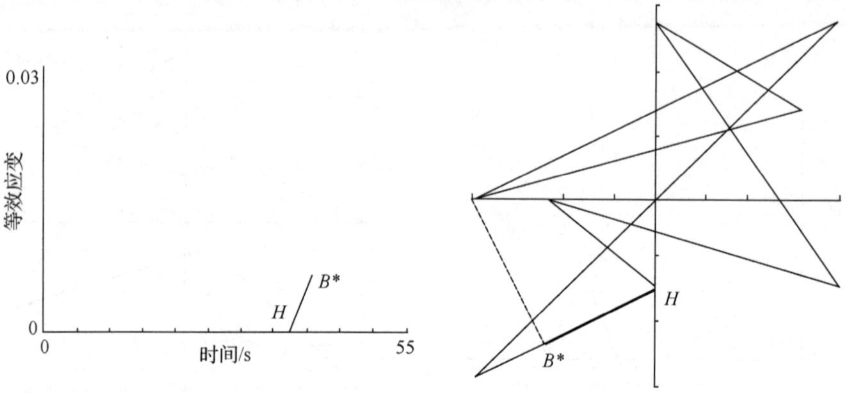

(a) 取出第七个加载历程时的相对等效应变时间历程　　(b) 拉剪应变加载路径

图 10.18　变幅多轴载荷下的第七个加载历程被计数过程[57]

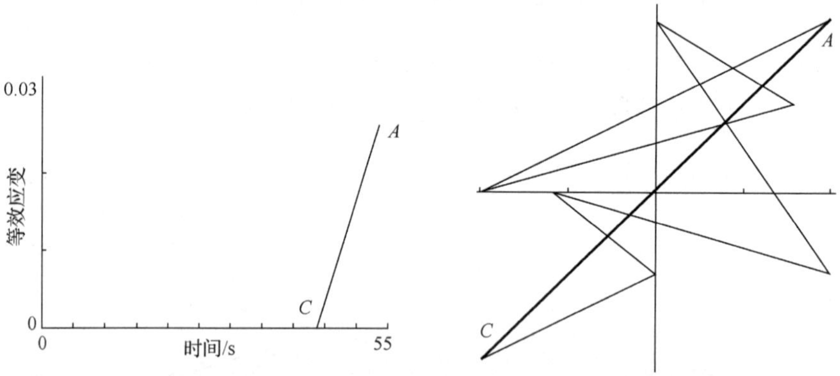

(a) 取出第八个加载历程时的相对等效应变时间历程　　(b) 拉剪应变加载路径

图 10.19　变幅多轴载荷下的第八个加载历程被计数过程[57]

如果等效相对应变仍然是非单调增加，那么继续用雨流法鉴别历程及未处理的时间段，一直进行到单调增加为止。

10.5.2　变幅多轴疲劳寿命预测步骤

在循环加载历程中，要对每一个循环所产生的疲劳损伤进行累积。在变幅多轴加载下，应用最广泛的是线性累积损伤理论，即 Miner 定理。Miner 定理的最大局限性是不能考虑加载顺序的影响。通过对大应变幅和小应变幅加载下的损伤情况研究发现，疲劳损伤总是以非线性方式累积的。在疲劳寿命的初始部分，由于小裂纹刚刚萌生，损伤的累积速度很慢。一旦裂纹形成，随着尺寸的增长裂纹扩展的速度会加快。随着应力幅的增大，损伤累积速度加快，损伤才逐渐趋于线性方式累积。因此在精度要求较高的情况下，损伤累积应采用非线性疲劳损伤累积模型。但由于非线性损伤累积模型中一般会含有多个材料常数，形式较为复杂。因此在满足工程实际要求的前提下，尽可能选用简单实用的 Miner 线性损伤累积模型。

变幅多轴疲劳寿命预测方法基本是基于单轴局部应力应变法的思想，一般步骤为：①确定材料稳定的循环应力-应变曲线，其中要考虑非比例强化特性、各向同性的硬化和软化的影响；②确定结构危险部位的多轴应力应变历程；③利用坐标旋转的方法确定每个材料平面的应力应变时间历程，对应力应变历程进行多轴循环计数；④由多轴疲劳损伤模型计算每个平面上的疲劳损伤；⑤选取合适的疲劳损伤模型进行损伤累积；⑥受最大疲劳损伤的平面为最后的临界面，得出寿命预测结果。

变幅多轴疲劳寿命预测步骤如图 10.20 所示。下面对几种变幅多轴疲劳寿命预测方法分别进行介绍。

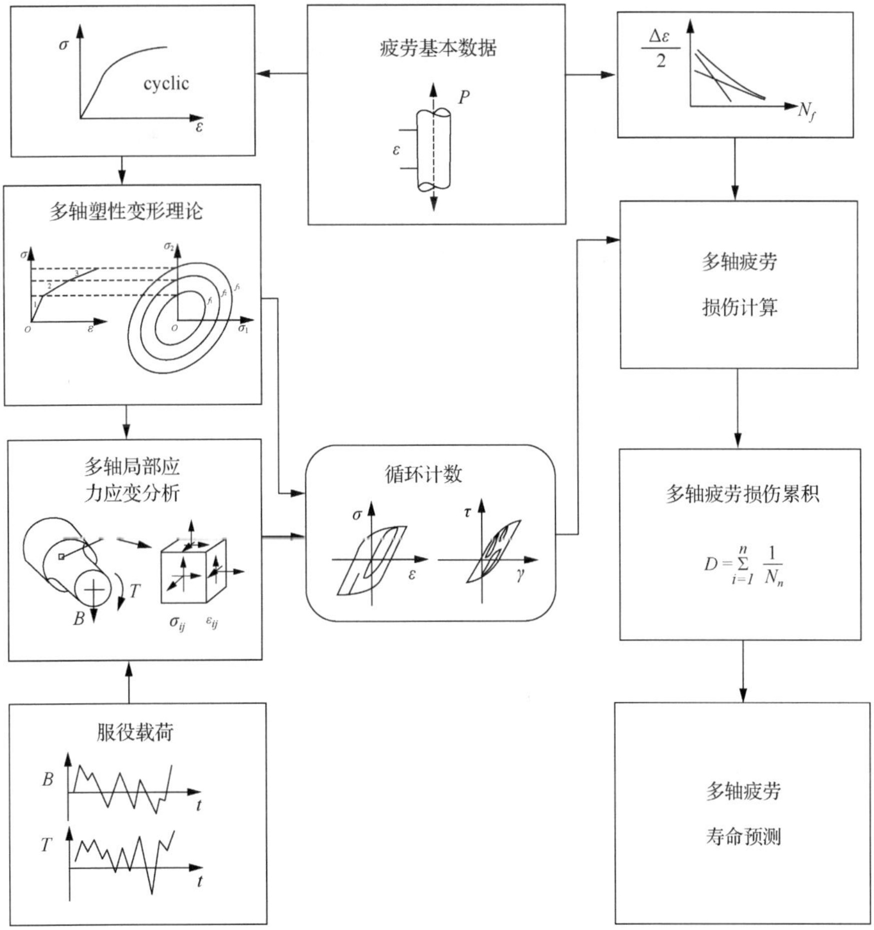

图 10.20　变幅多轴疲劳寿命预测一般步骤

1. Bannantine-Socie 方法[51]

Bannantine-Socie 变幅多轴疲劳寿命预测方法的步骤如下。

(1)利用贴应变花测量构件中的危险点,实测应变花各个通道的应变谱作为输入数据;

(2)编辑应变峰谷值点，利用塑性本构关系模型确定应力响应。由于疲劳裂纹通常在表面萌生，因此按平面应力状态可大大简化应力响应历程的计算过程。一般使用双曲面模型结合 von Mises 准则，正交流动规则和 Mroz 随动强化规则来计算多轴应力响应。计算时假设应力应变响应是稳态的，无瞬时非比例强化现象。

(3)根据前两步所得到的应力应变历程，将经历最大损伤的平面定义为临界面，利用临界面法来预测疲劳寿命。由于在变幅多轴非比例加载下，临界面不是固定的，因此需要对所有可能的临界损伤平面进行损伤计算，在计算过程中可利用坐标旋转的方法来确定各个平面上的应力应变，最后确定最大损伤临界面。

(4)针对拉伸或剪切的不同损伤模式,利用雨流计数法对各个面上的正应变或剪应变进行循环计数，利用拉伸或剪切形式的损伤参量计算多轴疲劳损伤。

(5)由 Miner 线性累积疲劳损伤理论对所有可能的损伤平面进行疲劳损伤累积。

(6)把承受累积损伤最大值的平面的寿命作为最终疲劳寿命预测结果。

Bannantine-Socie 变幅多轴疲劳寿命预测方法的简图见图 10.21。

2. Wang-Brown 方法

Wang-Brown 变幅多轴疲劳寿命预测方法的步骤如下。

(1)根据所得到的各个通道的应变谱计算等效应变谱;

(2)利用等效相对应变概念，定义一个加载历程的起始和终止两个转折点,在这两点之间等效相对应变从零增加到它的最高点。

(3)利用 Wang-Brown 的循环计数方法进行循环计数，计数一直进行到等效相对应变单调增加为止。

(4)由式(10.69)计算疲劳损伤。

(5)由 Miner 线性疲劳累积理论进行疲劳损伤累积，得出疲劳寿命预测结果。

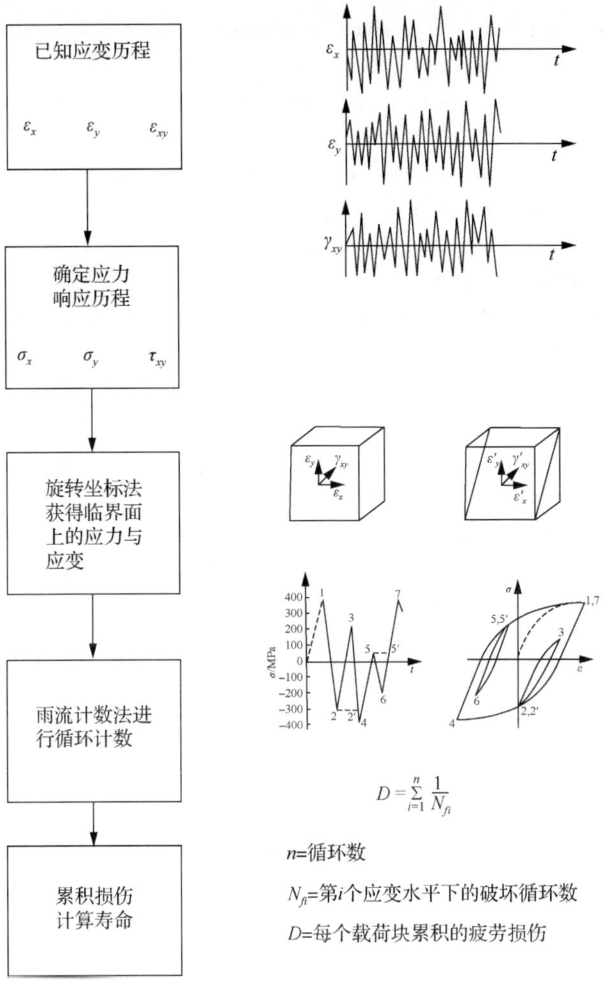

图 10.21　Bannantine-Socie 变幅多轴疲劳寿命预测步骤

参 考 文 献

[1] Osgood C C. Fatigue Design. New York: Wiley-Inter Science, 1983: 74.

[2] Socie D F, Marquis G B. Multiaxial Fatigue. Warrendale: SAE, 2000.

[3] Ellyin F, Neale K W. Effect of cyclic loading on the yield surface. Journal of Pressure Vessel Technology, 1979, 101: 59-63.

[4] Ellyin F. A cyclic constitutive relation for multiaxial stress states. The second Inter Conf on Low Cycle Fatigue and Elasto-plastic Behavior of Materials. Munich FRG, 1987: 165-169.

[5] Suresh S. 材料的疲劳. 王中光, 等译. 北京: 国防工业出版社, 1993.

[6] Ohashi Y, Tanaka E, Ooka M, et al. Plastic deformation behaviour of type 316 stainless steel subject to out-of-phase strain cycles. Trans ASME, J. Engng. Mater. Tech, 1985, 107: 286-292.

[7] Kanazawa K, Miller K J, Brown M W. Cyclic deformation of 1% Cr-Mo-V steel under out-of -phase loads. Fatigue Engng Mater Struct, 1979, 2: 217-222.

[8] Lee Y L, Chiang Y J, Wong H H. A constitutive model for estimating multiaxial notch strains. ASME, Journal of Engineering Materials and Technology, 1995, 117: 33-40.

[9] Bannantine J A. A Variable Amplitude Multiaxial Fatigue Life Prediction Method. Urbana-Champaign: University of Illinois at Urbana-Champaign, 1989.

[10] McDowell D L. Evaluation of intersection conditions for two-surface plasticity theory. Internation Journal of Plasticity, 1989, 5: 29-50.

[11] McDowell D L, Socie D F. Transient and stable deformation behaviour under cyclic nonproportional loading. Multiaxial Fatigue, ASTM STP853, 1985: 64-87.

[12] Ellyin F, Xia Z. A rate-independent constitutive model for transient nonproportional loading. Trans ASME, Journal of the Mechanics & Physics of Solids, 1977, 99: 222-228.

[13] Garud Y S. Multiaxial Fatigue: A survey of the art. J Testing and Evaluation, 1981, 9(3): 165-178.

[14] Gough H J. Crystalline structure in relation to failure of metals—especially fatigue// Proc. ASTM33 Prt II, 1933: 3.

[15] Stulen F B. A failure criterion for multiaxial stresses. Proc. ASTM, 1954, 54: 822.

[16] Sines G, Waisman J L. Metal Fatigue. London: McGraw—Hill, 1959.

[17] Gough H J, Pollard H V. The strength of metals under combined alternating stress. Proc. Inst. Mech. Engrs., 1935, 131: 3.

[18] Stanfield G. Remarks on strength of metals under combined alternating stress. Proc. Inst. Mech. Engrs., 1935, 131: 93.

[19] Findley W N. Fatigue of metals under combinations of stress. Trans. ASME, 1957, 79: 1337.

[20] Mcdiarmid D L. A new analysis of fatigue under combined bending and testing. Aeronautical Journal, 1974, 78: 325.

[21] Marin J. Interpretation of fatigue strength for combined stresses// Proc. Conf. on fatigue, Inst. Mechanical Engineers and ASTM, 1965: 184.

[22] Yokobori T, et al. Low cycle fatigue of thin-walled hollow-cylinder specimens of mild steel in uniaxial and torsional tests at constant strain amplitude. Int. J. Fracture mechanics, 1965, 1: 3.

[23] Taira S, Inoue J, Takashashi M. Low cycle fatigue under multiaxial stresses// The 10th Japan Congress on Testing Materials, 1967: 38.

[24] Pasco K J, Devilliers J W R. Low cycle fatigue of steels under biaxial straining. J. strain analysis, 1967, 2: 117.

[25] Sines G, Ohgi G. Fatigue criteria under combined stresses or strains. Trans, ASME. J. Engng. Mater Tech., 1981, 103: 82-90.

[26] Andrews J M H, Ellison E G. A testing rig for cycling at high biaxial strains. J. Strain Analysis, 1973, 8: 168.

[27] Liberting G Z. Short-life fatigue under combined stress. J. Strain Analysis, 1967, 2: 91.

[28] Zamrik S Y, Goto T. The use of octahedral shear strain in biaxial low cycle fatigue. Materials Technology on Inter-American Approach, ASME, New York, 1968: 551.

[29] Lefebvre D F. Hydrostatic effect on the life prediction in biaxial low-cycle fatigue//Proc. 2nd Int.Conf on Multiaxial Fatigue, Sheffield, 1985.

[30] Zamrik S Y, Frismuth R E. The effect on out of phase biaxial strain cycling on low-cycle fatigue. Exp, Mech. SESA, 1973, 13: 204.

[31] Garud Y S. A new approach to the evaluation of fatigue under multiaxial loading. Trans, ASME, J. Engng. Mater. Tech., 1981, 103: 118-125.

[32] Morrow J. Cyclic plastic strain energy and fatigue of metals// ASME STP378, 1965: 45-84.

[33] Ostergren W J. A damage fundation hold time and frequency effects in elevated temperature low cycle fatigue. J. Testing Eval, 1967, 4: 327-339.

[34] Jordan E H, Brown M W, Miller K J. Fatigue under severe non-proportional loading, Multiaxial Fatigue// ASTM STP 853, 1985: 569-585.

[35] Ellyin F, Valaire B. High-strain multiaxial fatigue. Trans. ASME, J. Engng. Mater. Tech., 1982, 104: 165.

[36] Lefebvre D, Neale K W, Ellyin F. A criterion for low-cycle fatigue under biaxial states of stress. Trans. ASME, J. Engng. Mater. Tech., 1981, 103: 1-6.

[37] Ellyin F, Valaire B. Development of fatigue failure theories for multiaxial high strain conditions. SM Archives, 1983, 10: 45.

[38] Ellyin F. Recent development in predicting multiaxial fatigue failure. Res. Mechanica, 1988, 25: 3-23.

[39] Golos K, Ellyin F. A total strain energy density theory for cumulative fatigue damage. J. Press Vess. Tech., 1988, 102(2): 36.

[40] Elllyin F, Kujawski D. Plastic strain energy in fatigue failure. ASME, J. Press Vess. Tech., 1984, 106: 342-347.

[41] Fatemi A, Socie D F. A critical plane approach to multiaxial fatigue damage including out-of phase loading. Fatigue Engng. Mater. Struct., 1988, 14: 149-165.

[42] Leese G E. Engineering significance of recent multiaxial research// Low Cycle Fatigue. ASME STP942, 1988: 861-873.

[43] Lee Y L, Chiang Y J. Fatigue predictions for components under biaxial reversed loading. J. Testing Eval., 1991, 19: 359-367.

[44] Brown M W, Miller K J. A theory for fatigue failure under multiaxial stress and strain conditions. Proc. Inst. Mechanical Engineers, 1973, 187: 745-755.

[45] Lohr R D, Ellison E G. A simple theory for low cycle multiaxial fatigue. Fatigue Fract. Engng. Mater. Struct., 1980, 3: 1-17.

[46] Kandi F A, Brown M W, Miller KJ. Biaxial low-cycle fatigue of 316 stainless of elevated temperature. The Metals Society, 1982, 280: 205-210.

[47] Miller K J, Browm M W. Multiaxial fatigue: A brief review, Proc of ICF6. Advanced Fracture Research, 1986, 1: 31-56.

[48] Makinde A, Neale K W. A general criterion for low-cycle multiaxial fatigue failure. J. Engng. Mater. Tech., 1989, 111: 263-269.

[49] Sakane M, Ohnami M, Sawada M. Fracture modes and low cycle biaxial fatigue life at elevated temperature. J. Engng. Mater. Tech., 1987, 109: 243-263.

[50] Sakane M, et al. Biaxial low cycle fatigue of unared and aged 1Cr-1Mo-1/4V steels at elevated temperature. J. Engng. Mater. Tech., 1991, 113: 244-253.

[51] Bannantine J A. A Variable Amplitude Multiaxial Fatigue Life Prediction Method. Urbana-Champaign: University of Illinois at Urbana-Champaign, 1989.

[52] Fatemi A, Socie D F. A critical plane approach to multiaxial fatigue damage including out-of-phase loading. Fatigue and Fracture of Engineering Materials and Structures, 1988, 11: 149-165.

[53] Wang C H, Brown M W. Life prediction techniques for variable amplitude multiaxial fatigue-part 1: Theories. ASME Journal of Engineering Material and Technology, 1996, 118: 367-370.

[54] Wang C H, Brown M W. Life prediction techniques for variable amplitude multiaxial fatigue-Part 2: Comparison with experimental results. ASME Journal of Engineering Materials and Technology, 1996, 118: 371-374.

[55] Shang D G, Wang D J. A new multiaxial fatigue damage model based on the critical plane approach. International Journal of Fatigue, 1998, 20: 241-245.

[56] 尚德广. 多轴疲劳损伤与寿命预测研究. 沈阳: 东北大学, 1996.

[57] Socie D F, Marquis G B. Multiaxial Fatigue. Warrendale: SAE Publication Press, 2000.

第 11 章　基于频域的疲劳分析方法

11.1　引　　言

传统的疲劳寿命预测方法通常通过时域信号(应力或应变时间历程)进行循环计数，然后计算所计数出每个循环所造成的损伤，最后累积所有循环的损伤量估算出寿命。然而在处理非常长的随机载荷-时间历程时，如振动疲劳，基于时域的方法处理起来会非常困难。在这种情况下，疲劳寿命预测可基于频域的分析方法，即根据压缩的频域信号，随机载荷信号用功率谱密度(power spectral density)来预测疲劳损伤。由于获取一个功率谱密度载荷信号通常比获取一个时域载荷信号要方便,尤其针对复杂有限元模型的动态分析中,进行的频率响应分析要比计算量很大的时域瞬态动载荷分析快捷的多，因此该方法目前在航空、航天、航海、交通运输及工程机械等相关领域得到了广泛的应用。

频域法与时域法最大的区别在于载荷信号(应力或应变)的统计方法上。基于时域的疲劳分析方法是通过循环计数法统计应力或应变循环的峰谷值信息。特点是误差较小，但计算较为复杂。基于频域的疲劳分析方法是通过一个概率密度函数描述了应力或应变的幅值或者峰值的信息。其特点是计算便捷，但误差较大，而且不能考虑载荷顺序对疲劳寿命的影响。

本章首先简要介绍频域分析方法的基本知识，然后简单介绍窄带和宽带随机过程下的疲劳损伤分析方法。

11.2　随机过程基本理论

1. 随机过程[1]

通常把一组随机变量定义为随机过程。在研究随机过程时，将透过表面的偶然性来描述出必然的内在规律并以概率的形式来描述这些规律。随机信号也称之为非确定性信号，其信号的幅值和频率都是随时间发生变化的，没有固定的规律，因此它不能够用一个简单的数学表达式来描述，但其幅值的波动会呈现一定的统计规律。由于随机信号无法用确定的时间函数来描述，因此不能够预测它未来的任何瞬时值，也就是说，任何一次观测结果只能代表其在变动范围中可能产生的众多结果之一。

如果对随机信号所作的各次长时间观测记录记作样本时间历程 $X_i(t)$，那么随机过程则是全部样本时间历程的集合，记作 $\{X(t)\}$，即

$$\{X(t)\}=\{X_1(t),\ X_2(t),\ X_3(t),\cdots\} \tag{11.1}$$

在全部样本时间历程的集合 $\{X(t)\}$ 中，在某一指定时刻 t_0 时对所有样本的观测值 $X_1(t_0)$，$X_2(t_0)$，$X_3(t_0),\cdots$ 取平均，称作集合平均。集合平均统计参数的均值 μ_x 为

$$\mu_x=\frac{1}{n}\sum_{i=1}^{n}X_i(t_0) \tag{11.2}$$

可以看出，集合平均统计参数是与观测时间有关的。如果按单个样本时间历程进行平均，则称为时间平均值，其值可由下式计算：

$$\mu_x=\frac{1}{T}\int_0^T X(t)\mathrm{d}t \tag{11.3}$$

根据集合平均统计参数随时间变化的不同，随机信号可分为平稳随机信号和非平稳随机信号。平稳随机信号特点是随机过程中所有的集合平均参数不随时间发生变化，即总体的均值、标准差、方差和均方值都不随时间发生变化。非平稳随机信号是随机过程中所有的集合平均参数随时间发生变化。时间平均通常作为判断随机信号是否为平稳随机信号的一个重要标准。

在平稳随机信号中，如果任一单个样本时间历程的时间平均统计参数等于该过程的集合平均统计参数，则这样的平稳随机过程称为各态历经随机过程。

对一个随机过程，可用自相关函数来描述随机信号 $X(t)$ 本身在不同时刻的相似程度。例如通过在 t_1 和 t_2 时刻对随机变量 X 进行采样，则自相关函数就是 $X(t_1)$ 和 $X(t_2)$ 的平均值，可用 $E[X(t_1)X(t_2)]$ 来表示。

对于平稳随机过程，$E[X(t_1)X(t_2)]$ 的值仅取决于时间差 $\tau=t_2-t_1$，不会随着时间而变化。所以 $X(t)$ 的自相关函数可以用 $R(\tau)$ 来表示，即

$$R(\tau)=E[X(t_1)X(t_2)] \tag{11.4}$$

2. 傅里叶级数

任何一个周期信号都可分解成一系列由不同幅值、相位和频率的正弦波、余弦波叠加而成。如图 11.1 中的一个近似的方波信号是由不同幅值和频率的正弦波相叠加而构成的。当这样的周期越来越小正弦波的增加，所叠加而成的结果将趋近于理想的方波(图 11.1(b))。

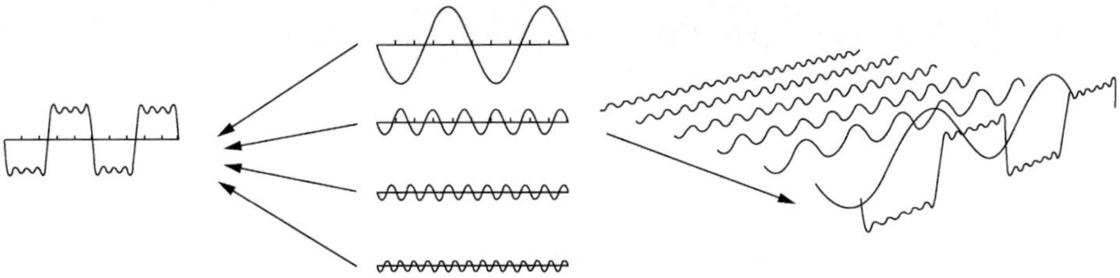

(a) (b)

图 11.1 正弦波叠加而成的方波

如果 $X(t)$ 为一个周期为 T 的周期信号，那么这个周期性时间函数 $X(t)$ 可以展开成三角级数，即傅里叶级数：

$$X(\mathrm{t}) = A_0 + \sum_{k=1}^{\infty}\left(A_k \cos\frac{2\pi k}{T}t + B_k \sin\frac{2\pi k}{T}t\right) \tag{11.5}$$

其中，傅里叶系数：

$$A_0 = \frac{1}{T}\int_{-\frac{T}{2}}^{\frac{T}{2}} X(t)\mathrm{d}t \tag{11.6}$$

$$A_k = \frac{2}{T}\int_{-\frac{T}{2}}^{\frac{T}{2}} X(t)\cos\frac{2\pi kt}{T}\mathrm{d}t \tag{11.7}$$

$$B_k = \frac{2}{T}\int_{-\frac{T}{2}}^{\frac{T}{2}} X(t)\sin\frac{2\pi kt}{T}\mathrm{d}t \tag{11.8}$$

式(11.5)傅里叶级数也可以表示为复数的形式：

$$X(t) = \sum_{k=1}^{\infty} C_k \mathrm{e}^{\frac{\mathrm{i}2\pi k}{T}t} \tag{11.9}$$

其中

$$C_k = \frac{1}{T}\int_{-\frac{T}{2}}^{\frac{T}{2}} X(t)\mathrm{e}^{-\frac{\mathrm{i}2\pi k}{T}\mathrm{t}}\mathrm{d}t \tag{11.10}$$

如果用角速度 ω 表示谐振频率，则第 k 阶的谐振频率为

$$\omega_k = \frac{2\pi k}{T} \tag{11.11}$$

两相邻周期函数之间的角速度间隔为

$$\Delta\omega = \frac{2\pi}{T} \tag{11.12}$$

式(11.12)代入式(11.9)中，那么傅里叶级数也可写成

$$X(t) = \sum_{k=1}^{\infty} \mathrm{C}_k \mathrm{e}^{\mathrm{i}k\Delta\omega t} \tag{11.13}$$

3. 傅里叶变换

如果 $X(t)$ 的绝对值的积分存在，也就是这个函数是可积的，即

$$X(\mathrm{t}) = \int_{-\infty}^{\infty} \left| X(t) \right| \mathrm{d}t \leqslant \infty \tag{11.14}$$

那么，可以将傅里叶级数转换为傅里叶积分。

设 $A_0 = 0$，将式(11.6)~式(11.8)代入式(11.5)中得

$$\begin{aligned} X(t) = &\sum_{k=1}^{\infty}\left(\frac{2}{T}\int_{-\frac{T}{2}}^{\frac{T}{2}} X(t)\cos\frac{2\pi kt}{T}\mathrm{d}t\right)\cos\frac{2\pi k}{T}t \\ &+ \sum_{k=1}^{\infty}\left(\frac{2}{T}\int_{-\frac{T}{2}}^{\frac{T}{2}} X(t)\sin\frac{2\pi kt}{T}\mathrm{d}t\right)\sin\frac{2\pi k}{T}t \end{aligned} \tag{11.15}$$

将式(11.11)和式(11.12)代入上式，则

$$\begin{aligned} X(t) = &\sum_{k=1}^{\infty}\left(\frac{\Delta\omega}{\pi}\int_{-\frac{T}{2}}^{\frac{T}{2}} X(t)\cos\omega_k t\mathrm{d}t\right)\cos\omega_k t \\ &+ \sum_{k=1}^{\infty}\left(\frac{\Delta\omega}{\pi}\int_{-\frac{T}{2}}^{\frac{T}{2}} X(t)\sin\omega_k t\mathrm{d}t\right)\sin\omega_k t \end{aligned} \tag{11.16}$$

当周期 T 趋于无穷大，$\Delta\omega$ 可用 $\mathrm{d}\omega$ 表示，符号 Σ 可以变成积分，其积分的上下限为 0 到 ∞。此时由于频率在一个宽广的频带上变化，即为一个连续变量，那么 ω_k 可用 ω 来描述，则

$$
\begin{aligned}
X(t)=&\int_0^{\infty}\frac{\mathrm{d}\omega}{\pi}\left(\int_{-\infty}^{\infty}X(t)\cos\omega t\mathrm{d}t\right)\cos\omega t\\
&+\int_0^{\infty}\frac{\mathrm{d}\omega}{\pi}\left(\int_{-\infty}^{\infty}X(t)\sin\omega t\mathrm{d}t\right)\sin\omega t
\end{aligned}
\tag{11.17}
$$

令

$$A(\omega)=\frac{1}{2\pi}\int_{-\infty}^{\infty}X(t)\cos\omega t\mathrm{d}t \tag{11.18}$$

$$B(\omega)=\frac{1}{2\pi}\int_{-\infty}^{\infty}X(t)\sin\omega t\mathrm{d}t \tag{11.19}$$

则式(11.17)可以写成

$$X(t)=2\int_0^{\infty}A(\omega)\cos\omega t\mathrm{d}\omega+2\int_0^{\infty}B(\omega)\sin\omega t\mathrm{d}\omega \tag{11.20}$$

上式为 $X(t)$ 的傅里叶的积分表达式，称为傅里叶变换，其中 $A(\omega)$ 和 $B(\omega)$ 为 $X(t)$ 的傅里叶变换分量。

如果把上式写成复数的形式，由欧拉公式：

$$\mathrm{e}^{\pm\mathrm{i}\theta}=\cos\theta\pm\mathrm{i}\sin\theta \tag{11.21}$$

定义复变函数 $X(\omega)$ 为

$$X(\omega)=A(\omega)-\mathrm{i}B(\omega) \tag{11.22}$$

则式(11.18)、式(11.19)代入上式为

$$X(\omega)=\frac{1}{2\pi}\int_{-\infty}^{\infty}X(t)\cos\omega t\mathrm{d}t-\mathrm{i}\frac{1}{2\pi}\int_{-\infty}^{\infty}X(t)\sin\omega t\mathrm{d}t \tag{11.23}$$

考虑欧拉公式，即式(11.21)，上式可变成如下形式：

$$X(\omega)=\frac{1}{2\pi}\int_{-\infty}^{\infty}X(t)\mathrm{e}^{-\mathrm{i}\omega t}\mathrm{d}t \tag{11.24}$$

上式 $X(\omega)$ 称为 $X(t)$ 傅里叶变换。

式(11.20)也可以写成复数的形式。从式(11.18)、式(11.19)可以看出 $A(\omega)$ 为 ω 的偶函数，$B(\omega)$ 是 ω 的奇函数，且 $A(\omega)\cos\omega t$ 与 $B(\omega)\sin\omega t$ 都是 ω 的偶函数，那么式(11.20)可以写成

$$X(t)=\int_{-\infty}^{\infty}A(\omega)\cos\omega t\mathrm{d}\omega+\int_{-\infty}^{\infty}B(\omega)\sin\omega t\mathrm{d}\omega \tag{11.25}$$

由于 $A(\omega)\sin\omega t$ 和 $B(\omega)\cos\omega t$ 都是 ω 的奇函数，即

$$\int_{-\infty}^{\infty}A(\omega)\sin\omega t\mathrm{d}\omega=0 \tag{11.26}$$

$$\int_{-\infty}^{\infty}B(\omega)\cos\omega t\mathrm{d}\omega=0 \tag{11.27}$$

将式(11.26)、式(11.27)两个等于零的表达式以复数的虚部形式加入到式(11.25)中：

$$X(t)=\int_{-\infty}^{\infty}A(\omega)\cos\omega t\mathrm{d}\omega+\int_{-\infty}^{\infty}B(\omega)\sin\omega t\mathrm{d}\omega$$
$$+i\int_{-\infty}^{\infty}A(\omega)\sin\omega t\mathrm{d}\omega-\mathrm{i}\int_{-\infty}^{\infty}B(\omega)\cos\omega t\mathrm{d}\omega$$

整理后，并考虑式(11.21)、式(11.22)，则上式可写成

$$\begin{aligned}X(t)&=\int_{-\infty}^{\infty}[A(\omega)-\mathrm{i}B(\omega)][\cos\omega t+\mathrm{i}\sin\omega t]\mathrm{d}\omega\\&=\int_{-\infty}^{\infty}X(\omega)\mathrm{e}^{\mathrm{i}\omega t}\mathrm{d}\omega\end{aligned} \tag{11.28}$$

将上式与式(11.24)写在一起：

$$\begin{cases} X(\omega)=\dfrac{1}{2\pi}\displaystyle\int_{-\infty}^{\infty}X(t)\mathrm{e}^{-\mathrm{i}\omega t}\mathrm{d}t \\ X(t)=\displaystyle\int_{-\infty}^{\infty}X(\omega)\,\mathrm{e}^{\mathrm{i}\omega t}\mathrm{d}\omega \end{cases} \tag{11.29}$$

这就是傅里叶变换对 $X(\omega)\leftrightarrow X(t)$ 的表达。函数 $X(\omega)$ 是函数 $X(t)$ 傅里叶变换，而函数 $X(t)$ 是函数 $X(\omega)$ 傅里叶逆变换。

式(11.29)表达了随机过程 $X(t)$ 与频谱 $X(\omega)$ 之间的转换关系，即傅里叶变换能够将一个时域函数信息表示在频域上，反之亦然。

4. 功率谱密度

功率谱密度，也称为谱密度，是对随机变量均方值的量度，它是一种概率统计方法。对于随机振动分析，功率谱密度是结构在随机动态载荷激励下响应的统计结果，是一条功率谱密度值-频率值的关系曲线。功率谱密度可以是位移功率谱密度、速度功率谱密度、加速度功率谱密度、力功率谱密度等形式。

一个周期函数可以用一个离散的傅里叶级数来表示。对于一个随机过程要通过傅里叶积分和傅里叶变换，把一个用时间函数描述的信息用频谱来表达，且傅氏级数转变成傅氏积分的条件必须满足式(11.14)。

如果把一个平稳随机过程 $X(t)$ 放在时间 t 的无限区间上进行积分，则式(11.14)的条件不能得到满足，但是其自相关函数 $R(\tau)$ 的傅里叶变换总是存在的，也就是用随机过程的自相关函数 $R(\tau)$ 进行傅里叶变换来实现 $X(t)$ 本身不能获得的问题。

$R(\tau)$ 的傅里叶变换和傅里叶逆变换可用如下方程来实现：

$$S_x(\omega)=\frac{1}{2\pi}\int_{-\infty}^{\infty}R(\tau)\mathrm{e}^{-\mathrm{i}\omega\tau}\mathrm{d}\tau \tag{11.30}$$

$$R_x(\tau)=\int_{-\infty}^{\infty}S_x(\omega)\,\mathrm{e}^{\mathrm{i}\omega\tau}\mathrm{d}\omega \tag{11.31}$$

其中，$S_x(\omega)$ 称为平稳随机过程 $X(t)$ 的自功率谱密度，简称谱密度，它是频率 ω 的函数。

在式(11.31)中，令 $\tau=0$，则其简化为

$$R_x(0)=\int_{-\infty}^{\infty}S_x(\omega)\,\mathrm{d}\omega=\sigma_x^2=E(X^2) \tag{11.32}$$

即谱 $S_x(\omega)$ 密度曲线下面的面积等于平稳随机过程 $X(t)$ 的均方值。所以 $S_x(\omega)$ 也被称为均方谱密度，其单位是(均方根)/(单位频率)。

由式(11.32)可知，$S_x(\omega)$ 不能是负值，那么一个平稳随机过程 $X(t)$ 的均方谱密度 $S_x(\omega)$ 就不能是负值。因此一个平稳随机过程 $X(t)$ 的均方谱密度 $S_x(\omega)$ 是一个 ω 的非负值的实偶函数。

通常认为频率由零到无穷大变化，其单位为 Hz(循环/秒)，因此双侧谱密度 $S_x(\omega)$ 也可以还换算为一个等效的单侧谱密度 $W_x(f)$，即

$$E(X^2) = \sigma_x^2 = \int_0^\infty W_x(f)\,\mathrm{d}f \tag{11.33}$$

其中

$$W_x(f) = 4\pi S_x(\omega) \tag{11.34}$$

称之为功率谱密度，且

$$f = \frac{\omega}{2\pi} \tag{11.35}$$

频域分析本质上是信号合成过程的逆向过程，因为它采用了给定的信号并确定了信号的正弦波的振幅、相位和频率。分析结果可以显示出不同频率的正弦波的振幅的图表，该图表中，通常是由振幅均方根值的平方-方差绘制而成的，这就是功率谱密度图，即 PSD。有时也被称为自谱密度，即 ASD。图 11.1 合成方波功率谱密度图如图 11.2 所示。

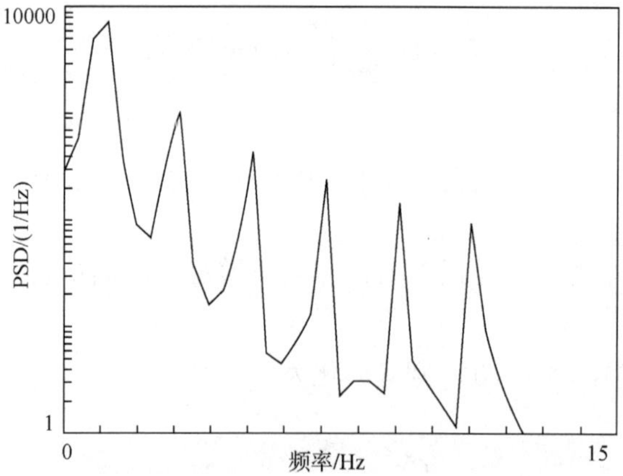

图 11.2　合成方波的功率谱密度[2]

对于给定的概率密度函数 $f_x(x)$，其随机过程 $X(t)$ 的一些统计特征量，其均值 μ_x 可由下计算：

$$\mu_x = \int_{-\infty}^{\infty} x f_x(x)\mathrm{d}x \approx \frac{1}{T}\int_0^T X(t)\mathrm{d}t \tag{11.36}$$

方差 σ_x^2 可由下计算：

$$\sigma_x^2 = \int_{-\infty}^{\infty} [x-\mu_x]^2 f_x(x)\mathrm{d}x \approx \frac{1}{T}\int_0^T [X(t)-\mu_x]^2 \mathrm{d}t \tag{11.37}$$

均方值，即是 $X^2(t)$ 的平均值：

$$\text{均方值} = \frac{1}{T}\int_0^T X^2(t)\mathrm{d}t \tag{11.38}$$

均方根(rms)，即均方值的平方根：

$$\mathrm{rms} = \sqrt{\frac{1}{T}\int_0^T X^2(t)\mathrm{d}t} \tag{11.39}$$

通过分析功率谱密度图可提供一些参数，并用这些参数来描述信号的属性。例如，对功率谱密度曲线进行积分可提供信号的方差，而方差的平方根就是信号的均方根。

平稳随机过程 $X(t)$ 的一阶与二阶导数与功率谱密度存在如下关系：

$$S_{\dot{x}}(\omega) = \omega^2 S_x(\omega) \tag{11.40}$$

$$S_{\ddot{x}}(\omega) = \omega^4 S_x(\omega) \tag{11.41}$$

$$W_{\dot{x}}(f) = (2\pi f)^2 W_x(f) \tag{11.42}$$

$$W_{\ddot{x}}(f) = (2\pi f)^4 W_x(f) \tag{11.43}$$

$$\sigma_{\dot{x}}^2 = (2\pi)^2 \int_0^{\infty} f^2 W_x(f)\mathrm{d}f \tag{11.44}$$

$$\sigma_{\dot{x}}^2 = (2\pi)^4 \int_0^\infty f^4 W_x(f) \mathrm{d}f \tag{11.45}$$

在频域特征参数中引入谱矩来描述随机过程功率谱密度的统计特征参数。平稳随机过程 $X(t)$ 的谱矩 m_i 用单边功率谱密度函数定义：

$$m_i = \int_0^\infty f^i W_x(f) \mathrm{d}f \quad (i=0,1,2,3,\cdots) \tag{11.46}$$

对于平稳随机过程，一些时域统计特征参数及其导数的时域统计特征参数与频域统计特征参数满足如下关系：

$$m_0 = \sigma_x^2 = E[X^2(t)] \tag{11.47}$$

$$m_2 = \sigma_{\dot{x}}^2 = E[\dot{X}^2(t)] \tag{11.48}$$

$$m_4 = \sigma_{\ddot{x}}^2 = E[\ddot{X}^2(t)] \tag{11.49}$$

显然，功率谱密度曲线由频率分析获得的，通过分析该曲线可以得到信号即时振幅信息。由于疲劳损伤是由这些振幅决定的，因此通过对功率谱密度曲线加以分析，可以估算相关的疲劳寿命。

11.3 窄带随机载荷下疲劳损伤计算

如果所有的频率都落在一个窄幅区间内，这样的信号称为“窄带”信号。图 11.3 为由高斯信号得到的窄带信号的时域特征及其功率谱。

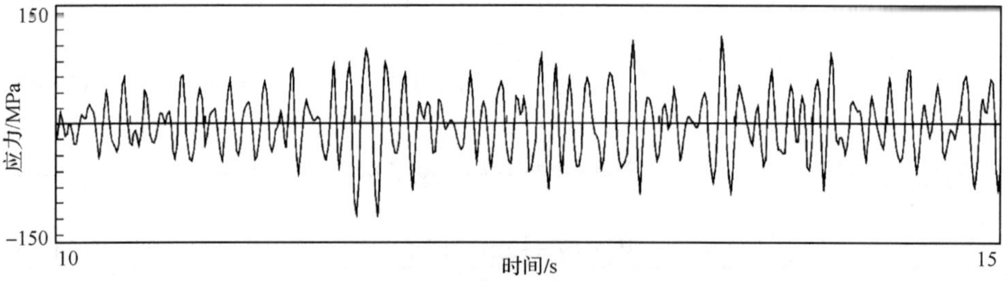

(a) 窄带时域信号[2]

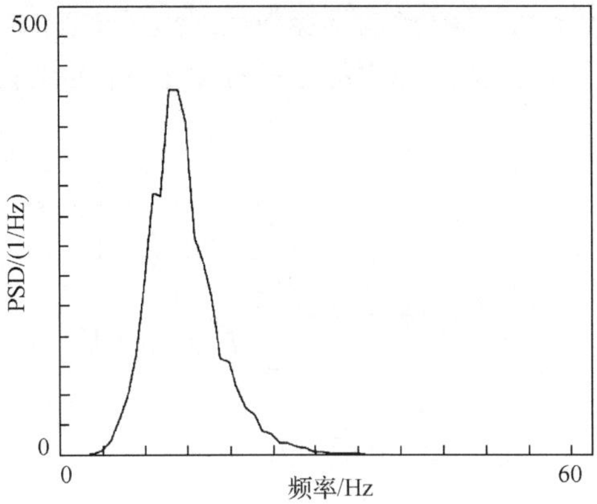

(b) 所对应的功率谱密度PSD

图 11.3　窄带信号及其功率谱密度 PSD[2]

一个连续可微的平稳随机过程 $X(t)$，在无穷小的时间间隔 dt 内，向上穿越的次数的数学期望值只取决于 dt，即

$$E[N_{a^+}(\mathrm{d}t)] = \upsilon_{a^+}\mathrm{d}t \tag{11.50}$$

其中，υ_{a^+} 表示单位时间向上穿越率的期望值，可用下式表达：

$$\upsilon_{a^+} = \int_0^\infty \upsilon f_{x\dot{x}}(a,\upsilon)\mathrm{d}\upsilon \tag{11.51}$$

如果 $X(t)$ 是正态随机过程，则向上穿越 $x = a$ 的数学期望穿越率为

$$\upsilon_{a^+} = \frac{1}{2\pi}\frac{\sigma_{\dot{x}}}{\sigma_x}\mathrm{e}^{-\frac{a^2}{2\sigma^2}} \tag{11.52}$$

令 $a = 0$，则可得到向上穿越零点的数学期望穿越率：

$$E[0^+] = \frac{1}{2\pi}\frac{\sigma_{\dot{x}}}{\sigma_x} \tag{11.53}$$

将式(11.44)与式(11.33)代入上式：

$$E[0^+] = \sqrt{\frac{\int_0^\infty f^2 W_x(f)\mathrm{d}f}{\int_0^\infty W_x(f)\,\mathrm{d}f}} \tag{11.54}$$

对速度过程函数 $\dot{X}(t)$，其零点向下穿越率对应于 $\dot{X}(t)$ 中出现的峰值点，可以利用以上的分析方法获得峰值穿越率的数学期望 $E[P]$,并将式(11.44)和式(11.45)代入得

$$E[P]=\frac{1}{2\pi}\frac{\sigma_{\ddot{x}}}{\sigma_{\dot{x}}}=\sqrt{\frac{\int_0^{\infty} f^4 W_x(f)\mathrm{d}f}{\int_0^{\infty} f^2 W_x(f)\,\mathrm{d}f}} \tag{11.55}$$

对于窄带过程，由于其信号特点是光滑且较为规则，每个峰值对应一个零点向上穿越点，即

$$E[0^+]=E[P] \tag{11.56}$$

由图 11.3(a)可以看出，每个峰值之后都会有一个数值近似相等、方向相反的峰谷，信号的幅值可由循环计数方法分析得到。在早期由功率谱密度 PSD 计算疲劳损伤的研究中，假设这些幅值近似等于雨流循环的幅值和出现次数。也就是说，雨流幅值直方图约等于简单幅值直方图。因此疲劳损伤可通过这种直方图估算出来，这种直方图一般使用 *S-N* 曲线或应变寿命曲线得到。

如果用双对数坐标线性 *S-N* 曲线和 Miner 线性疲劳损伤累积理论，那么变幅载荷下的疲劳损伤可由下式计算：

$$D=\sum_{i=1}^{k}\frac{n_i}{N_{f_i}} \tag{11.57}$$

其中，n_i 为所循环计数出第 i 个应力幅的个数；N_{f_i} 为第 i 个应力幅下失效的循环次数；k 为所计数出的应力循环个数或恒幅载荷块数。当所累积的总损伤 D 等于 1 时，认为疲劳失效发生。

对称循环下的 *S-N* 曲线(非对称可通过 Goodman 方法转化成对称)，其表达式为

$$S_{a_i}^{m}N_{f_i}=c \tag{11.58}$$

或

$$N_{f_i}=S_{a_i}^{-m}c \tag{11.59}$$

式中，m 和 c 为材料常数。

对于窄带应力过程 $S(t)$ 的离散应力谱，可以由循环计数得到的直方图来获得。如果在对 $S(t)$ 循环计数的总数用 $\sum_{i=1}^{k} n_i$ 表示，则应力幅值 S_{ai} 的概率 f_i 为

$$f_i = \frac{n_i}{\sum_{i=1}^{k} n_i} \tag{11.60}$$

由于 f_i 是随机变量 S_a 的概率密度函数。那么总疲劳损伤为

$$D = \sum_{i=1}^{k} \frac{n_i}{N_{f_i}} = \sum_{i=1}^{k} \frac{f_i \sum_{i=1}^{k} n_i}{N_{f_i}} \tag{11.61}$$

利用 S-N 曲线 $N_{f_i} = S_{a_i}^{-m} c$，上式可以转化为

$$D = \sum_{i=1}^{k} \frac{n_i}{N_{f_i}} = \frac{1}{c} \sum_{i=1}^{k} n_i \sum_{i=1}^{k} f_i S_{a_i}^{m} \tag{11.62}$$

由于 S_a^m 的数学期望值为

$$E\left[S_a^m\right] = \sum_{i=1}^{k} f_i S_{a_i}^{m}$$

因此，损伤模型可以表达为

$$D = \sum_{i=1}^{k} \frac{n_i}{N_{f_i}} = \frac{1}{c} \sum_{i=1}^{k} n_i E\left[S_a^m\right] \tag{11.63}$$

其中，累计循环数 $\sum_{i=1}^{k} n_i$ 等于向上穿越率与总时间 T 的乘积，即 $E[0^+]T$。

假设应力幅 S_a 的分布如图 11.4 所示，则 $E\left[S_a^m\right]$ 可以通过应力幅 S_a 的概率密度函数获得

$$E\left[S_a^m\right]=\int_0^{\infty}S_a^m f_{S_a}(S_a)\mathrm{d}S_a \tag{11.64}$$

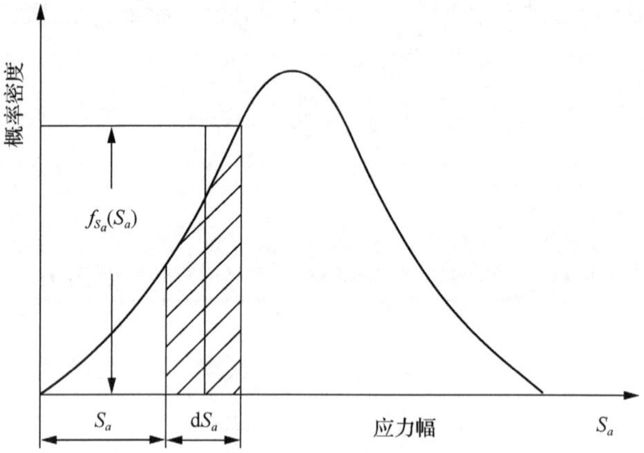

图 11.4 应力幅概率密度函数

Bendat[3]提出了一种窄带随机载荷下的疲劳损伤计算方法。窄带信号随着带宽的降低，波峰的概率密度函数会趋向于瑞利(Rayleigh)分布。对于窄带时域应力时间历程，不管它们实际上是否构成应力循环，Bendat 假设所有正的波峰将随后伴随着一个对应的数值相等的波谷，即窄带随机载荷的峰值和幅值概率密度都符合瑞利分布。因此，应力范围的概率密度函数也趋向于一个瑞利分布。Bendat 用功率谱密度 PSD 曲线下的惯性矩估计预期的波峰数。Bendat 方法的应力范围-均值直方图窄带解可表达为

$$N(S)=E[P]T\left\{\frac{S}{4m_0}\mathrm{e}^{-\frac{S^2}{8m_0}}\right\} \tag{11.65}$$

其中，$N(S)$ 是在 T 时间内应力范围为 S 的循环次数；m_0 为功率谱密度 PSD 曲线下的面积，即第 0 阶谱矩，$E[P]$ 为预期的波峰数，即

$$E[P]=\sqrt{\frac{m_4}{m_2}} \tag{11.66}$$

其中，m_2、m_4 为功率谱第 2 阶和第 4 阶谱矩。

11.4　宽带随机载荷下疲劳损伤计算

对于一个窄带信号的特殊情况，利用式(11.63)是非常准确的。然而，现实中的信号通常并不都是窄带信号。用 Bendat 窄带解处理宽带时域信号时，它会给出了一个非常保守的结果，其原因是假设了波峰与波谷值相等，即相互匹配的，而宽带时域信号却表现为一个低频载波上有一些小波，图 11.5 显示了一个宽带信号和 PSD 曲线。

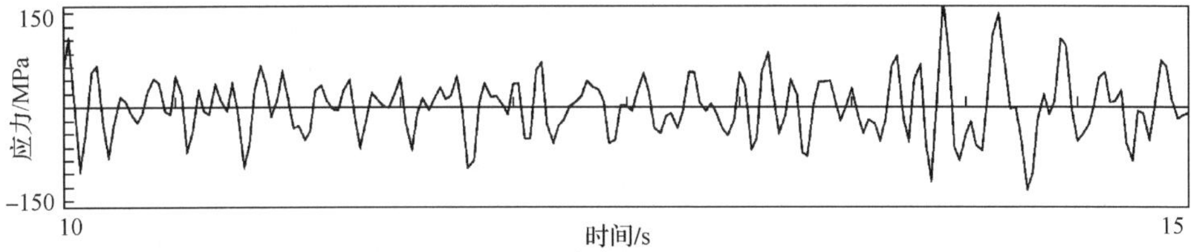

(a) 宽带时域信号

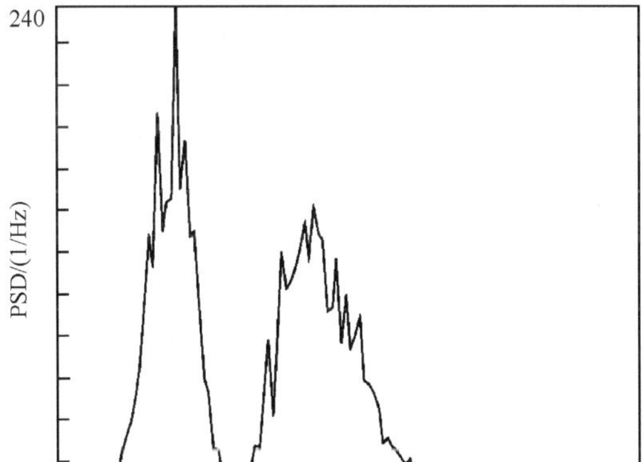

(b) 所对应的功率谱密度PSD

图 11.5　宽带信号及其 PSD[2]

宽带随机过程很不规则，其不规则程度可用不规则因子 γ 表示，即零点向上穿越概率与峰值穿越率的比值来表示：

$$\gamma = \frac{E[0^+]}{E[P]} \tag{11.67}$$

当不规则因子 γ 趋于零时，每个零点向上穿越有无数个峰值点，如图 11.6(a)所示，这种信号可以确定为宽带随机过程。当不规则因子 γ =1 时，每个零点向上穿越对应一个峰值点，如图 11.6(b)，这种信号可以确定为窄带随机过程。

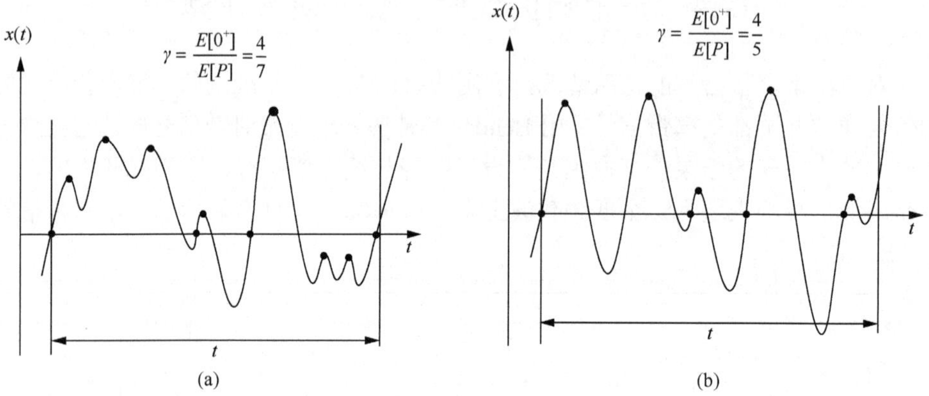

图 11.6　不规则因子的计算[4]

对于宽带信号，目前广泛采用的频域方法是 Dirlik 方法[5]。该方法在大量 Monte Carlo 模拟基础上，得到一个针对简单循环和雨流循环经验表达式，即用随机载荷的 4 阶矩构造了应力幅值概率密度函数。该方法通过对比循环分布，不必作 S-N 曲线的斜率的假设。这个经验关系经一些研究者验证，认为具有较高的精度。

Dirlik 所使用的方法认为雨流法获得的范围分布是三种分布的总和：一个指数函数和两个瑞利函数。假设雨流法得到的循环范围的概率密度分布可由以下得到

$$f_{S_a}(S_a)=\frac{1}{2\sqrt{m_0}}\left(\frac{D_1}{Q}\mathrm{e}^{\frac{-z}{Q}}+\frac{D_2}{R^2}z\mathrm{e}^{\frac{-z^2}{2R^2}}+D_3z\mathrm{e}^{\frac{-z^2}{2}}\right) \tag{11.68}$$

其中

$$z=\frac{S_a}{2\sqrt{m_0}} \tag{11.69}$$

$$\gamma=\frac{m_2}{\sqrt{m_0m_4}} \tag{11.70}$$

$$D_1=\frac{2(X_m-\gamma^2)}{1+\gamma^2} \tag{11.71}$$

$$D_2=\frac{1-\gamma-D_1+D_1^2}{1-R} \tag{11.72}$$

$$D_3 = 1 - D_1 - D_2 \tag{11.73}$$

$$X_m = \frac{m_1}{m_0}\sqrt{\frac{m_2}{m_4}} \tag{11.74}$$

$$R = \frac{\gamma - X_m - D_1^2}{1 - \gamma - D_1 + D_1^2} \tag{11.75}$$

$$Q = \frac{1.25(\gamma - D_3 - D_2 R)}{D_1} \tag{11.76}$$

在时间段 T 内，Dirlik 疲劳损伤模型如下：

$$D = \frac{E[P]T}{c}\int_0^{\infty} S_a^m f_{S_a}(S_a)\mathrm{d}S_a \tag{11.77}$$

Dirlik 方法已经被风力涡轮机的测量信号得到验证。由实测风力涡轮机叶片所得到的测量应变信号，采用逐个循环疲劳分析的方法进行分析。这些信号的功率谱密度 PSD 通过计算得到，用 Dirlik 方法生成应变循环的直方图。结果表明，由这些信号和循环直方图计算得到的疲劳寿命与实际寿命一致性很好，误差在10%以内，甚至被测信号是非高斯分布，也可获得较好的效果。目前 Dirlik 方法已经被许多相关的疲劳分析软件所采用。

例题 11.1：一个 SAE 钢制试验件，其材料的疲劳强度系数 σ_f' 为 1297MPa，疲劳强度指数 b 为–0.18。在随机载荷作用下，该试件功率谱密度函数有两个频率 1Hz 和 10Hz，分别对应于 10000MPa^2/Hz 和 2500MPa^2/Hz。试用宽带应力谱方程确定该试件的疲劳寿命[4]。

解：

用频域法计算疲劳损伤，其功率谱密度的谱矩计算如下：

$$\begin{aligned} m_i &= \int_0^{\infty} f^i W_x(f)\mathrm{d}f \\ &= 1^i \times 10000 \times 1 + 10^i \times 2500 \times 1 \end{aligned}$$

则

$$m_0 = 1^0 \times 10000 \times 1 + 10^0 \times 2500 \times 1 = 12500$$

$$m_1 = 1^1 \times 10000 \times 1 + 10^1 \times 2500 \times 1 = 35000$$

$$m_2 = 1^2 \times 10000 \times 1 + 10^2 \times 2500 \times 1 = 260000$$

$$m_4 = 1^4 \times 10000 \times 1 + 10^4 \times 2500 \times 1 = 25010000$$

应力幅的概率密度函数所需要的参数确定如下：

$$z = \frac{1}{2\sqrt{m_0}} S_a = \frac{1}{2\sqrt{12500}} S_a = 0.004472 S_a$$

$$\gamma = \frac{m_2}{\sqrt{m_0 m_4}} = \frac{260000}{\sqrt{12500 \times 25010000}} = 0.465$$

$$X_m = \frac{m_1}{m_0}\sqrt{\frac{m_2}{m_4}} = \frac{35000}{12500}\sqrt{\frac{260000}{25010000}} = 0.2855$$

$$D_1 = \frac{2(X_m - \gamma^2)}{1+\gamma^2} = \frac{2 \times (0.2855 - 0.465^2)}{1 + 0.465^2} = 0.1074$$

$$\begin{aligned} R &= \frac{\gamma - X_m - D_1^2}{1 - \gamma - D_1 + D_1^2} \\ &= \frac{0.465 - 0.2855 - 0.1074^2}{1 - 0.465 - 0.1074 + 0.1074^2} \\ &= 0.3825 \end{aligned}$$

$$\begin{aligned} D_2 &= \frac{1 - \gamma - D_1 + D_1^2}{1 - R} \\ &= \frac{1 - 0.465 - 0.1074 + 0.1074^2}{1 - 0.3825} \\ &= 0.7111 \end{aligned}$$

$$D_3 = 1 - D_1 - D_2 = 1 - 0.1074 - 0.7111 = 0.1815$$

$$\begin{aligned} Q &= \frac{1.25(\gamma - D_3 - D_2 R)}{D_1} \\ &= \frac{1.25 \times (0.465 - 0.1815 - 0.7111 \times 0.3825)}{0.1074} \\ &= 0.1339 \end{aligned}$$

根据材料的 *S-N* 曲线方程：

$$S_{a_i}^m N_{f_i} = c$$

其中，$m = -\dfrac{1}{b}$。

当 $S_{a_i} = \sigma'_f$ 时，$N_{f_i} = 0.5$，则

$$c = 0.5\ (\sigma'_f)^{-\frac{1}{b}} = 0.5 \times 1297^{-\frac{1}{-0.18}} = 9.84 \times 10^{16} (\mathrm{MPa})$$

$$E[P] = \sqrt{\frac{m_4}{m_2}} = \sqrt{\frac{25010000}{260000}} = 9.81$$

将以上计算的值代入式(11.68)中可获得 Dirlik 应力幅概率密度函数，然后将其代入 Dirlik 疲劳损伤模型中可获得在给定的 1s 时间间隔内试件所受的疲劳损伤：

$$D = \frac{E[P]T}{c}\int_0^{\infty} S_a^m f_{S_a}(S_a)\mathrm{d}S_a$$

$$= \frac{9.81 \times 1}{9.84 \times 10^{16}}\int_0^{\infty} S_a^{5.55556} f_{S_a}(S_a)\mathrm{d}S_a$$

采用数值积分法可求得上式的疲劳损伤值为

$$D \approx 1.27 \times 10^{-5} /\mathrm{s}$$

则相应的疲劳寿命为

$$t_{\text{fatigue}} \approx \frac{1}{D} = \frac{1}{1.27 \times 10^{-5}} = 79000(\mathrm{s})$$

参 考 文 献

[1] 欧进萍，王光远. 结构随机振动. 北京：高等教育出版社, 1998.

[2] Fatigue Theory Reference Manual. Safe Technology Limited, 2002.

[3] Bendat J S. Probability functions for random responses: Prediction of peaks, fatigue damage and catastrophic failure. NASA Report on Contract N AS-5-4590, 1964.

[4] Lee Y L, Pan J, Hathaway R,et al. Fatigue Testing and Analysis: Theory and Practice. Amsterdam: Elsevier, 2004.

[5] Turan D. Application of computers in fatigue analysis. Warwick: University of Warwick, 1985.